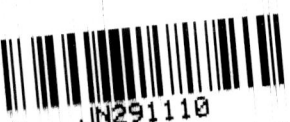

わかりやすい
電子回路

篠田庄司 監修
和泉　勲 編著

コロナ社

監　　修

中央大学名誉教授　工学博士　　篠　田　庄　司

編　　著

和　泉　　　勲

執　　筆

宇田川　　　弘　　　田　丸　雅　夫

まえがき

本書は，電子回路についてはじめて学ぶ方および基本に戻って再び学習される方を対象とし，電子回路の基礎基本について理解を深めていただくために書かれたものです。

現在では，電子回路はほとんどが集積（IC）化されており，個別部品の細かな動作を理解していなくても，ある程度は目的とする回路を組み立てることができるようになっています。しかし，少し特性を変えてみるとか，思うような特性が得られないとか，組み立てたけれどまったく働かないなどで行き詰まってしまうことがあります。

このようなとき，トランジスタやダイオードなどの個別部品の働きから電子回路の動作を理解していると，その壁を通り抜けることができる場合があります。当然のことですが，IC も個別部品の組み合わせでできているからです。

このように，IC 社会となっても個別部品からの電子回路の理解は必要不可欠な学習です。

本書では，このような考え方に基づいて基本的な電子回路を個別部品による回路とし，また取り上げた回路は，実験で自ら確かめられるように，できる限り原理的な回路を扱っています。したがって，実用化されている回路とは少し離れている場合がありますが，回路動作を理解する上で基本となる回路を具体例として取り上げています。

この編集方針を理解され，本書で電子回路の基礎基本をマスターされ，さらに電気系の国家試験や資格試験を目指す皆さんにも有効に活用されれば幸いです。

また，本書の内容につき，井戸川則隆，井上慎哉，大村芳範，小森通明，酒井武，白川賢一，早田昌彦，他田桂司，長濱正明，日比野敬介，藤原啓展の皆さんより貴重なご意見をいただきました。お礼を申し上げます。

2005年11月

著　　　者

目　　　　次

1 電子回路素子

2 増幅回路の基礎

3 いろいろな増幅回路

4 差動増幅回路

5　電力増幅回路

6 低周波増幅回路の設計

7 高周波増幅回路

8 発振回路

9 変調，復調回路

10　パルス回路

11 直流電源回路

電圧・電流の表示記号について

本書では，原則としてつぎのような記号の用い方をしている。

電　圧

V_{CE}　大文字　大文字

直流電圧を表す。

添字 2 文字は，V_{CE} の場合 E 点から見た C 点の電圧を表す。

なお，一方の点が明らかな場合は添字 1 文字で表す。

V_{ce}　大文字　小文字

交流電圧の実効値を表す。

v_{CE}　小文字　大文字

直流分を含んだ変化する電圧の瞬時値を表す。

v_{ce}　小文字　小文字

変化する電圧の交流分だけの瞬時値を表す。

電　流

I_C　大文字　大文字

直流電流を表す。

添字 1 文字は，I_C の場合 C 点を流れている電流を表す。

I_c　大文字　小文字

交流電流の実効値を表す。

i_C　小文字　大文字

直流分を含んだ変化する電流の瞬時値を表す。

i_c　小文字　小文字

変化する電流の交流分だけの瞬時値を表す。

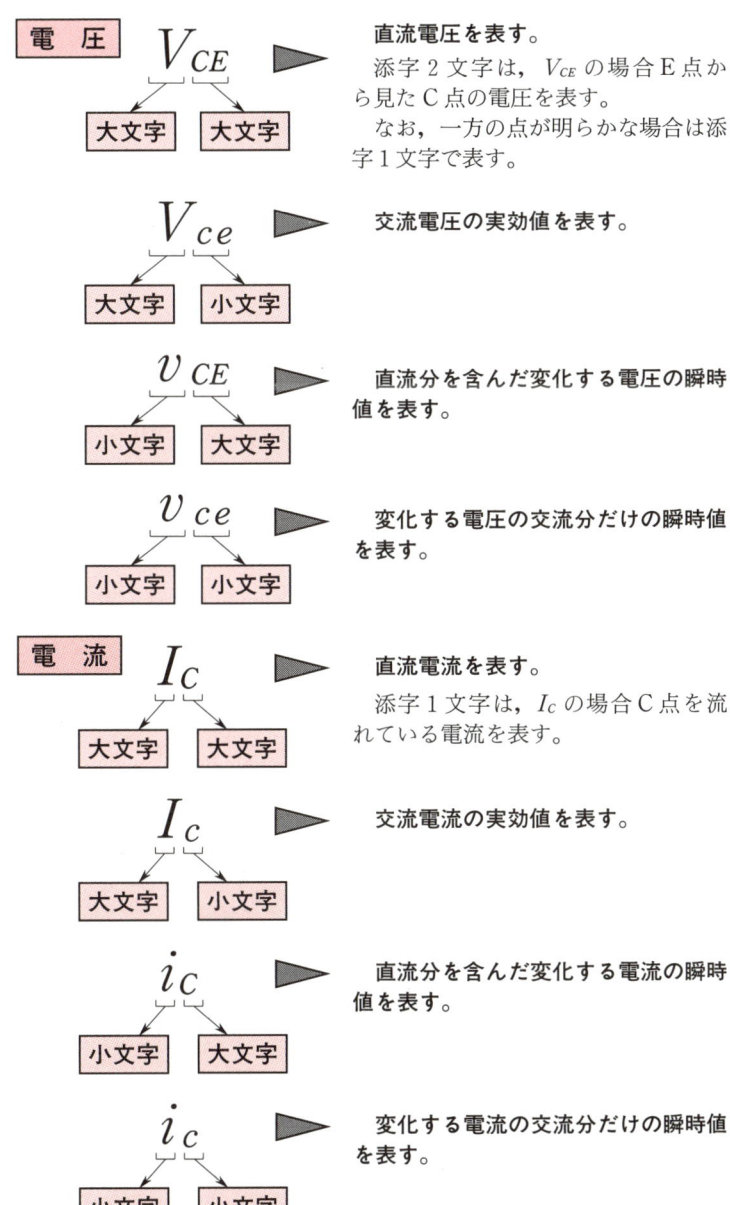

ツリーについて

各章のはじめに下図のようなツリーを示した。

ツリーは各章で学習する項目と流れを図で表したものである。図にはつぎのような意味を持たせている。

1．木の太さ：　太い幹の系列は，必ず学習してもらいたい内容である。

比較的細い幹の系列は，履修単位数に応じて選択学習をする内容である。

2．木の系列：　木の系列のつながりは，学習の順番を示している。幹の下から上に学習を進めるのがよい。

この図により，各自がどの内容をどの程度まで学習したかをはっきりさせ，電子回路の学習の大きな流れをつかめるよう配慮した。

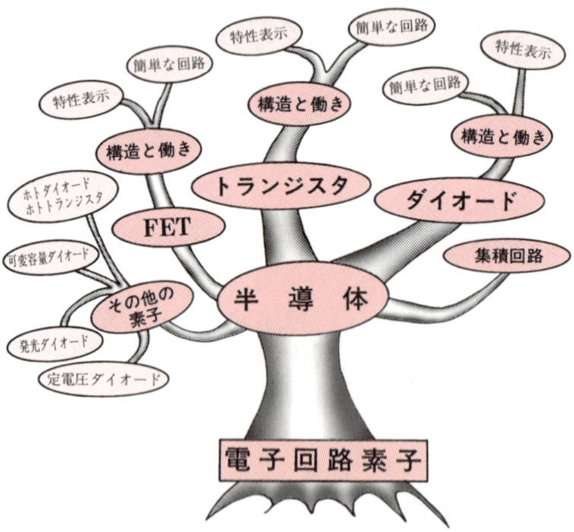

1

電子回路素子

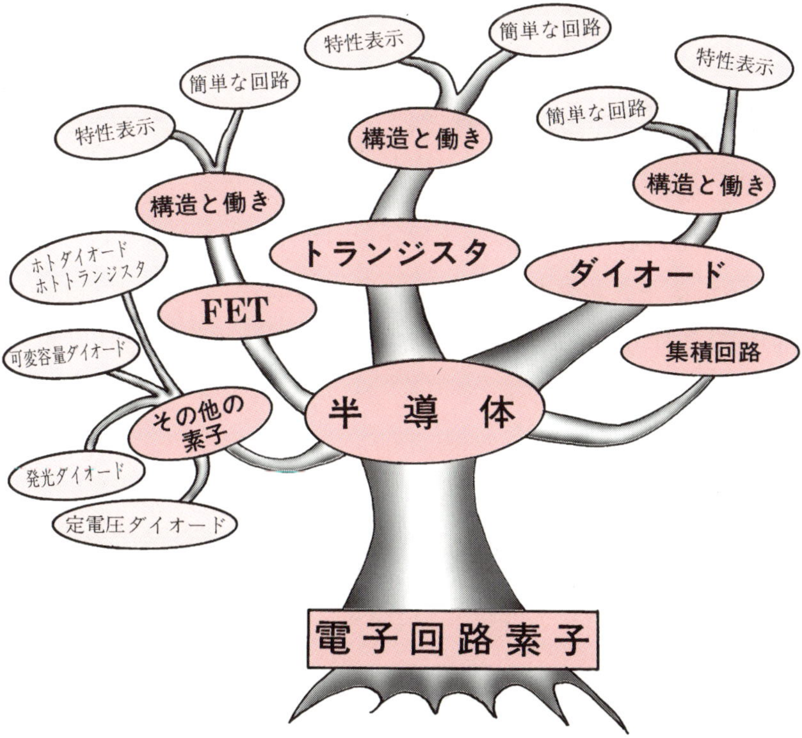

コンピュータやテレビジョンなどの電子機器は，半導体を材料とした数多くの素子からできている。本章では，そこで使われている素子の代表であるダイオードやトランジスタの構造や性質，さらに基本となる回路について学ぶ。

1.1 半導体

半導体は，ダイオードやトランジスタなどの材料として使われている。その電気的性質を理解するには，物質構造の理解が大切な役割を果たす。ここでは，半導体の種類，物質構造，それに電流の流れ方などについて学ぶ。

1.1.1 半導体材料

1 物質の構造　物質は，すべて多数の原子（atom）が集まってできている。原子は，図 *1.1* のように「正」の電気を持った陽子（proton）と，電気を持たない中性子（neutron）で原子核（atomic nucleus）を作り，その原子核の周りを「負」の電気を持った電子（electron）が回っている。

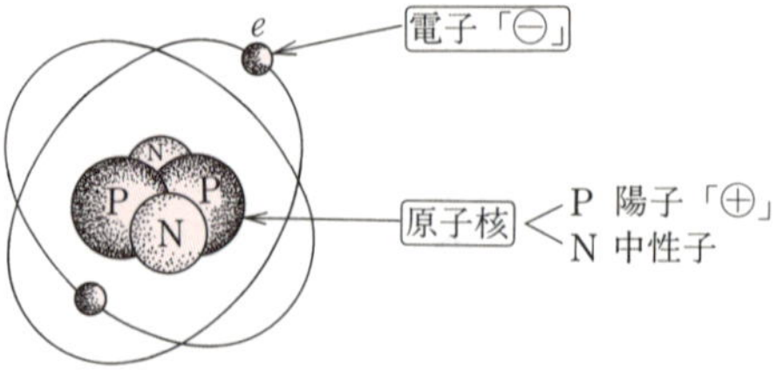

図 *1.1*　物質の構造

そして原子は，定常状態で陽子の数と電子の数が等しいために，電気的に中性を保っている。

電子の数や軌道は，原子の種類によって異なる。そして，最も外側の軌道にある電子は，光や熱などのエネルギーを受けると軌道から外れて，原子間を自由に移動できるようになる。これを**自由電子**（free electron）と呼ぶ。

2　物質と自由電子　銅や銀など一般に金属は，常温でも自由電子が多く，電圧を加えるとその自由電子が容易に動き，電流をよく流す。この電流をよく流す物質を**導体**（conductor）と呼ぶ。

ゴムやガラスなどは自由電子がなく，電圧を加えても電流を流さないので，**不導体**（non-conductor）または**絶縁体**（insulator）と呼ばれる。

電流の流れ難さは抵抗率（resistivity）ρ で表し，その ρ で導体と不導体を分類すると，図 *1.2* のように，導体は ρ が約 $10^{-6}\,\Omega\cdot\mathrm{m}$ 以下の物質であり，不導体は ρ が約 $10^{8}\,\Omega\cdot\mathrm{m}$ 以上の物質である。

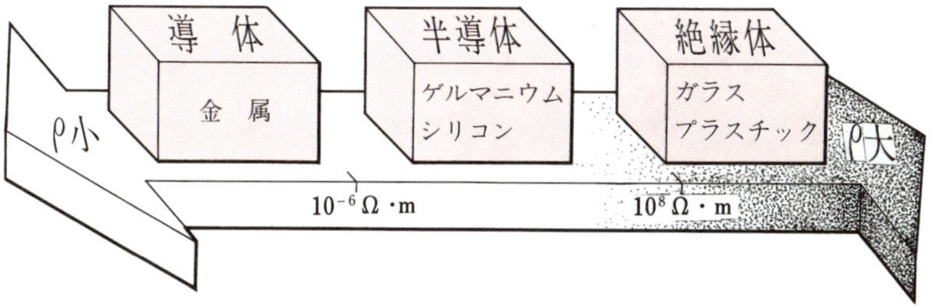

図 *1.2*　物質の抵抗率

これら導体や不導体に対し，シリコン（Si）やゲルマニウム（Ge）などは，抵抗率 ρ が導体や不導体の中間的な値を示す。このような物質は**半導体**（semiconductor）と呼ばれ[†1]，ダイオードやトランジスタなどの素子を作るには欠くことのできない材料である。

†1　半導体の性質として，ρ が中間的な値を示すこと以外に，抵抗の温度係数が負となること，外部からのエネルギーに対し電気的性質が大きく変化することなどが挙げられるが，半導体素子の材料となるには原子構造が大切である。

1.1.2　いろいろな半導体

1　**真性半導体と不純物半導体**　第 IV 族の原子であるシリコンは，半導体素子の材料として使う場合，高純度[†1]に精製し結晶化した後，特定の少量の不純物を入れる。この不純物を入れたものを**不純物半導体**（impurity semiconductor）といい，不純物を入れない高純度のものを**真性半導体**（intrinsic semiconductor）という。

さらに不純物半導体には，高純度のシリコンにリン（P）やアンチモン（Sb）などの第 V 族の不純物を入れた **n 形半導体**と，ガリウム（Ga）やインジウム（In）などの第 III 族の不純物を入れた **p 形半導体**に分けられる。図 *1.3* は高純度化したシリコンの結晶を薄く切り出したものでウェーハと呼ばれ，ダイオードやトランジスタなどの材料となる。

図 *1.3*　シリコンのウェーハ

2　**真性半導体の電流**　真性半導体では，熱エネルギーによってできた自由電子が電圧によって移動し電流を作るとともに，その電子の抜けた跡の**正孔**（positive hole）が，近くにある電子を引き寄せる

[†1] シリコンでは 99.999 999 999 9 %以上と，9 が 12 個も並ぶ高い純度にする。このような純度を表す言葉として 12 ナイン（twelve nine）という表現がある。

ことによって，移動が繰り返され電流となる。図 *1. 4* はこの様子を表したものである。

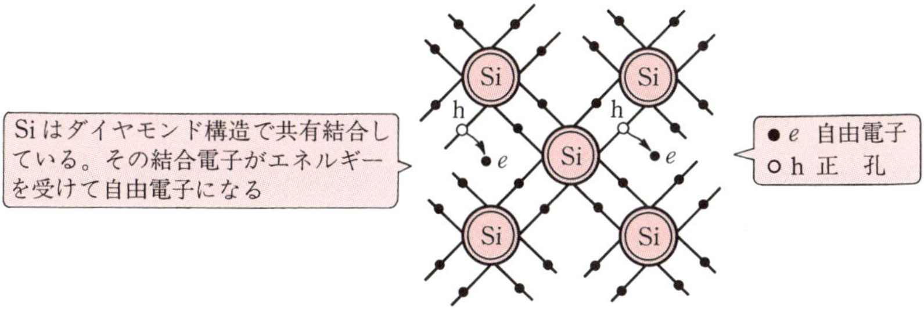

図 *1. 4* 真性半導体の電子と正孔

3 n形半導体の電流 シリコンの結晶は，第 V 族のリン（P）が少量入ると，図 *1. 5*（*a*）のように結合に関係しない電子ができ，これが自由電子となる。このため，n形半導体での電流は，電子が正孔よりも多くなるので，おもに自由電子によって流れる。このとき，電流を作る電子は**多数キャリヤ**（majority carrier）と呼ばれ，正孔は**少数キャリヤ**（minority carrier）と呼ばれる。また，リンなどの第 V 族

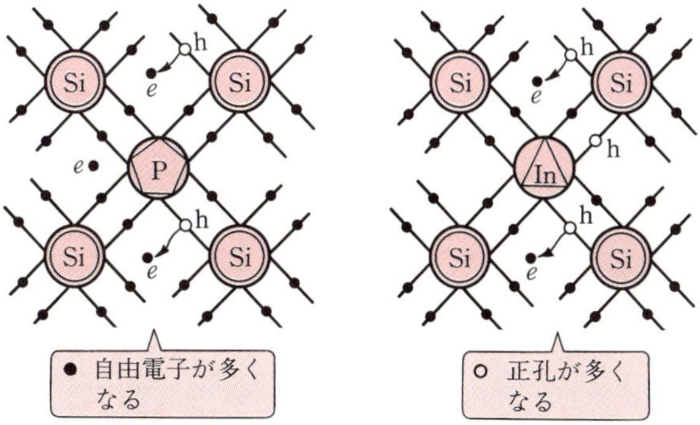

（*a*） n形半導体　（*b*） p形半導体

図 *1. 5* 不純物半導体の電子と正孔

の不純物は，電子を与えるという意味から**ドナー**（donor）と呼ばれる。

4　p 形半導体の電流　　シリコンの結晶は，第 III 族のインジウム（In）が少量入ると，図 *1. 5*（*b*）のように結合のための電子が不足し，正孔がふえる。このため，p 形半導体での電流は，正孔が電子よりも多くなるので，おもに正孔によって流れる。したがって，p 形半導体では，多数キャリヤは正孔であり，少数キャリヤは電子となる。また，インジウムなどの第 III 族の不純物は，電子を受け入れるという意味から，**アクセプタ**（acceptor）と呼ばれる。

表 *1. 1* は以上の様子をまとめたものである。

表 *1. 1*　電流の流れるしくみ

	物質名	電流の構成（● 電子　○ 正孔）
真性半導体	Si　シリコンやゲルマニウム	電子の数 $=$ 正孔の数
n 形半導体	Si ＋ P リン や Sb アンチモン（第 V 族の物質）	電子の数 $>$ 正孔の数 おもに電子によって流れる（多数キャリヤは電子）
p 形半導体	Si ＋ In インジウム や Ga ガリウム（第 III 族の物質）	電子の数 $<$ 正孔の数 おもに正孔によって流れる（多数キャリヤは正孔）
導体	Cu　銅や銀，アルミニウムなど	電子 電子によって流れる（キャリヤは電子）

1.2 ダイオード

交流から直流を作ったり，また，電流を一つの向きに流れるようにしたいときに使われる素子が**ダイオード**（diode）である。ここでは，ダイオードを正しく使うために，その構造，性質，特性の表し方などについて学ぶ。

1.2.1 構造と働き

ダイオードは利用目的に応じていろいろなものが作られている。たとえば，定電圧を必要とするときに使われる**定電圧ダイオード**（voltage-regulation diode）またはツェナーダイオード，周波数変調回路などに使われる**可変容量ダイオード**（variable capacitance diode），表示装置や光通信などに使われる**発光ダイオード**（light emitting diode，略して **LED**），光による電流制御などに使われる**ホトダイオード**（photo diode）などがある。

図 *1.6* に示すようにダイオードの外形はいろいろであるが，電気的には共通の性質を持っている。つぎに，ダイオードの抵抗値を測ってその性質を調べてみよう。

1 ダイオードの抵抗値　図 *1.7* のように，ダイオードの抵抗値を抵抗計で測ってみるとつぎのことがわかる。

ダイオードの抵抗値には，両端に加える電圧の向きによって大きな

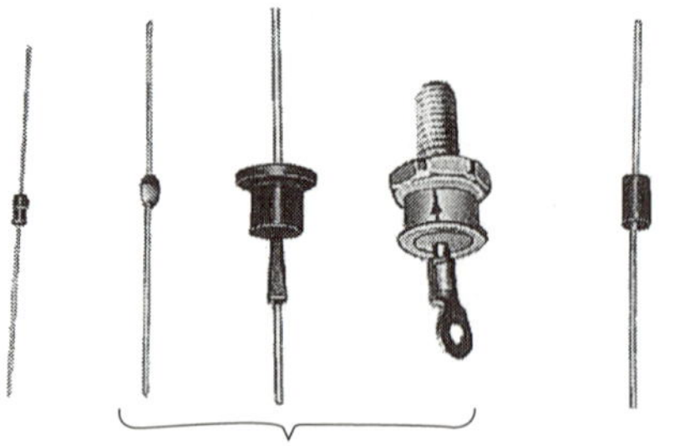

図 1.6　いろいろなダイオード

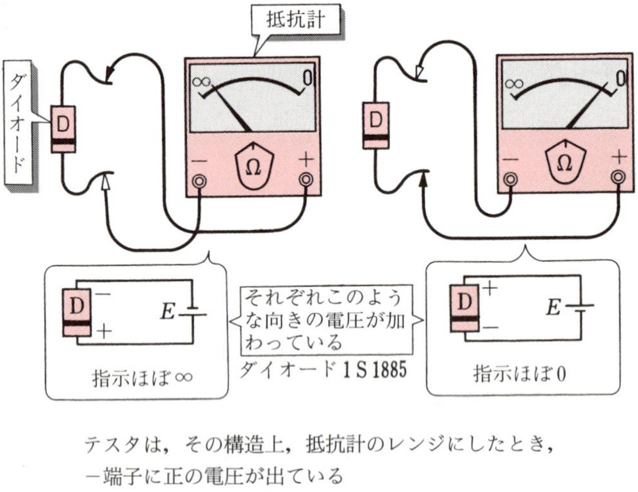

テスタは，その構造上，抵抗計のレンジにしたとき，
−端子に正の電圧が出ている

図 1.7　ダイオードの抵抗値

差がある[†1]。

また，このことはつぎのようにいい換えることができる。

ダイオードは，一つの向きにだけ電流をよく流す。

このダイオードの性質を**整流作用**という。

2　図記号と順方向，逆方向　　ダイオードに電圧を加えたと　5

---

†1　この場合，何 Ω の差があるかは，ダイオードの種類や加える電圧の大きさによって異なる。

き，電流の流れやすい向きを**順方向**（forward direction），流れにくい向きを**逆方向**（reverse direction）という。図 *1.8*(*a*) はダイオードの図記号で，ダイオード本体には，この図記号や図 (*b*) のような記号で順方向がわかるように示されている。

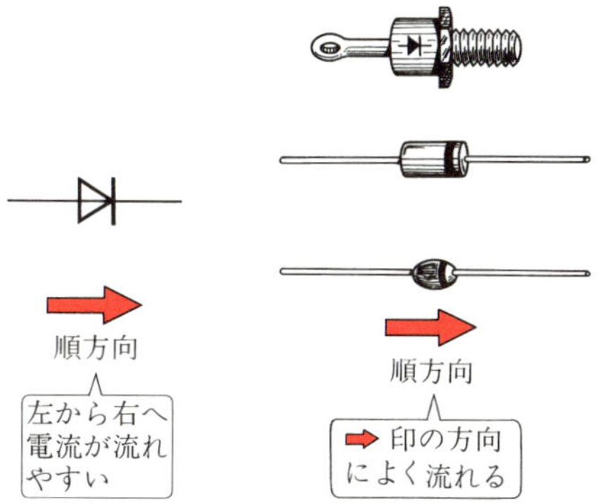

(*a*) 図記号　(*b*) 順方向の表示

図 *1.8* 図記号と順方向の表示

3 **内部の構造**　ダイオードを分解してみると，図 *1.9*(*a*)，(*b*) のようになっている。この小さな半導体片を模型的に示せば，図 (*c*)，(*d*) のようになっている。

図 (*a*)，(*c*) は，一つの半導体中に n 形半導体の領域と p 形半導体の領域が接合している。この接合を **pn 接合**（pn junction）といい，この構造を持つダイオードを**接合形ダイオード**（junction type diode）という。また，図 (*b*)，(*d*) は，金属針の先が半導体に接触している構造を持ち，**点接触形ダイオード**（point contact type diode）という。

点接触形は見た目には接合形とまったく異なる構造をしているが，製造後の段階では，図 *1.10* に示すように，金属針と半導体面が接している部分に，pn 接合と同様の性質を持った小さな領域ができる。このため，いずれの形にしても，この pn 接合の性質によって，ダイ

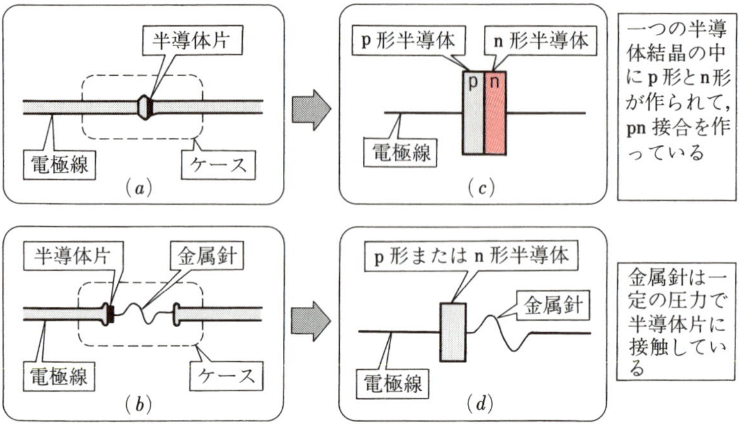

図 1.9　ダイオードの内部構造

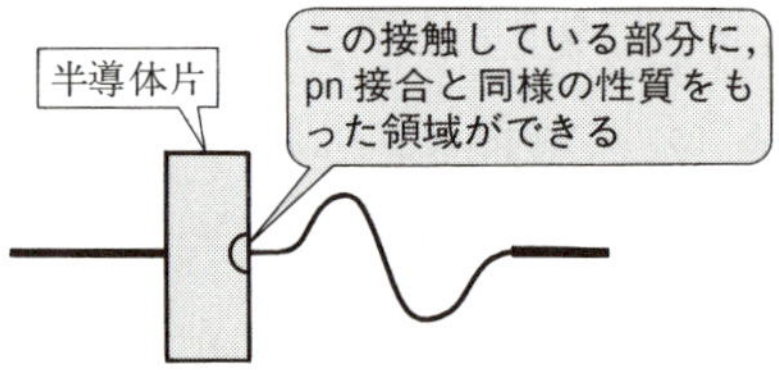

半導体片は通常，Ge では n 形，Si では p 形が用いられる

図 1.10　点接触形の接触部分

オードは整流作用を持つと考えられる。

4　pn 接合と整流作用　　pn 接合が整流作用を持つのは，つぎのような理由による。

1　電圧を加えないとき，図 1.11(a) のように，pn 接合面に正孔や電子の移動を妨げる電界が生じている。

pn 接合部では，外からエネルギーを加えなくても，p 形半導体中の正孔は，拡散[†1]によって n 形中の電子と結合し，n 形半導体中の電子も同様に，p 形中の正孔と結合する。これによって，この付近はキャリヤの存在しない**空乏層**（depletion layer）と呼ばれる領域となる。

---

†1　キャリヤの濃度の高い部分から，低い部分へ広がっていくこと。

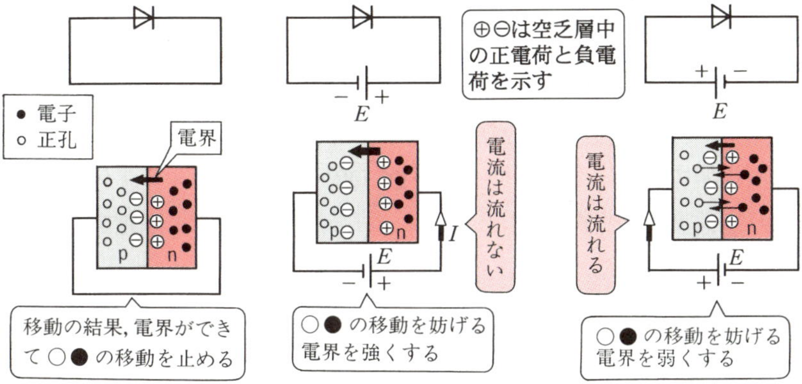

(*a*) 電圧を加えないとき (*b*) 逆方向電圧を加えたとき (*c*) 順方向電圧を加えたとき

図 *1. 11* pn 接合の整流作用

接合前は電気的に中性であったが，n 形中の空乏層になった領域では電子が不足し，p 形中の空乏層では電子が過剰になる。つまり，接合面近くの n 形中に正電荷，p 形中に負電荷が蓄えられている状態となり，そこに電界が生じていることになる。この電界は半導体内部に生じる電界であり，その方向は，n 形中の電子や p 形中の正孔の移動を妨げる方向である。また，この電界のために電子や正孔の移動は，n 形，p 形の全体に広がるのではなく，接合面近くに限られる。

[2] n 形に「+」，p 形に「−」の電圧を加えると，図 *1. 11* (*b*) のように，その電圧によって内部にできている電界をさらに強くするので，空乏層は広まり正孔や電子の移動は起こらない。

したがって，ダイオードは大きな抵抗値を示す。この方向に加えた電圧を**逆方向電圧** (reverse voltage) または単に**逆電圧**という。またこのときに，実際にはきわめてわずかな電流が流れる。この電流を**逆方向電流** (reverse current) または**逆電流**という。

[3] n 形に「−」，p 形に「+」の電圧を加えると，図 *1. 11* (*c*)

のように，その電圧によって内部にできている電界を弱くするので，正孔や電子は移動しやすくなる。

したがって，電流は流れ，ダイオードは小さな抵抗値を示す。この方向に加えた電圧を**順方向電圧**（forward voltage）または単に**順電圧**，流れる電流を**順方向電流**（forward current）または単に**順電流**という。

1.2.2 特性表示

ダイオードに流すことができる電流や，加えることができる電圧の大きさなどは，つぎに示すような項目でその特性を表す。

1 電圧-電流特性　ダイオード両端の電圧と流れる電流の関係を図で表すと，図 *1.12*（*a*）のようになる。これをダイオードの電圧-電流特性という。この特性では，つぎの点に注意しなければならない。

① 電圧，電流の関係が曲線であること。

② 順方向で，ある電圧まではほとんど電流が流れないこと。

③ 逆方向で，小さな電流が流れること。

2 最大定格と電気的特性　図 *1.12*(*b*) は，このダイオードに加えることのできる逆方向電圧の最大値（直流逆電圧），連続して流すことのできる順方向電流の最大値（平均順電流），熱による電力損失の最大値（許容損失）が，それぞれ 200 V，100 mA，250 mW であることを示している。また，図（*c*）は加える電圧と流れる電流の代表的な値であり，これにより電圧，電流特性のおおよそのことを知ることができる。

3 理想的なダイオード　ダイオードの抵抗値は，順方向で小さく，逆方向で大きいが，理想的なものとして

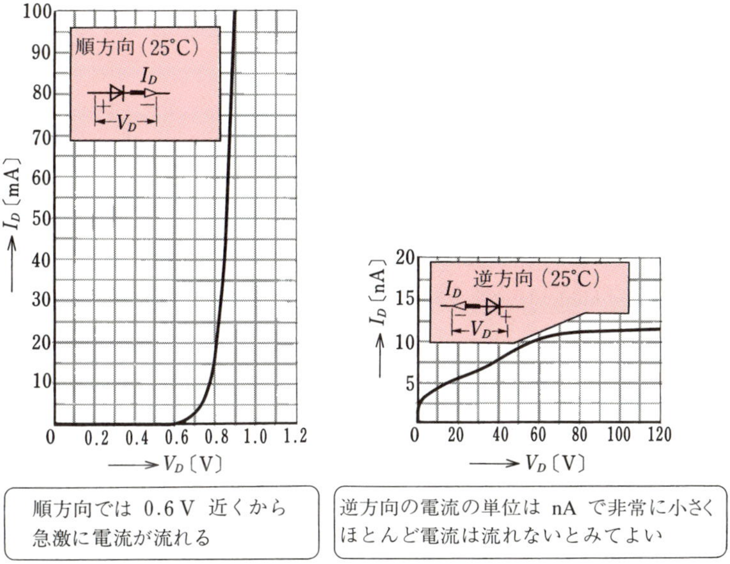

（*a*）電圧-電流特性図

項　目	記号	単位	値
直流逆電圧	V_R	V	200
平均順電流	I_0	mA	100
許 容 損 失	P	mW	250

（*b*）最 大 定 格

項　目	記号	単位	値	条　件
順電圧	V_F	V	最大 1	順電流 100 mA
逆電流	I_R	μA	最大 1.2	逆電圧 200 V

（*c*）電気的特性

図 *1. 12*　ダイオードの特性例（1 S 2462）

「順方向の抵抗値が 0，逆方向の抵抗値が ∞」

のダイオードを考えることができる。この性質を持つダイオードを**理想的なダイオード**という。

問 *1.*　理想的なダイオードの電圧-電流特性を図に表すとどのようになるか。

1.2.3　簡単なダイオード回路

1　ダイオードと抵抗の直列回路　図 *1.13* は，ダイオードと抵抗を直列に接続した回路である。この回路に流れる電流や各部の電圧を調べてみよう。

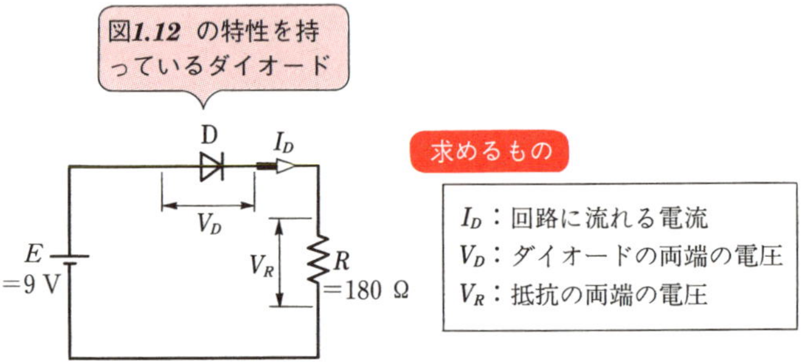

図 1.13　ダイオードと抵抗との直列回路[†1]

(*a*)　理想的なダイオードを考えたとき　ダイオード D に加わる電圧は順電圧なので，D の抵抗値は 0 である。したがって，回路に流れる電流 I_D〔A〕は次式で求められる。

$$I_D = \frac{E}{R} = \frac{9}{180} = 0.05 \text{〔A〕}$$

また，D の両端の電圧 V_D〔V〕と，抵抗 R〔Ω〕の両端の電圧 V_R〔V〕は，それぞれ $V_D = 0$ V，$V_R = E = 9$ V である。

(*b*)　実際の特性を考えに入れたとき　電源電圧 E〔V〕および V_D，V_R の間には次式が成り立つ（キルヒホッフの第 2 法則）。

$$E = V_D + V_R = V_D + RI_D \text{〔V〕} \qquad (1.1)$$

式（*1.1*）を整理し，E および R の数値を入れれば，次式になる。

$$I_D = -\frac{1}{R} V_D + \frac{E}{R}$$

[†1] 抵抗器の図記号は，JIS C 0617-4：1997 に と定められているが，本書では，広く慣用されている図記号を使用する。

$$\therefore \quad I_D = -\frac{1}{180} V_D + \frac{9}{180} \quad 〔\mathrm{A}〕$$

電流を〔mA〕の単位で表せば

$$I_D = -5.56\ V_D + 50 \quad 〔\mathrm{mA}〕 \qquad (1.2)$$

式(*1.2*)は図 *1.13* の回路の V_D と I_D の関係を示すものであり，グラフで示すと図 *1.14*(*a*) となる。すなわち，V_D と I_D はこのグラフに示した直線上の値をとらなければならない。

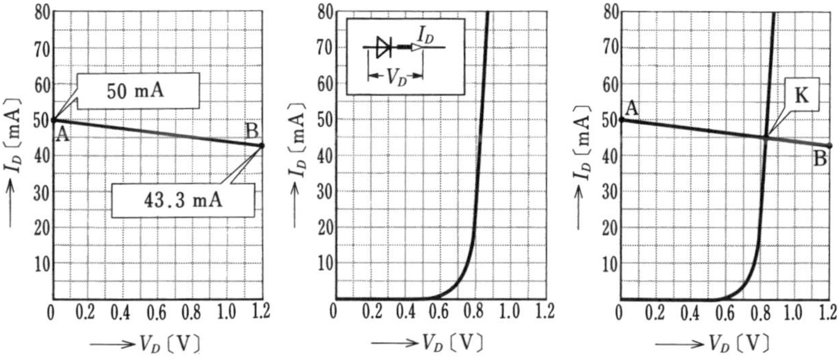

(*a*) $I_D = -5.56\ V_D + 50$〔mA〕のグラフ
(*b*) ダイオード自身の電圧-電流特性図
(*c*) 点 K の V_D, I_D
$I_D = 45$ mA
$V_D = 0.82$ V

図 *1.14* V_D, I_D を求める図

一方 V_D と I_D は，図(*b*) の V_D-I_D 特性曲線上の値でなければならない。

したがって，回路の V_D と I_D は，図 (*c*) のように図 (*a*) と図 (*b*) を重ね合わせれば，その交点 K の電圧，電流からつぎのように求まる。

$$V_D = 0.82\ \mathrm{V}, \qquad I_D = 45\,\mathrm{mA}$$

V_R は

$$V_R = E - V_D = 9 - 0.82 = 8.18\ 〔\mathrm{V}〕$$

となる。

(c)　ダイオードの電圧を仮定したとき　　ダイオードの電圧 V_D は，電流がある大きさ以上流れているとき，ほぼ 0.6～0.9V で一定である。したがって，この電圧を仮定すると，電流 I_D は次式で求められる。

$$I_D=\frac{E-V_D}{R},\qquad V_D\fallingdotseq 0.6\sim 0.9\,\mathrm{V} \tag{1.3}$$

図の回路の場合，$V_D\fallingdotseq 0.8\,\mathrm{V}$ と仮定すれば

$$I_D=\frac{9-0.8}{180}=0.0456\ \text{〔A〕}=45.6\ \text{〔mA〕}$$ †1

となる。

この方法は，理想的なダイオードとして電流を求めるよりも，実際に近い値が求められる。しかし，電圧 E が小さい場合には，実際値との差が大きくなる。

問 2. 図 1.13 の回路で，つぎの (a)，(b) の場合の I_D，V_D を，
① 理想的なダイオードと考えたとき，② 実際の特性を考えたとき，
③ 式 (1.3) で求めたとき，の三つで求め，その結果を比較検討しなさい。

(a)　$E=1.2\,\mathrm{V}$，$R=24\,\Omega$

(b)　$E=30\,\mathrm{V}$，$R=600\,\Omega$

2　整流回路　　ダイオードは一方向にしか電流を流さないので，交流を直流に変換する整流回路に使われる。図 1.15 に示した回路は，整流回路の中でよく使われる**半波整流回路**（half wave rectification circuit）と**全波整流回路**（full wave rectification circuit）である。

†1　本書では，計算値は近似値でも原則として“＝”を用いる。

つぎに，ダイオードを理想的なダイオードとして回路の動作を考えてみよう。

(*a*)　半波整流回路　図 *1.15*（*a*）において，$v_{ab}>0$ ならば，ダイオードに順電圧が加わり，ダイオードの抵抗は 0 となる。また，$v_{ab}<0$ ならば，ダイオードに逆電圧が加わり，ダイオードの抵抗は無限大となる。したがって，抵抗 R に流れる電流は，図のように $v_{ab}>0$ のときに，$i_R=\dfrac{v_{ab}}{R}$ の大きさで点 c から点 d への一方向電流になる。

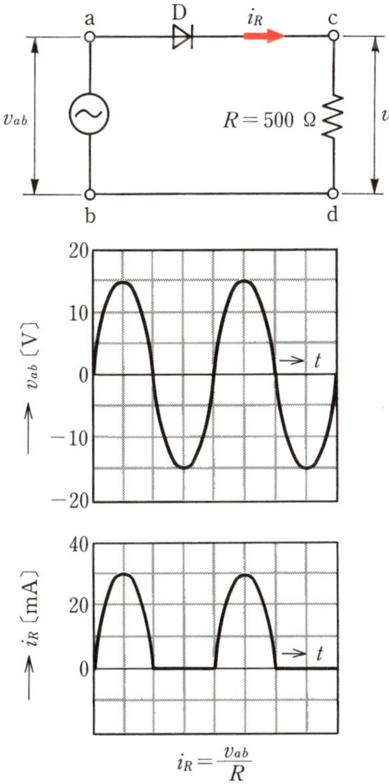

（*a*）　半 波 整 流

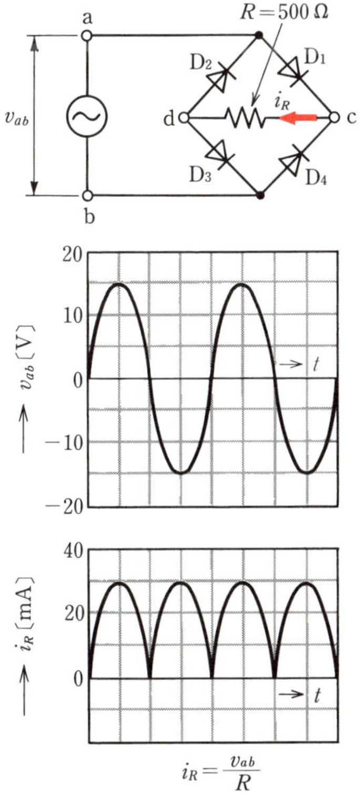

（*b*）　全 波 整 流

図 *1.15*　整　流　回　路

(b) 全波整流回路　図 1.15 (b) において，$v_{ab}>0$ ならば，D_1 と D_3 に順電圧が加わり，D_2 と D_4 には逆電圧が加わる。また，$v_{ab}<0$ ならば，D_2 と D_4 に順電圧が加わり，D_1 と D_3 には逆電圧が加わる。したがって，抵抗 R に流れる電流は，図のように，つねに点 c から点 d への一方向であり，大きさは $i_R=\dfrac{v_{ab}}{R}$ の電流になる。

問 3. 半波整流回路，全波整流回路で，ダイオードに加わる電圧の波形はどのようになるか。

問 4. 発振器の交流をダイオードを使用して半波整流し，オシロスコープで観測したら，図 1.16 のような波形になった。この理由を説明しなさい（ダイオードは理想的でないものとする）。

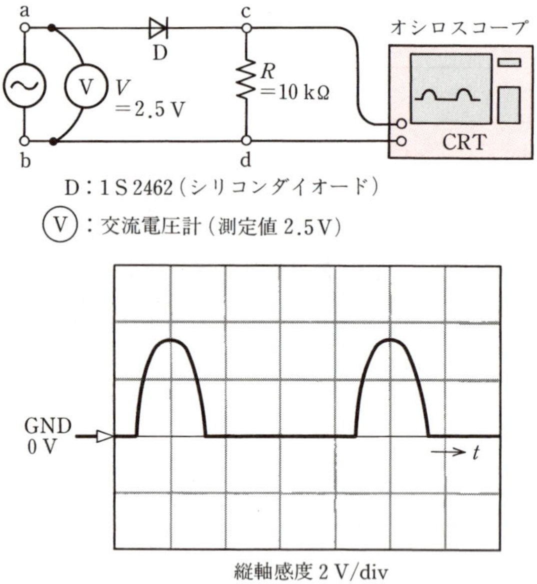

図 1.16

示せば，図 (*b*) のような 3 層の構造になっており，図記号[†1]では図 (*c*) のように表す。

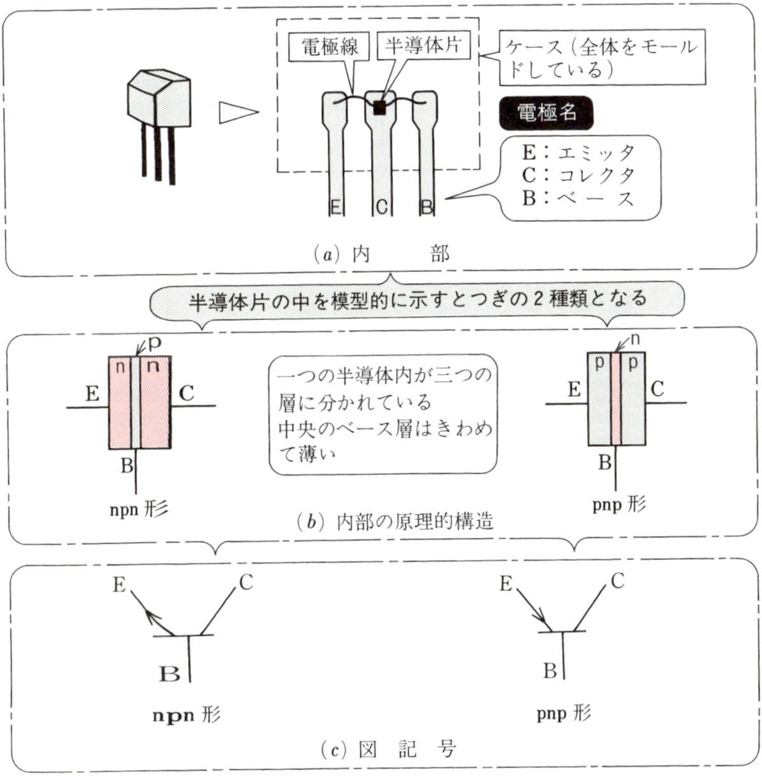

図 1.18　トランジスタの構造

この図に示すように，トランジスタには npn 形と pnp 形があるが，以後，特別の場合を除いて npn 形について学ぶことにする。

2　トランジスタに加える電圧

電圧の加え方　エミッタ E，コレクタ C，ベース B には，使用目的に応じていくつかの電圧の加え方があるが，多くの場合，図 *1.*

†1　電極の記号 E，C，B は電極を明らかにするために示したもので，図記号には普通は示さない。ほかの半導体素子の電極の記号についても同じである。

1

トランジスタ

トランジスタ（transistor）は，三つの電極を持った半導体であり，おもな働きは「増幅作用」と「スイッチ作用」であ トランジスタは，電圧の加え方や電流の流れ方がダイオー も複雑になる。ここでは，トランジスタを正しく使えるよう るために，電流の流れ方，構造，性質などの基本的な事柄 て学ぶ。

1.3.1 構造と働き

1 内部の構造　図 *1.17* は，いろいろなトランジスタの る。

図 *1.17* いろいろなトランジスタ

このトランジスタを分解してみると，図 *1.18* (*a*)のように， 体片から**エミッタ**(emitter) **E**，**コレクタ**(collector) **C**，**ベー** **B** の三つの電極が出ている。さらに，この半導体片の内部

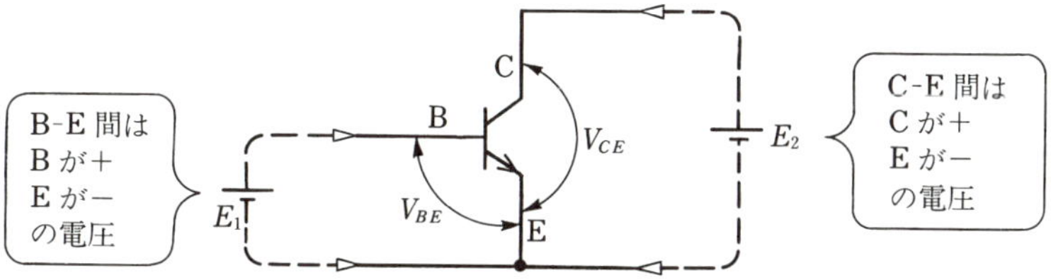

V_{BE} はふつう 0.3〜0.8 V ぐらいの小さな電圧であり，
V_{CE} は数 V から十数 V の電圧である

図 1.19 トランジスタへの電圧の加え方

19 に示すような電圧を加えて使用する。

この加え方は，エミッタを二つの電源の共通電極として使っているので，**エミッタ共通接続**という。また，この共通電極は，接地に使うことが多いので，**エミッタ接地接続**ともいう。

この図において，一般に $V_{CE} \gg V_{BE}$ であり，このとき，トランジスタ内部の二つの pn 接合面にはつぎの電圧が加わっている。

B と E の間の pn 接合面…… V_{BE} ⇨ 順電圧

C と B の間の pn 接合面…… $V_{CB} = V_{CE} - V_{BE}$ ⇨ 逆電圧

この電圧が加わっている状態を**能動状態**といい，トランジスタの大切な働きである**増幅作用**は，この状態を利用している。

また，B-E 接合面，C-B 接合面の両方に逆電圧が加わっている状態を**遮断状態**，両方に順電圧が加わっている状態を**飽和状態**という。この二つの状態は，トランジスタにスイッチ作用をさせるときに利用する状態である。

3 トランジスタの作用　トランジスタの増幅作用とスイッチ作用を調べるために，図 1.20 の回路で各電圧と電流の関係を実験で調べてみる。その結果が表 1.2 である。

(a) 電流増幅作用　I_B が 10.2 μA から 19.7 μA に変化するときの I_C の変化は，1.45 mA から 3.0 mA である。すなわち，I_B の

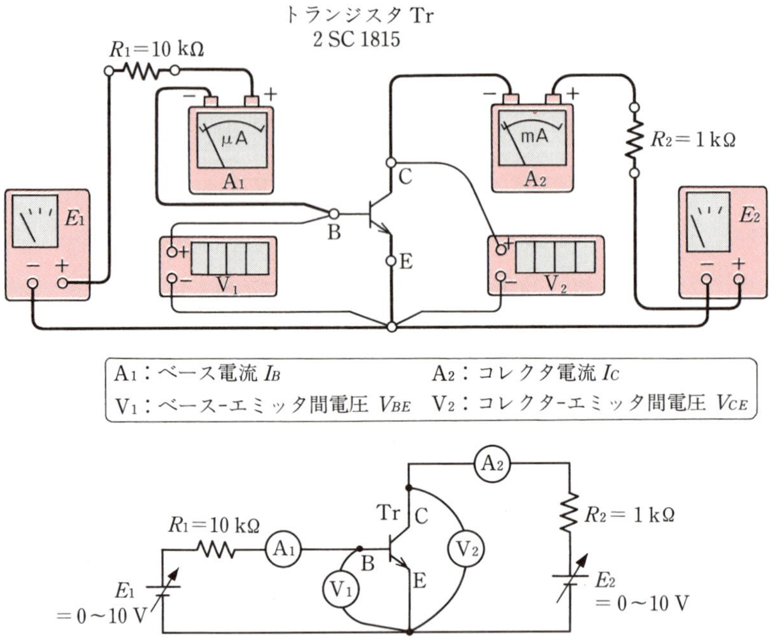

図 1.20　トランジスタの作用を調べる回路

表 1.2　トランジスタの電圧，電流の変化

(2 SC 1815，E_2＝10 V)

V_{BE}〔mV〕	I_B〔μA〕	I_C〔mA〕	V_{CE}〔V〕	備　考
0	0	0	10	
500	0	0	10	
600	0	0	10	
640	4.8	0.68	9.35	V_{BE} は 600 mV を超えると I_B が流れ始めたので，細かく変えた
660	10.2	1.45	8.50	
680	19.7	3.00	7.02	
700	38.6	5.64	4.35	
720	71.0	9.70	0.28	
740	112	9.81	0.23	
760	155	9.81	0.23	

9.5 μA の変化に対して，I_C の 1.55 mA の変化が得られる。これは，1 550÷9.5＝163 倍の増幅作用があることになる。この作用を**電流増幅作用**という。

（***b***） **電圧増幅作用**　V_{BE} が 680 mV から 700 mV に変化するとき，V_{CE} の変化は 7.02 V から 4.35 V である。すなわち，V_{BE} の 20 mV の変化に対して，V_{CE} の 2.67 V の変化が得られる。これは，2 670÷20＝133.5 倍の増幅作用があることになる。この作用を**電圧増幅作用**という。

トランジスタの増幅作用をまとめると図 *1. 21* となる。

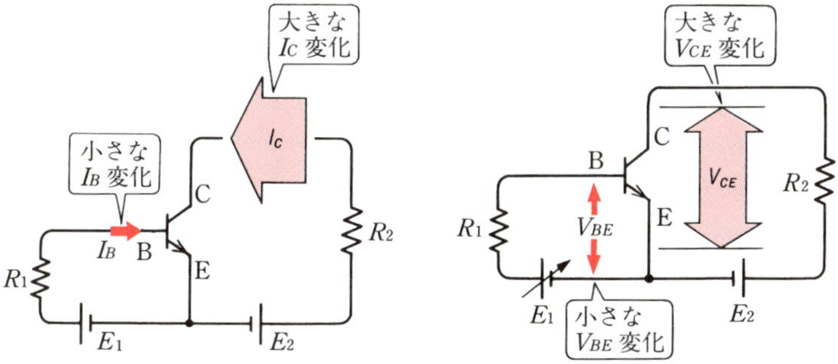

（*a*） 電流増幅　　（*b*） 電圧増幅

図 *1. 21* トランジスタの増幅作用

（***c***） **スイッチ作用**　I_B が 0 のとき，I_C は 0 である。I_B が 71 μA を超えると，I_C はほぼ 9.8 mA になる。すなわち，I_B が流れなければ I_C も流れず，I_B が一定以上流れると，I_C はほぼ $E_2 \div R_2 = 10$ mA となる。これはトランジスタがスイッチの役割をしていることになる。この作用を**スイッチ作用**という。

4 **電流の流れ**　実験の結果をもとにして，トランジスタに流れる電流の性質をまとめると，つぎのようになる。

「コレクタ電流 I_C は，ベース電流 I_B で大きく変化する。」

「ベース電流 I_B は，ベース電圧 V_{BE} で変化する。」

このほかに，つぎのことも重要な性質である。

「コレクタ電流 I_C は，コレクタ-エミッタ間電圧 V_{CE} の影響をあまり受けない。」

「エミッタ電流 I_E は，$I_C + I_B$ である。」

1.3.2 特性表示

トランジスタは，つぎに示す項目によってその特性が表示される。

1 電圧-電流特性　トランジスタでは，二つの電流 I_B，I_C と，二つの電圧 V_{BE}，V_{CE} の関係を知る必要があり[†1]，つぎのような約束で図に表している。

① I_B を一定に保ったときの V_{CE} と I_C の関係をグラフにしたもの
　…………………… **V_{CE}-I_C 特性（出力特性）**

② V_{CE} を一定に保ったときの I_B と I_C の関係をグラフにしたもの
　…………………… **I_B-I_C 特性（電流伝達特性）**

③ V_{CE} を一定に保ったときの V_{BE} と I_B の関係をグラフにしたもの　…………………… **V_{BE}-I_B 特性（入力特性）**

④ I_B を一定に保ったときの V_{CE} と V_{BE} の関係をグラフにしたもの …………………… **V_{CE}-V_{BE} 特性（電圧帰還特性）**

この四つのグラフの中で，④ の V_{CE}-V_{BE} 特性はほとんど用いられないので，省略されることが多い。図 1.22 に特性の例を示す。

この特性では，つぎの点にも注意しなければならない。

① V_{CE}-I_C 特性では，I_B によって I_C が大きく変わり，何本もの特

---

†1 実際にはこのほかにも I_E と V_{CB} が考えられるが，この二つは他の特性から求められるし，また，トランジスタを使う場合にほとんど必要としないので省略される。

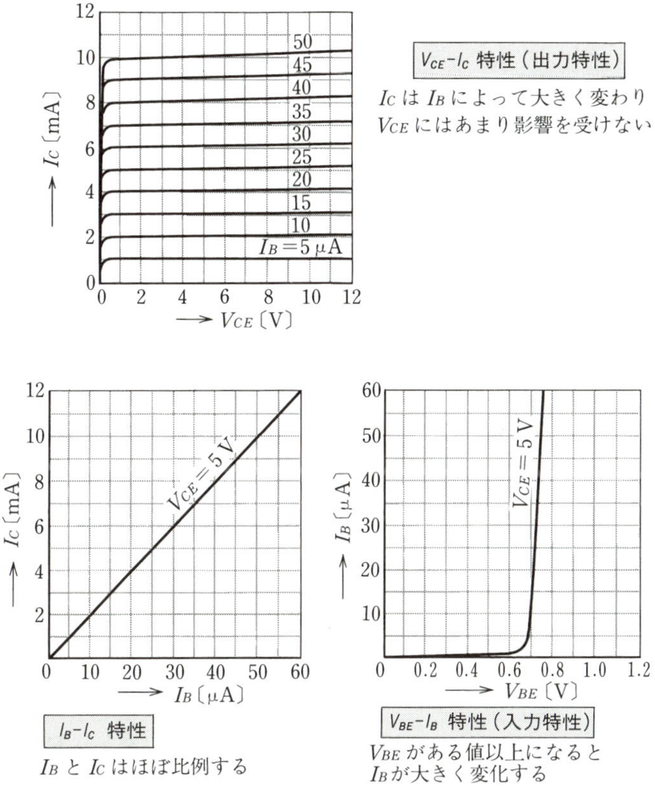

図 1.22　トランジスタの特性（2 SC 1815）

性曲線が描かれる。

② I_B-I_C 特性，V_{BE}-I_B 特性では，V_{CE} によって特性があまり変わらないので，ある大きさの V_{CE} のときの特性曲線が1本示されている場合が多い。

2　トランジスタ内部での電子の動き　電圧-電流特性がなぜ図 *1.22* のようになるのかを，トランジスタ内部での電子の動きで考えてみよう。

1　**図 *1.23*（*a*）のように，C-B 間に逆電圧が加わっているだけでは電流は流れない。**

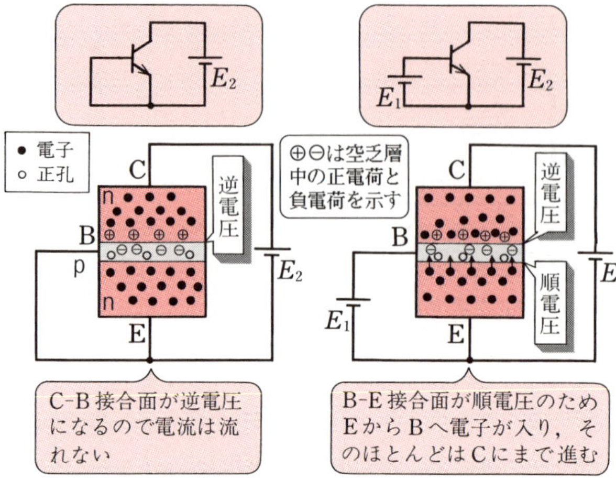

(*a*)　(*b*)

図 1.23　トランジスタ内の電子の動き

このときは，ダイオードに逆電圧が加わっているのと同じであるから，内部の電子や正孔は移動せず，電流は流れない。ただ，C-B 接合面には電界がある。

② 図 (*b*) のように，B-E 間に順電圧を加えると，E から B へ多くの電子が入り，その電子の大部分はベース層が非常に薄いので，すぐに C-B 接合面近くに達する。

③ C-B 接合面までに達した電子は，その接合面にある電界に引かれて C 内に入る。

C-B 接合面の電界は，ベース内の電子をコレクタ内に引き入れる方向であるので，接合面近くに達した電子はコレクタ内に入る。

このように電子の移動が起こるので，E，B，C の各電極にはつぎのような電流が流れる。

エミッタ電流 I_E ：B-E 間に加えられた順電圧 V_{BE} のために，E

からB内へ入った電子の量に相当する電流[†1]

ベース電流 I_B：B内へ入った電子の中で，C-B接合面近くまで達しなかった電子の量に相当する電流

コレクタ電流 I_C：B内に入った電子の中で，C-B接合面近くに達し，C内に引き込まれた電子の量に相当する電流

したがって，I_B は非常に小さく，$I_E=I_B+I_C$ の関係があり，I_E，I_B，I_C は V_{BE} によって大きく変わる。また，$V_{CB}=V_{CE}-V_{BE}$ は，単にC-B接合面近くに達した電子をC内に引き込むだけなので，電流 I_C の大きさにはあまり影響を与えない。

3 最大定格　トランジスタに加えることができる電圧や，流すことができる電流などの最大値を表したものが，**最大定格**である。表1.3はその一例である。

$V_{CE}\times I_C$ を**コレクタ損** P_C という。V_{CE} や I_C が最大定格値内であっても，それを乗じた P_C は許容コレクタ損 P_{Cm} を超えてはいけない。したがって，トランジスタの特性中で利用できる範囲は，図1.24の範囲となる。

表 1.3　トランジスタの最大定格の例（2 SC 1815）

項目	記号	単位	値
コレクタ-エミッタ間電圧	V_{CEm}	V	50
コレクタ電流	I_{Cm}	mA	150
許容コレクタ損	P_{Cm}	mW	400
ベース-エミッタ間電圧	V_{BEm}	V	+5

[†1] BからEへ入る正孔による電流もあるが，不純物の濃度の関係でこれは十分小さくなるように作られている。

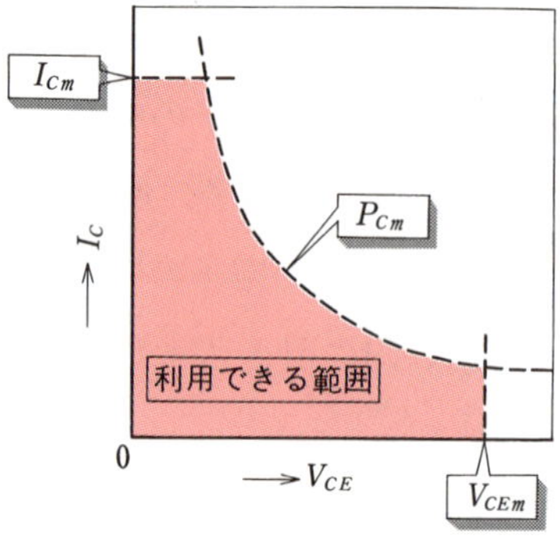

図 1.24　トランジスタの利用できる範囲

表 1.4　トランジスタの h パラメータの例 (2 SC 1815)

項　目	記　号	値	条　件
直流電流増幅率	h_{FE}	120～240	$I_C = 2$ mA
h パラメータ	h_{ie}	2.2 kΩ	$V_{CE} = 5$ V, $I_C = 2$ mA
	h_{re}	5×10^{-5}	
	h_{fe}	160	
	h_{oe}	9 μS	
コレクタ遮断電流	I_{CBO}	0.1 μA 最大	$V_{CB} = 60$ V

4　**h パラメータ**　　トランジスタを使用するときには，表 1.4 に示す直流電流増幅率 h_{FE}，トランジスタの **h パラメータ** (hybrid parameter)，それにコレクタ遮断電流 I_{CBO} が重要になる。

h パラメータについて，ここではその概略について学び，利用の仕方については 2.3 節以降で詳しく学ぶことにする。

h_{FE}（直流電流増幅率）　　I_C と I_B の比のことである。トランジスタでは，h_{FE} がわかればだいたいの性能がわかる。回路の設計のときによく用いられる定数である。

h パラメータ　　h 定数ともいう。特性曲線の局所的な傾きのこと

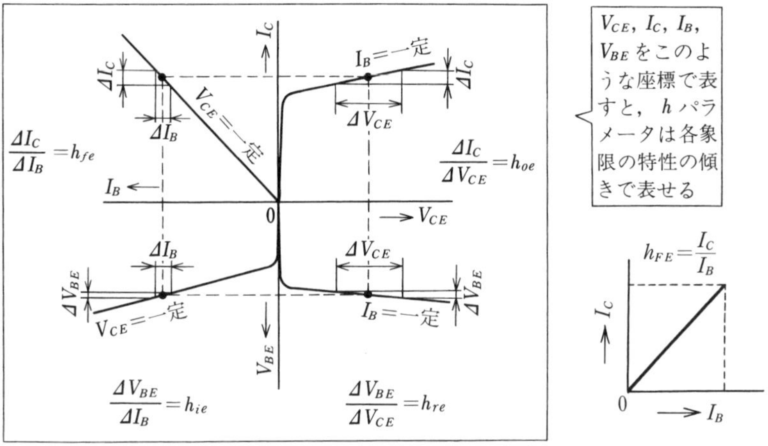

(a)　(b)

図 1.25　hパラメータ

であり，図 1.25 のように四つある。それぞれつぎの定義で示される。

h_{oe}(出力アドミタンス)　V_{CE}-I_C 特性曲線の局所的な傾き，すなわち $\frac{\varDelta I_C}{\varDelta V_{CE}}$ である。単位は〔S〕になる。

h_{fe}(電流増幅率)　I_B-I_C 特性曲線の局所的な傾き，すなわち $\frac{\varDelta I_C}{\varDelta I_B}$ である。単位はない。図 (b) の h_{FE} と区別して用いられる。

h_{ie}(入力インピーダンス)　V_{BE}-I_B 特性曲線の局所的な傾き，すなわち $\frac{\varDelta V_{BE}}{\varDelta I_B}$ である。単位は〔Ω〕になる。

h_{re}(電圧帰還率)　V_{CE}-V_{BE} 特性曲線の局所的な傾き，すなわち $\frac{\varDelta V_{BE}}{\varDelta V_{CE}}$ である。単位はない。

なぜ h パラメータが必要なのかはつぎの理由による。トランジスタを使うときには，図 1.26 に示すように，特性の一部分を用いることがある。このときには，特性全部がなくても，その部分の特性曲線がほぼ直線になるので，特性曲線の「傾き」がわかれば十分である。このため，特性曲線の代わりに h パラメータでその特性を表す。

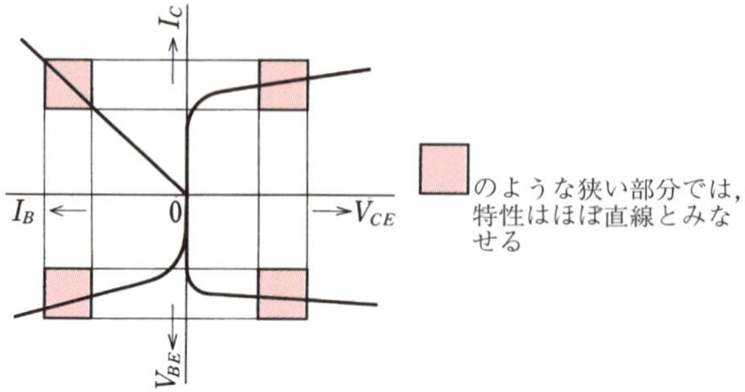

図 1.26　hパラメータの利用

また，このhパラメータは，あとで学ぶトランジスタの等価回路で大切な役割をする。

I_{CBO}（コレクタ遮断電流）　C-B 間に逆電圧を加え，B-E 間には電圧を加えないとき，コレクタに流れる電流である。I_{CBO} は，ダイオードの逆方向電流に相当する電流で，非常に小さな値であるが，温度によって大きく変化するので，安定した回路動作をさせるには，このI_{CBO} の小さいトランジスタを使用する必要がある[†1]。

1.3.3　簡単なトランジスタ回路

1　基本回路　トランジスタを含んだ図 1.27 の回路の各部の電流，電圧を，特性曲線を利用して求めてみよう。この回路は，あとで学ぶ増幅回路や発振回路などの基本となる回路である。

2　特性図へ負荷線を作図して求める方法

I_B と V_{BE}　図 1.28（a）のように

E_1 ⇨ R_1 ⇨ トランジスタのB-E ⇨ E_1

†1　I_{CBO} は，シリコントランジスタでは温度 10℃ 上昇ごとに約 2 倍に増加する。

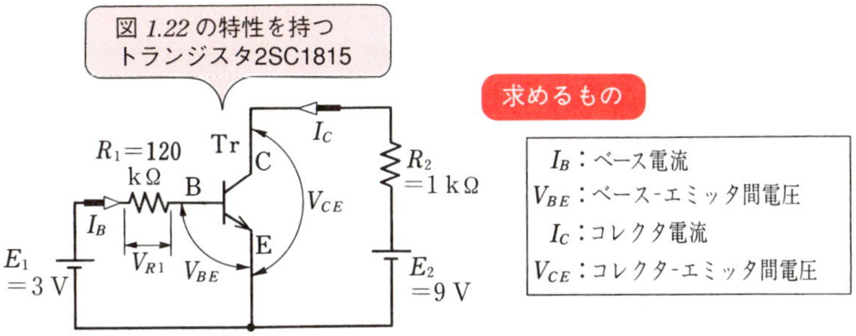

図 1.27 トランジスタを含んだ回路

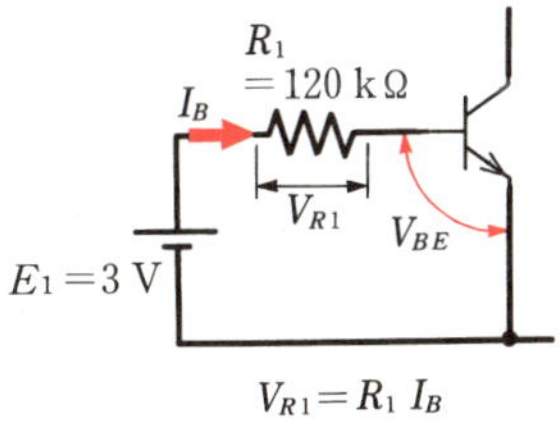

(a) $I_B=-\dfrac{1}{R_1}V_{BE}+\dfrac{E_1}{R_1}$
が成り立つ

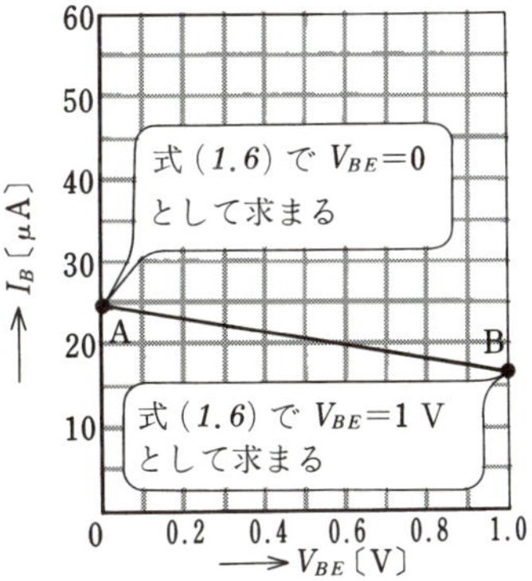

(b) I_B と V_{BE} は必ずこの直線 AB 上の値でなくてはならない

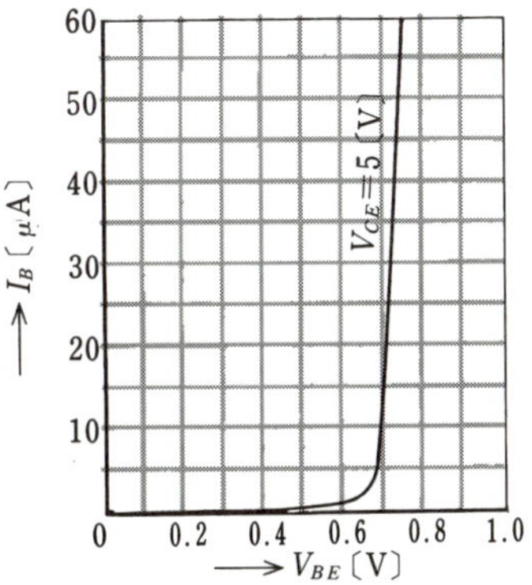

(c) I_B と V_{BE} はこの特性上の値でなくてはならない

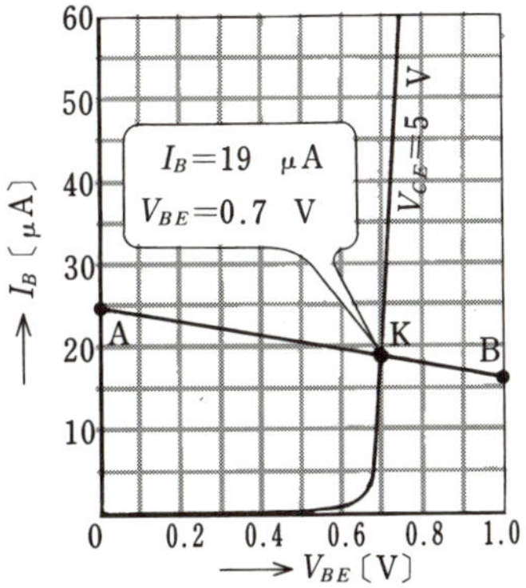

(d) I_B と V_{BE} は図 (b), (c) の交点 K で求められる

図 1.28 I_B, V_{BE} の求め方

と一巡する回路を考えれば，E_1，V_{R1}，V_{BE} の間に次式が成り立つ。

$$E_1 = V_{R1} + V_{BE} = R_1 I_B + V_{BE} \tag{1.4}$$

変形すれば

$$I_B = -\frac{1}{R_1} V_{BE} + \frac{E_1}{R_1} \tag{1.5}$$

数値を入れて整理し，I_B を〔μA〕の単位で表せば

$$I_B = -\frac{1}{0.12} V_{BE} + 25 \ 〔\mu\text{A}〕 \qquad (V_{BE} \text{ は〔V〕})$$

$$\therefore \quad I_B = -8.33\, V_{BE} + 25 \ 〔\mu\text{A}〕 \tag{1.6}$$

式（1.6）は I_B と V_{BE} との関係を示す式であり，グラフで示すと図（b）の直線 AB となる。

一方，I_B と V_{BE} は図（c）の特性曲線上になければならない。したがって，回路の I_B と V_{BE} は図（b）の直線上にあり，しかも図（c）の特性曲線上にあるので，図（d）のように図（b），（c）を重ね合わせ，その交点 K として求められる。

図より，$I_B = 19\,\mu\text{A}$，$V_{BE} = 0.7\,\text{V}$ となる。

I_C と V_{CE}　　図 1.29（a）のように

[E_2] ⇨ [R_2] ⇨ [トランジスタの C–E] ⇨ [E_2]

と一巡する回路を考えれば，E_2，V_{R2}，V_{CE} の間に次式が成り立つ。

$$E_2 = V_{R2} + V_{CE} = R_2 I_C + V_{CE} \tag{1.7}$$

変形すれば次式になる。

$$I_C = -\frac{1}{R_2} V_{CE} + \frac{E_2}{R_2} \tag{1.8}$$

数値を入れて，I_C を〔mA〕の単位で表せば

$$I_C = -\frac{1}{1} V_{CE} + 9 \ 〔\text{mA}〕 \qquad (V_{CE} \text{ は〔V〕}) \tag{1.9}$$

となる。式（1.9）は I_C と V_{CE} の関係を示す式であり，グラフで示

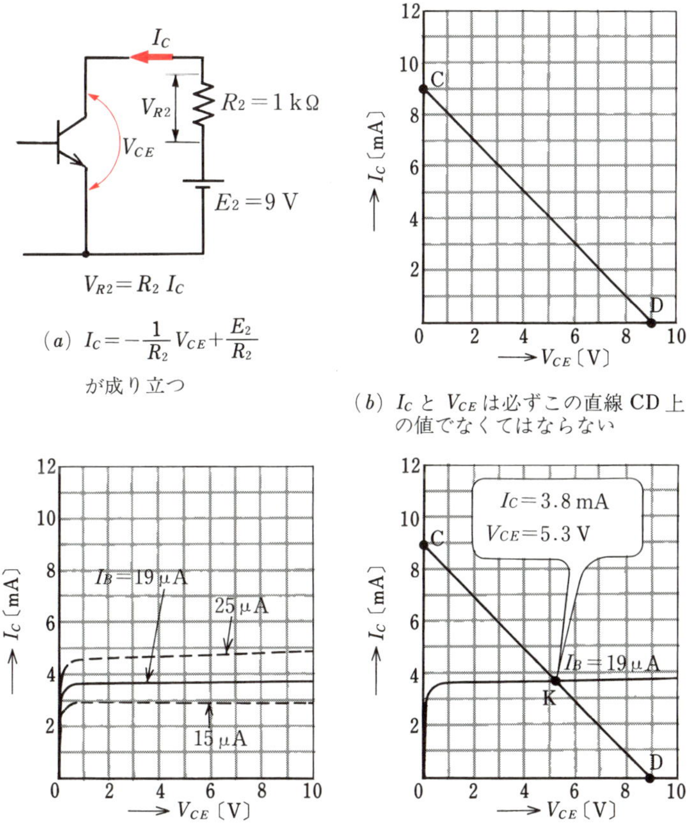

(a) $I_C = -\dfrac{1}{R_2} V_{CE} + \dfrac{E_2}{R_2}$ が成り立つ

(b) I_C と V_{CE} は必ずこの直線 CD 上の値でなくてはならない

(c) I_CとV_{CE}は $I_B = 19\,\mu\mathrm{A}$ で求めた特性上の値でなくてはならない

(d) I_C と V_{CE} は図 (b), (c) の交点 K で求められる

図 1.29 I_C, V_{CE} の求め方

すと図 (*b*) の直線 CD となる。

一方，I_C と V_{CE} は，図 (*c*) のように $I_B = 19\,\mu\mathrm{A}$ のときの V_{CE}-I_C 特性曲線上の値でなければならない。したがって，回路の I_C と V_{CE} は，図 (*d*) のように図 (*b*)，(*c*) を重ね合わせ，その交点 K として求められる。図 (*d*) より，$I_C = 3.8\,\mathrm{mA}$，$V_{CE} = 5.3\,\mathrm{V}$ となる。

3 簡単な I_B，I_C，V_{CE} の求め方　トランジスタで，V_{BE} はほぼ 0.6〜0.9 V である。したがって，E_1 がある程度以上の大きな電圧であれば，特性図を用いなくても，V_{BE} と h_{FE} から I_B，I_C，V_{CE} はつぎのように計算で求められる。

図 1.27 の回路において，$V_{BE}=0.7\,\text{V}$，$h_{FE}=200$ とした場合，式（1.5）から

$$I_B=\frac{E_1-V_{BE}}{R_1}=\frac{3-0.7}{0.12}=19.2\ 〔\mu\text{A}〕\quad（R_1 \text{ は }〔\text{M}\Omega〕）\qquad (1.10)$$

$h_{FE}=\dfrac{I_C}{I_B}$ から

$$I_C=h_{FE}I_B=200\times19.2=3\,840\ 〔\mu\text{A}〕=3.84\ 〔\text{mA}〕\qquad (1.11)$$

式（1.7）から

$$V_{CE}=E_2-R_2I_C=9-1\times10^3\times3.84\times10^{-3}=5.16\ 〔\text{V}〕\qquad (1.12)$$

となる。

問 5. 図 1.30 の回路の I_B，V_{BE}，I_C，V_{CE} を求めなさい。ただし，トランジスタの特性は図 1.22 とする。

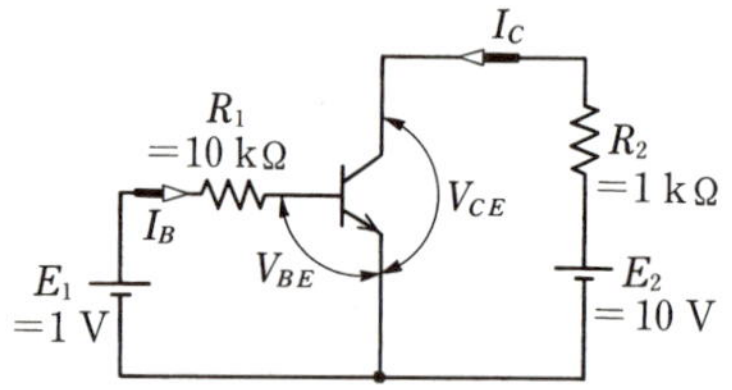

図 1.30

問 6. 図 1.27 の回路で，R_1 を変えて $I_C=6\,\text{mA}$ にするには，R_1 をいくらにすればよいか。ただし，トランジスタの特性は図 1.22 とする。

1.4 電界効果トランジスタ

電界効果トランジスタ（field-effect transistor，略して**FET**）は，前節で説明したトランジスタと比較すると，増幅作用やスイッチ作用を持つ素子であることでは同じだが，その内部構造や動作原理は異なっている。ここでは，FET の構造，動作原理などの基本的な事柄について学ぶ。

1.4.1 構造と働き

1 FET の種類と内部構造　FET には内部構造から大別すると，**接合形**と**絶縁ゲート形**（**MOS 形**）[†1] とがある。また，表 *1.5* の構造図に示すように，n 形半導体と p 形半導体の配置によって，接合形と MOS 形はさらに n チャネル形と p チャネル形に分けられる。なお，FET の電極はそれぞれ，ドレーン（D），ソース（S），ゲート（G）と呼ぶ。

このように，FET にはいろいろな形があるが，電圧や電流の方向が違うだけで，基本的な使い方は同じである。以下，接合形の n チャネル形を例にして，その動作を学ぶことにする。

2 FET に加える電圧　FET は，D，S，G の各電極に，図 *1.31* の電圧を加えて使用する。

---

†1　ゲート部が**金属**（metal），**酸化膜**（oxide），**半導体**（semiconductor）から構成されるので，MOS 形という。

表 *1. 5*　電界効果トランジスタの種類

	接合形		MOS形	
構造図	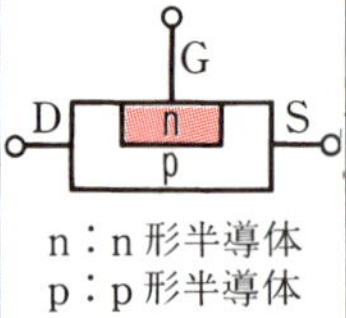	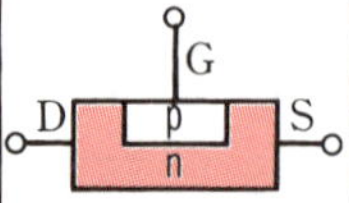	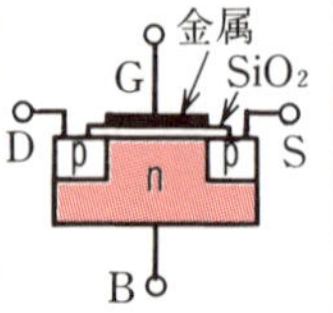	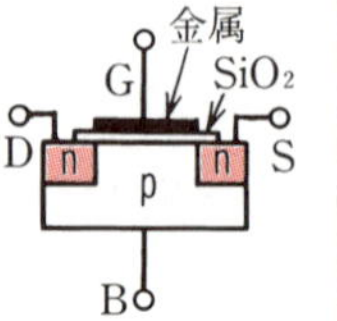
電極名	D：ドレーン	S：ソース	G：ゲート	B：サブストレート
図記号				

MOS形の図記号はデプレション形でサブストレート（基板）接続引出しの場合を示す。サブストレート接続のない場合はBの線を内側に縮める

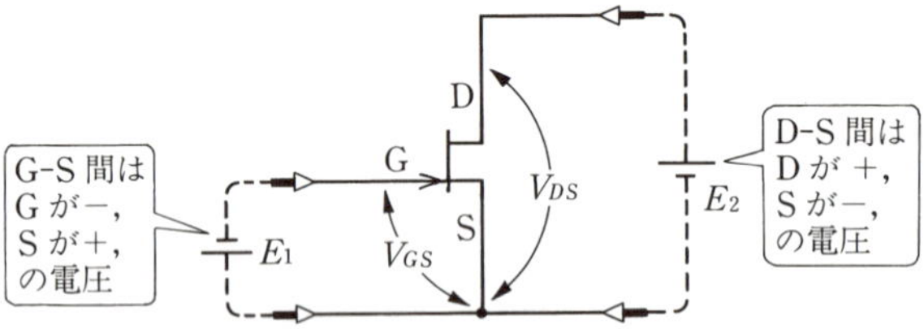

図 *1. 31*　FET に加える電圧

3　FETの作用　FETにはトランジスタ[†1]と同様に，増幅作用とスイッチ作用がある。図 *1. 32* の回路で各電圧と電流の関係を実験で調べてみる。その結果が表 *1. 6* である。

(*a*)　電圧増幅作用　V_{GS} が −0.2 V から −0.4 V に変化するとき，V_{DS} の変化は 2.16 V から 4.50 V である。すなわち V_{GS} の 0.2 V の変化に対して，V_{DS} の 2.34 V の変化が得られる。これは 2.34÷0.2＝11.7 倍の増幅作用があることになる。この作用を電圧増幅作用

[†1] FETと区別する場合，*1.3* 節のトランジスタをバイポーラトランジスタと呼ぶことがある。

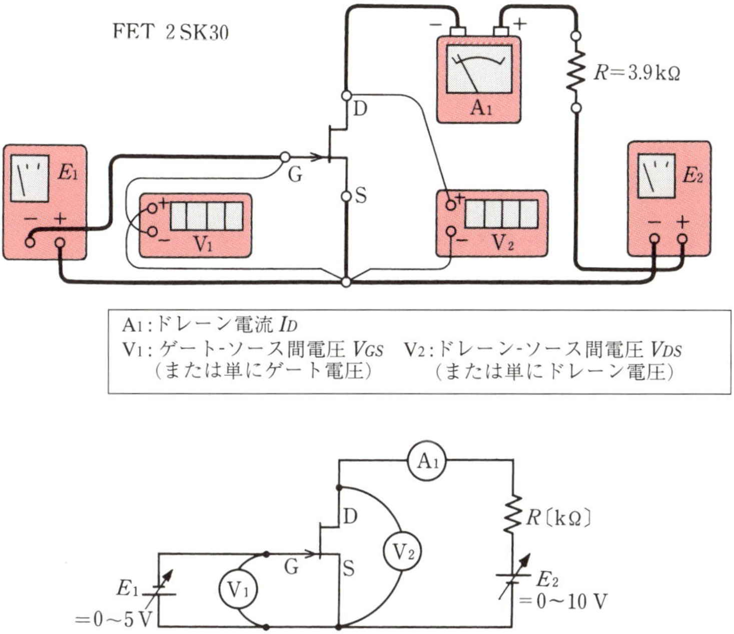

図 *1. 32* FET の作用を調べる回路

表 *1. 6* FET の作用を確かめる実験の結果

$-V_{GS}$〔V〕	I_D〔mA〕	V_{DS}〔V〕
0	2.35	0.84
0.1	2.25	1.22
0.2	2.01	2.16
0.3	1.71	3.28
0.4	1.42	4.50
0.5	1.05	5.92
0.6	0.82	6.80
0.7	0.52	7.95
0.8	0.39	8.50
1.0	0.15	9.40
1.2	0.09	9.65
1.4	0.0	9.98

〔注〕 E_2=10V のときの結果

という。

(b)　スイッチ作用　　V_{GS} が 0 のとき，I_D はほぼ $E_2 \div R = 2.56$ mA となる。V_{GS} が約 -1.2V 以下になると，I_D は約 0 になる。これは FET がスイッチの役割をしていることになる。この作用をスイッチ作用という。

FET の作用をまとめると図 *1. 33* となる。

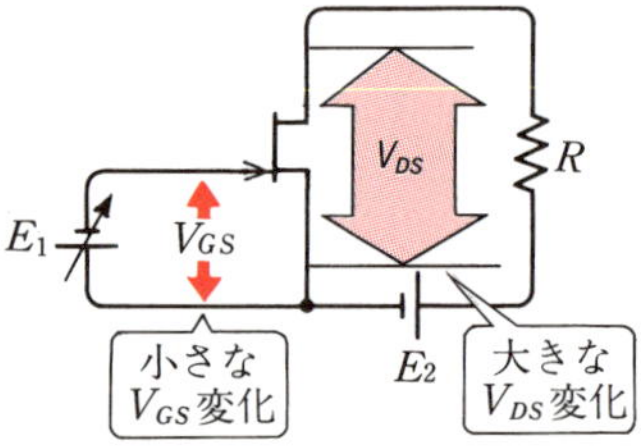

(a)　増幅作用

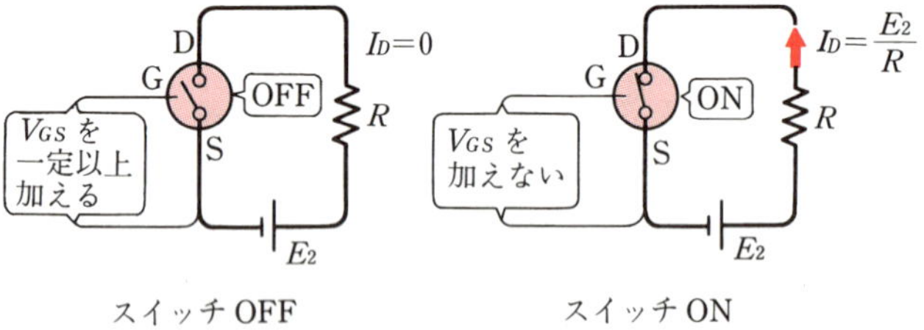

(b)　スイッチ作用

図 *1. 33*　FET の増幅作用とスイッチ作用†1

4　電流の流れ

実験の結果をもとにして，FET に流れる電流の性質をまとめると

「ドレーン電流 I_D が，ゲート電圧 V_{GS} で大きく変化する。」

「ゲートの pn 接合に逆電圧が加わっているので，ゲート電流 I_G は

†1　図のスイッチの記号は，スイッチ作用を示した概念図であり，JIS C 0617-7：1999 で定められたスイッチの図記号とは異なる。本書では実際のスイッチと区別するため，スイッチ作用を示す際には本図の記号を使用する。

流れない。」

1.4.2　特性表示

トランジスタと同じように，FETについてもつぎに示す項目によってその特性が表示される。

1　**電圧-電流特性**　FETは，ゲートに電流 I_G が流れないため，ドレーン電流 I_D，ゲート電圧 V_{GS}，ドレーン電圧 V_{DS} の関係をつぎのような約束で図に表している。

① V_{DS} を一定に保ったときの V_{GS} と I_D の関係をグラフにしたもの ……………………………………… **V_{GS}-I_D 特性（伝達特性）**

② V_{GS} を一定に保ったときの V_{DS} と I_D の関係をグラフにしたもの ……………………………………… **V_{DS}-I_D 特性（出力特性）**

図 *1. 34* に特性の例を示す。

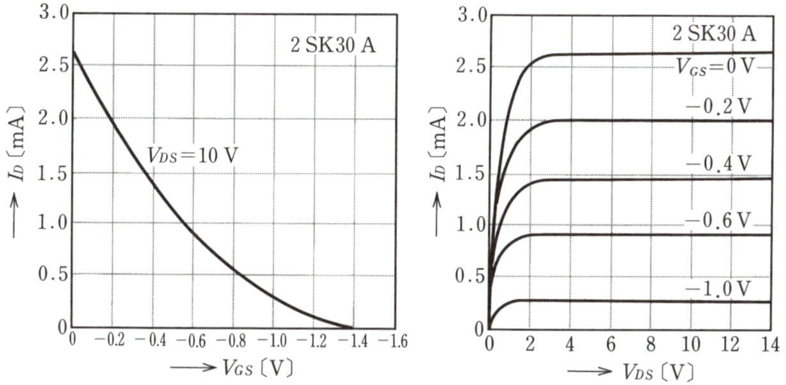

（*a*）　V_{GS}-I_D 特性（伝達特性）　　（*b*）　V_{DS}-I_D 特性（出力特性）

図 *1. 34*　FETの特性（2 SK 30 A）

この特性では，つぎの点にも注意しなければならない。

① V_{DS}-I_D 特性では，V_{GS} によって I_D が大きく変わるので，何本

もの特性曲線が描かれる。

② V_{GS}-I_D 特性では，V_{DS} によって I_D があまり変わらないので，ある大きさの V_{DS} のときの特性曲線が1本示されている場合が多い。また，この特性で $I_D=0$ となる点の V_{GS} を**ピンチオフ電圧**（pinch off voltage）と呼び，V_P で表す。

2　FET 内部での電子の動き　電圧-電流特性がなぜ図 *1. 34* のようになるのかについて，FET 内部での電子の動きで考えてみよう。

(*a*)　$V_{GS}=0$ として，V_{DS} をしだいに大きくしたとき　図*1. 35* (*a*) のように V_{DS} が小さいときは，その電圧のほとんどがドレーン-ソース間の電子の通路である**チャネル**（channel）に加わるので，I_D は V_{DS} に比例して増加する。

V_{DS} は，ゲート-ドレーン間の pn 接合にとっては逆電圧であるから，V_{DS} が大きくなると，図（*b*）のように，V_{DS} によってできる電子のない領域である**空乏層**が広がる。

そのため，電圧の大部分がその層に加わり，チャネル内の電子に加

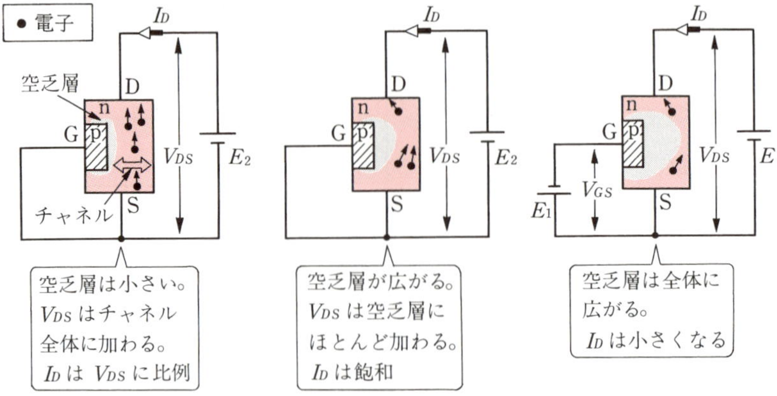

(*a*) V_{DS}が小さいとき　(*b*) V_{DS}が大きいとき　(*c*) V_{DS}とV_{GS}を加えたとき

図 *1. 35*　FET 内部の様子

わる電圧はあまり変わらない。したがって，V_{DS} を大きくしても I_D はあまり増加せず，一定の大きさで飽和する。

(b) V_{GS} を加えたとき　V_{GS} を加えると，この逆電圧によっても図 1.35（c）のように，チャネル全体が小さくなるので，さらに電子は通りにくくなり，I_D は小さくなる。

3 最大定格　FET にも，トランジスタと同様に，加えることができる電圧や，流すことができる電流などの最大定格がある。表 1.7 はその一例である。

表 1.7 FET の最大定格の例（2 SK 30A）

項　目	記　号	単　位	値
ゲート-ドレーン間電圧	V_{GDS}	V	−50
飽和ドレーン電流	I_{DSS}	mA	3.00
許容ドレーン損	P_{Dm}	mW	100

〔注〕 $V_{GS}=0$ のとき I_D を飽和ドレーン電流と呼び，I_{DSS} で表している

4 相互コンダクタンス g_m　V_{GS}-I_D 特性曲線の傾きは**相互コンダクタンス**といい，記号 g_m で表す。

図 1.36 の点 K において，I_D，V_{GS} の変化分をそれぞれ ΔI_D，ΔV_{GS} で表すと，g_m は次式で求められる。

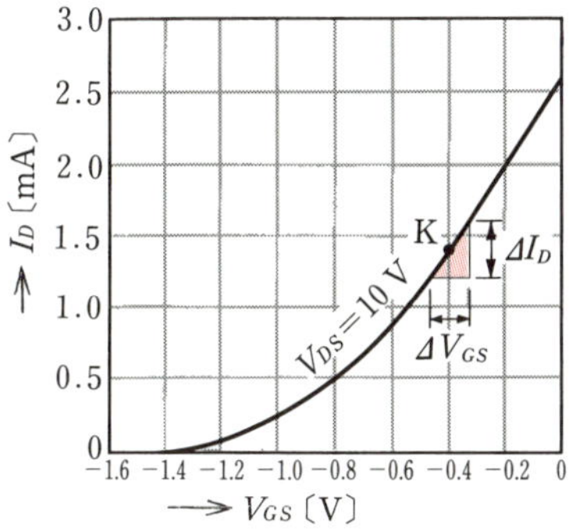

図 1.36 V_{GS}-I_D 特性
（伝達特性）

$$g_m = \frac{\Delta I_D}{\Delta V_{GS}} \quad \text{〔S〕} \tag{1.13}$$

ここで，実際に点Kでの相互コンダクタンスを求めてみると

$$g_m = \frac{\Delta I_D}{\Delta V_{GS}} = \frac{0.4\ \text{〔mA〕}}{0.15\ \text{〔V〕}} = 2.67\ \text{〔mS〕} \tag{1.14}$$

となる。

この g_m は，FETの特性を表すものとしてよく使われる。

問 7. 図 1.36 の V_{GS}-I_D 特性において，$V_{GS}=-0.8$ V のときの相互コンダクタンスを求めなさい。

問 8. 図 1.36 の V_{GS}-I_D 特性において，ピンチオフ電圧はいくらになるか。

1.4.3 絶縁ゲート形（MOS形FET）

nチャネル形を例にして調べることにする。

1 電圧の加え方と流れる電流　一般には，図 1.37 (*a*) に示すような電圧を加えて使用する。

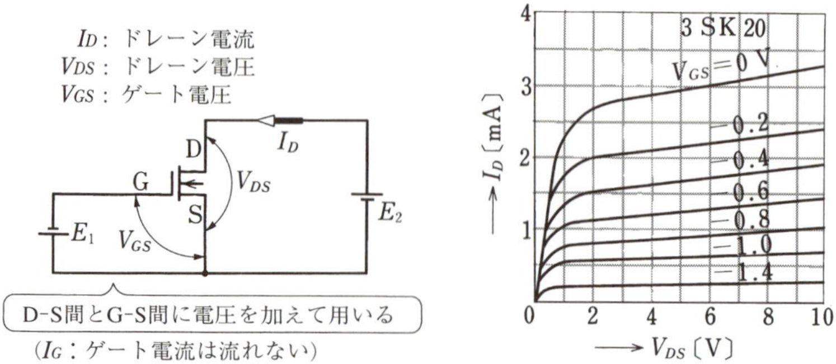

(*a*) 絶縁ゲート形FETに加える電圧　　(*b*) 電圧-電流の関係

図 1.37　絶縁ゲート形FET

このときに，V_{GS} を一定に保ち，V_{DS} と I_D の関係を調べると，図 (*b*) のようになる。すなわち，接合形の場合と同じように，I_D は V_{DS} がある値以上に大きくなると，V_{GS} だけによって制御される電流になる。

2　内部での電子の動き

(*a*)　チャネルの構成　図 *1.38* に示すように，p 形半導体に薄い絶縁層をはさんで金属電極を付け，G-S 間に電圧をかけると，その p 形半導体の絶縁層に近い部分には，自由電子が多く集まる性質がある。このために，その部分は n 形半導体と同じような性質を持つようになり，D-S 間に電流を流す通路，すなわちチャネルになる[†1]。

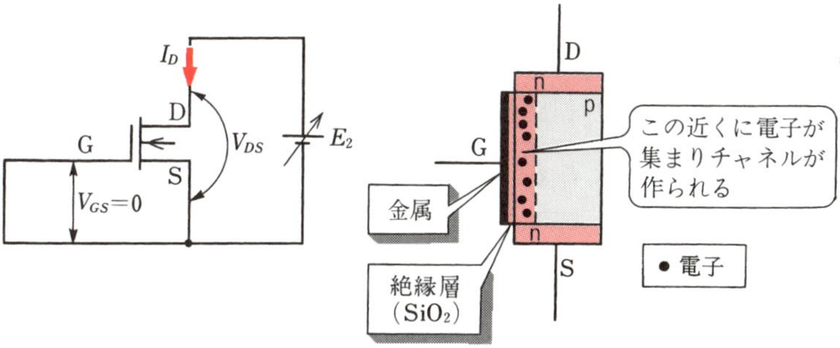

図 *1.38*　チ　ャ　ネ　ル

つぎに，図 *1.39* (*a*)，(*b*) のように，$V_{GS}=0$ にして，V_{DS} をしだいに大きくしたときの変化を調べることにする。

(*b*)　V_{DS} が小さいとき　チャネル内の電子は，V_{DS} によって移動するので，ほぼ I_D は V_{DS} に比例して増加する。

(*c*)　V_{DS} が大きくなったとき　S と G は接続されているので，V_{DS} によって，図(*c*)のようにチャネル内に正孔が誘導されるように

---

†1　絶縁層の下に不純物を入れてチャネルを作る場合もある。

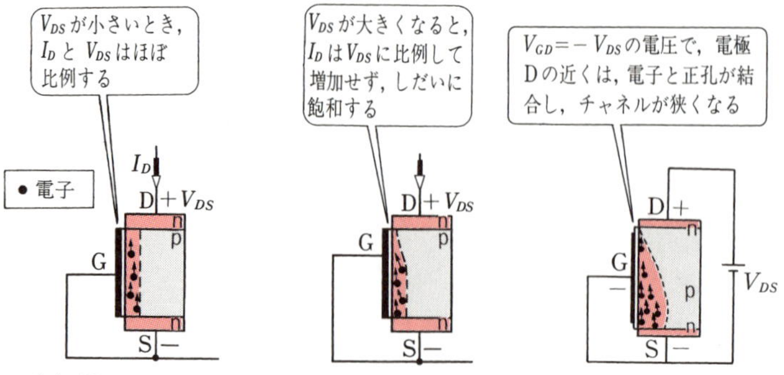

(a) V_{DS}が小さいとき　(b) V_{DS}が大きいとき　(c) 正　　孔

図 1.39　内 部 の 電 子

なり，チャネル幅が狭くなる。さらにこの幅は，I_Dによる電圧降下のために，Dに近いほうが小さくなる。このために，I_DはV_{DS}を増加させても，チャネル幅によって制限を受けるようになり，V_{DS}に比例して増加せず，しだいに飽和してくる。

(d)　V_{GS}を加えたとき　図 1.40 に示すように，$V_{GS}=0$ のと

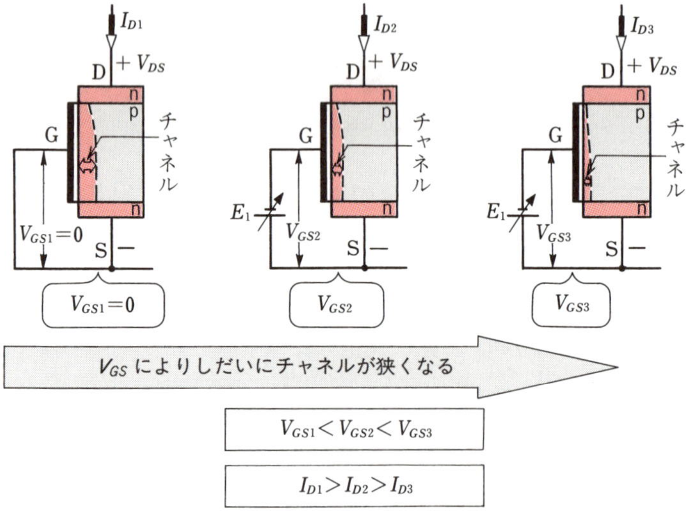

図 1.40　V_{GS}によるチャネルの変化

きよりチャネル全体が狭くなるので，I_D は全体に小さくなる。したがって，V_{GS} を変えることによって，V_{DS} に影響されずチャネルを制御でき，I_D が制御される。

3 デプレション形とエンハンスメント形　いままで学んできた絶縁ゲート形 FET は，ゲート電圧 V_{GS} が加わることによってあらかじめ作られているチャネルを狭くし，ドレーン電流 I_D を減少させる特性を持っているので，**デプレション形**[†1]（depletion type）という。

これに対して，V_{GS} を加えないときにはチャネルが作られず，V_{GS} を加えることによってチャネルが作られ，そのチャネルが V_{GS} を大きくすることによって広がり，I_D が増加するように作られたものがある。この形の FET を**エンハンスメント形**[†2]（enhancement type）という。

これまで n チャネル形について学んできたが，p チャネル形の場合には,n 形半導体の絶縁層に近い部分に p 形半導体と同じような性質が現れ，正孔の伝導層が作られる。これが D-S 間に電流を流すチャネルとなる。そのため n チャネル形と p チャネル形とでは，電極間に加える電圧の極性および流れる電流の向きが異なる。

図 *1.41* にエンハンスメント形の図記号，また図 *1.42* にデプレション形とエンハンスメント形の特性比較を示す。

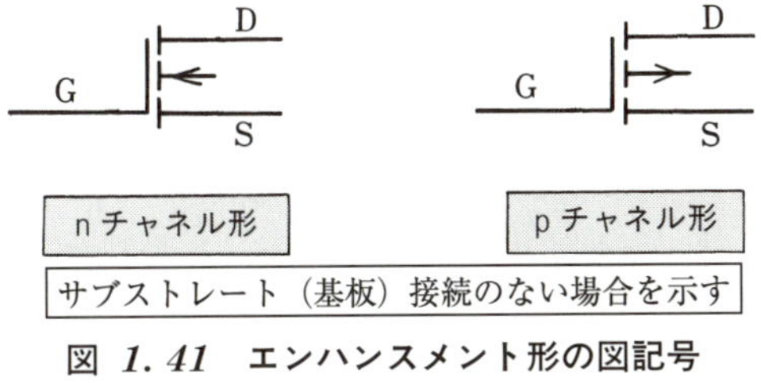

図 *1.41*　エンハンスメント形の図記号

†1　deplete は「減少させる」という意味がある。

†2　enhance は「増加させる」という意味がある。

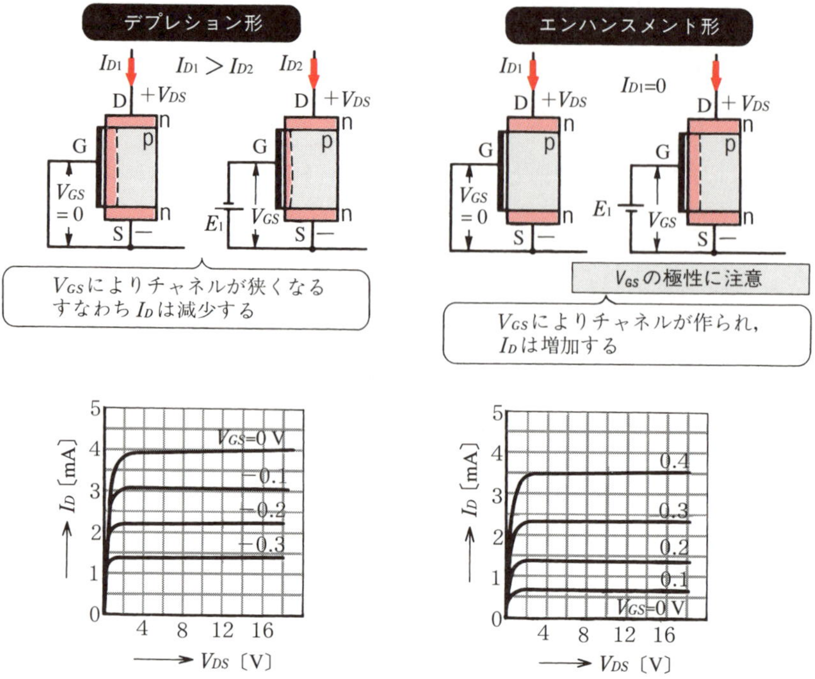

図 1.42　デプレション形とエンハンスメント形

問 9.　図 1.42 の特性からそれぞれの V_{GS}-I_D 特性を描いてみなさい。

1.4.4　簡単な FET 回路

1　基 本 回 路　　図 1.43 に示す FET 回路の電圧と電流を，特性曲線を利用して求めてみる。これらはトランジスタ回路における各部の電圧，電流と同様にして求めることができる。ここでは，入力側のゲート電圧 $V_{GS}=-0.4$ V が一定と決めてあるので，出力側のドレーン電圧 V_{DS}，ドレーン電流 I_Dを求める。

2　I_D と V_{DS} の求め方　　図 1.44 (a) のように

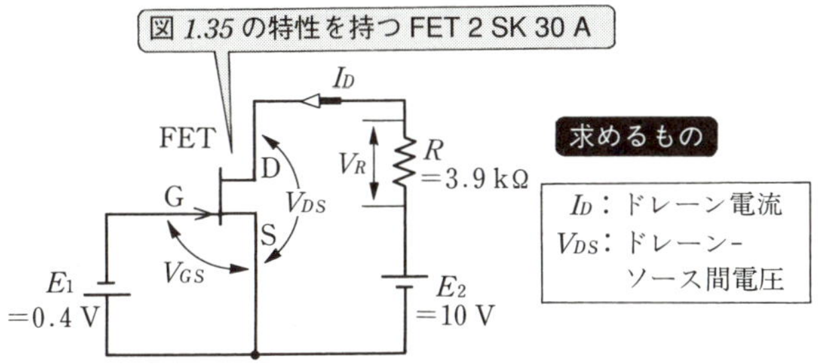

図 1.43 FET を含んだ回路

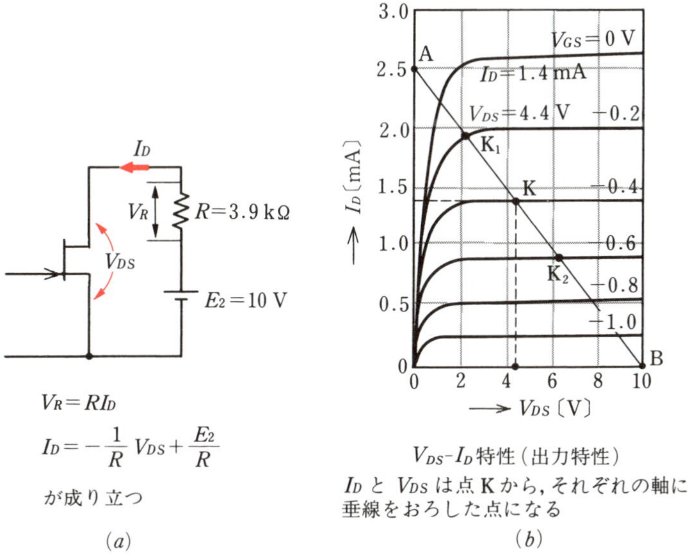

$V_R = RI_D$

$I_D = -\frac{1}{R} V_{DS} + \frac{E_2}{R}$

が成り立つ
(a)

V_{DS}-I_D 特性（出力特性）

I_D と V_{DS} は点 K から，それぞれの軸に垂線をおろした点になる

(b)

図 1.44 I_D，V_{DS} の求め方

$\boxed{E_2} \Rightarrow \boxed{R} \Rightarrow \boxed{\text{FET の D-S}} \Rightarrow \boxed{E_2}$

と一巡する回路を考えると，E_2，R，V_{DS} の間に次式が成り立つ。

$$E_2 = V_R + V_{DS} = RI_D + V_{DS} \tag{1.15}$$

変形すると

$$I_D = \frac{E_2 - V_{DS}}{R} = -\frac{1}{R} V_{DS} + \frac{E_2}{R} \tag{1.16}$$

数値を入れて整理し，I_D を〔mA〕の単位で表せば

$$I_D = -\frac{1}{3.9} V_{DS} + 2.56 \text{〔mA〕} \quad (V_{DS} \text{ は〔V〕}, R \text{ は〔k}\Omega\text{〕})$$

$$\therefore \quad I_D = -0.256 V_{DS} + 2.56 \text{〔mA〕} \qquad (1.17)$$

式（1.17）は I_D と V_{DS} の関係を示し，グラフで示すと図（b）の直線 AB となる。

一方，I_D と V_{DS} は，$V_{GS} = -0.4$ V が一定のときの V_{DS}-I_D 特性上の値でなければならない。したがって，その交点を K とすれば，K の位置から I_D，V_{DS} が求められ，$I_D = 1.4$ mA，$V_{DS} = 4.4$ V となる。

3 増幅作用　図 1.43 の回路で V_{GS} が -0.4 V を中心に ± 0.2 V 変化したとき，V_{DS} がどのように変わるかを考えてみよう。

このとき，V_{DS} は図 1.44（b）の K_1-K_2 間で変化する。その変化は 4.4 V を中心に ± 2 V である。したがって，V_{GS} の変化を入力電圧，V_{DS} の変化を出力電圧と考えれば，$\frac{2}{0.2} = 10$ 倍の増幅が行われたことになる。

1.5 集 積 回 路

集積回路は **IC**（integrated circuit）ともいい，一つのチップの中にトランジスタやダイオード，抵抗，コンデンサなどの素子を組み込んで配線し，ある機能をもたせた回路のことである。

1 ICの集積度からの分類　ICは組み込まれる素子の数（集積度）によって，10以下のものはSSI，100～1 000程度のものはMSI，1 000～10 000程度のものはLSI，100 000～1 000 000程度のものはVLSIと分類される。集積度は，ICの信頼性向上とともに上がり，回路はより小形化，軽量化，高性能化してきている。

2 ICの機能からの分類　ICは機能によって，アナログICとディジタルICに分類される。代表的なアナログICには，演算増幅回路（オペアンプ）がある。オーディオアンプ，電源ICの3端子レギュレータ，モータ制御などにもアナログICが用いられている。

表 *1.8*　ICの機能からの分類

名　称	種　類	特　徴	用　途
アナログIC	低周波・高周波・映像増幅回路，電源回路，タイマA-D・D-A変換器など	一般に入力と出力に比例関係がある	テレビジョン受信機，VTR，計測器，自動車など
ディジタルIC	論理回路，記憶回路など	入出力の信号はあるかないかの二種類	ディジタル時計，コンピュータ，電卓，OA機器，家電製品，計測器，電子交換機など

また，ディジタル IC には，論理回路用のものをはじめとして，記憶回路，パーソナルコンピュータの中央処理装置，プログラマブル IC などがある。IC の機能からの分類を表 1.8 に示す。

3　ディジタル IC の基本回路　すべてのディジタル IC の基本となる回路は，表 1.9 に示す三つの論理回路である。

表 1.9　ディジタル IC の基本回路

回路名	図　記　号[†1]	回　路　の　動　作	IC の例
AND (論理積)	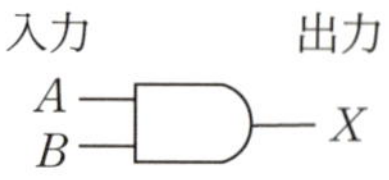	入力 *A*，*B* 両方に信号（電圧）があるときのみ，出力 *X* に出力信号(電圧）が出る回路	SN7408
OR (論理和)	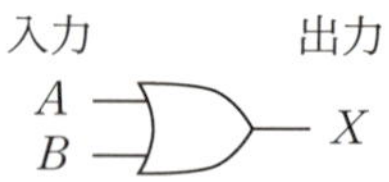	入力 *A*，*B* の一つ以上に信号(電圧)があるときに，出力 *X* に出力信号（電圧）が出る回路	SN7432
NOT (否定)	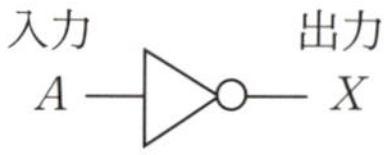	入力 *A* に信号（電圧）があるとき，出力 *X* に出力信号(電圧)が出ない。また入力 *A* に信号（電圧）がないとき，出力 *X* に出力信号（電圧）が出る回路	SN7404

基本となるこれらの論理回路は，数多くのトランジスタ，ダイオード，抵抗で構成されており，さらにこれらの回路が複数組み込まれて IC となっている。

†1　論理回路の図記号は，JIS C 0617-12：1999 に AND 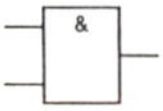，OR 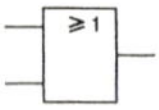，NOT 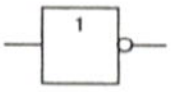 と定められているが，表中には広く慣用されている図記号を表記した。

1 練習問題

❶ ダイオードの内部構造と図記号を示しなさい。

❷ つぎの言葉を簡単に説明しなさい。

(*a*) 整流作用　　(*b*) 順方向，逆方向

❸ 図 1.45(*a*)～(*d*)までのダイオードを，電圧計，電流計の極性に注意して，順方向電圧が加わっているものと，逆方向電圧が加わっているものに分けなさい。ただし，D は理想的なダイオードとする。

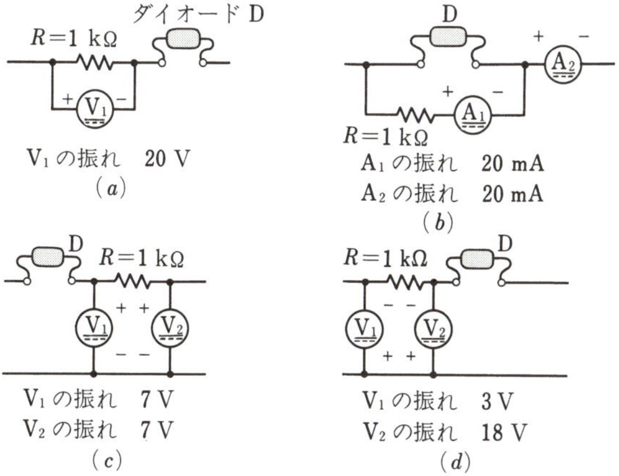

図 1.45

❹ 図 1.46(*a*)の回路の I_D，V_D を求めなさい。ただし，ダイオードの特性は図(*b*)とする。

❺ 図 1.47 の回路で整流回路を作ったとき，v_{cd}，v_{ac} の波形を $v_{ab}=V_i$ と対照させて示しなさい。ただし，ダイオードは理想的なダイオードとする。

❻ 図 1.48 は二つのダイオードの特性である。図を見てつぎの問に答

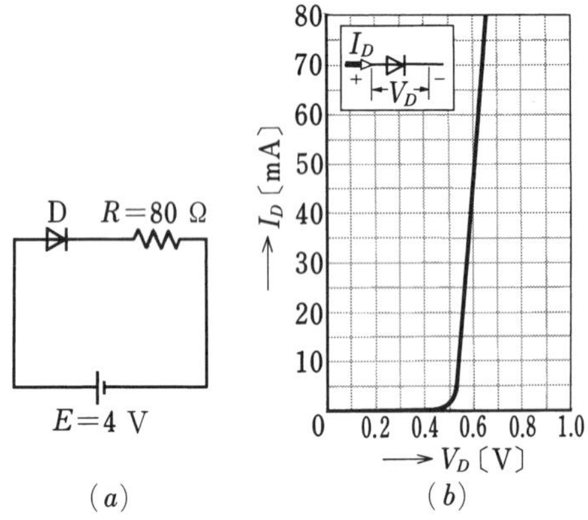

図 1. 46

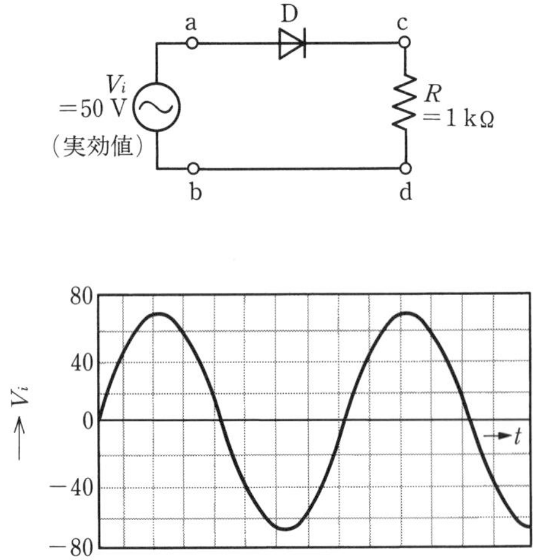

図 1. 47

えなさい。

(a)　1 V 程度の小さな交流で，電流を多く必要としない整流に適しているのは，どちらのダイオードか。

(b)　100 V，2 A の直流電源の整流用ダイオードとして適しているのは，どちらのダイオードか。

❼　トランジスタの内部構造と図記号を示しなさい。

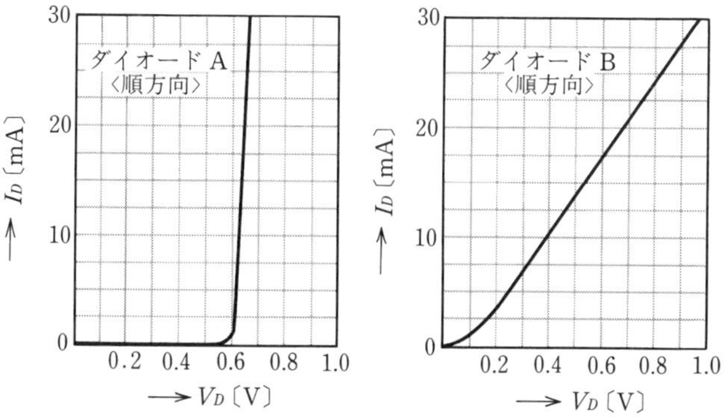

項目　＼　ダイオード名	A	B
最大逆電圧 V_R〔V〕	400	40
平均逆電流〔μA〕	0.5	8
最大順電流〔A〕	5	0.05

図 1.48

❽　トランジスタの特性が図 1.49 (*a*) であるとき，つぎのものを求めなさい。

(*a*)　図(*b*)の I_B，I_C　　(*b*)　図(*c*)の I_B，V_{BE}

(*c*)　図(*d*)の V_{BE}，I_C

❾　つぎの言葉を簡単に説明しなさい。

(*a*)　h_{FE}　　(*b*)　hパラメータ　　(*c*)　コレクタ損

(*d*)　コレクタ遮断電流

❿　図 1.50 の回路の I_B，I_C，V_{BE}，V_{CE} を求めなさい。ただし，トランジスタの特性は図 1.49 (*a*) の特性とする。

⓫　図 1.51 の回路において V_1 が 4 V であった。I_C，V_{CE}，I_B，R_1 を求めなさい。ただし，トランジスタは，$h_{FE}=250$，$V_{BE}=0.6$ V とする。

⓬　FET の種類と，その構造，図記号を示しなさい。

⓭　接合形 FET において，I_D が V_{GS} によって変わることを，内部のチャネル，および電子や正孔の動きで説明しなさい。

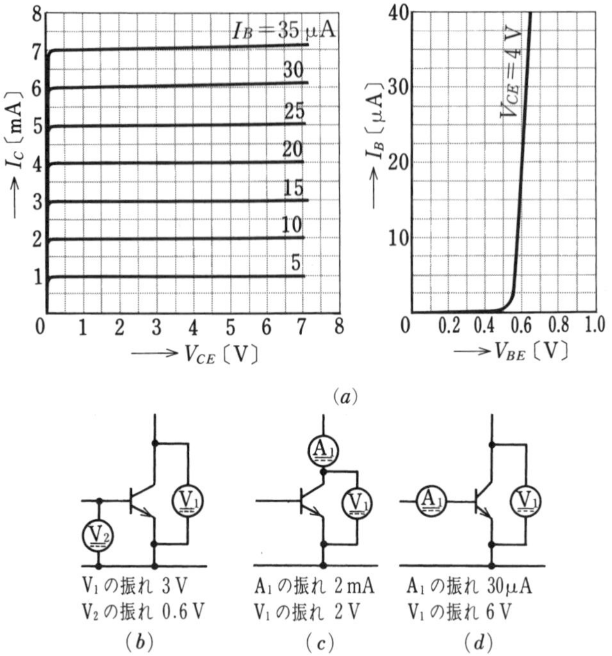

図 1. 49

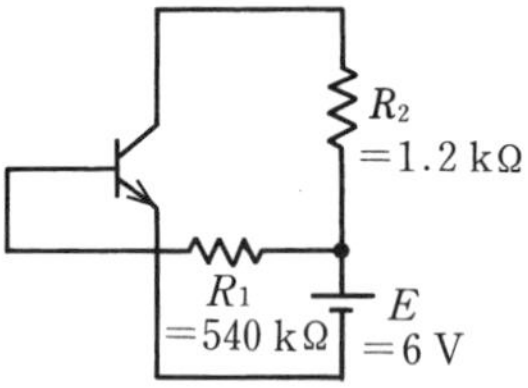

図 1. 50

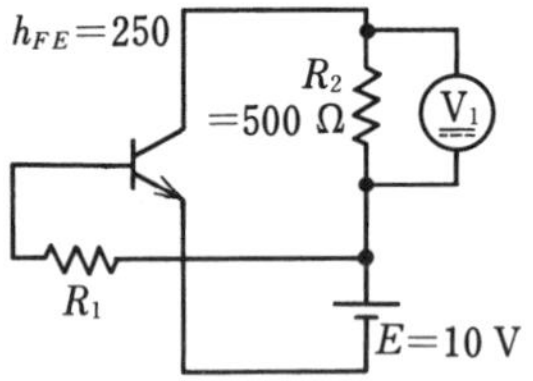

図 1. 51

⓮　MOS 形 FET において，I_D が V_{GS} によって変わることを，内部のチャネル，および電子や正孔の動きで説明しなさい。

⓯　図 1. 52 (a) の回路の I_D，V_{DS} を求めなさい。ただし，FET の特性は図 (b) とする。

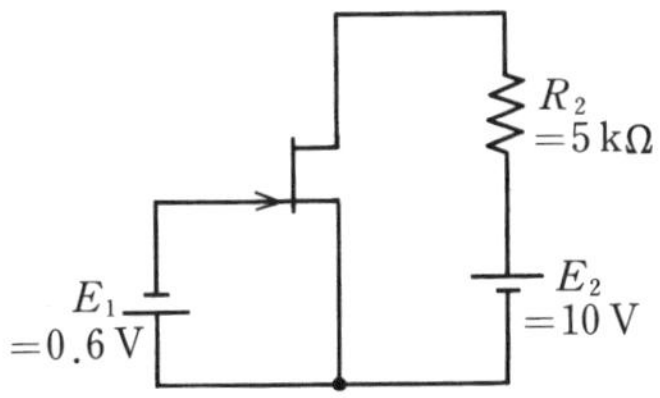
R_2
$=5\,\mathrm{k\Omega}$
E_1
$=0.6\,\mathrm{V}$
E_2
$=10\,\mathrm{V}$

(a)

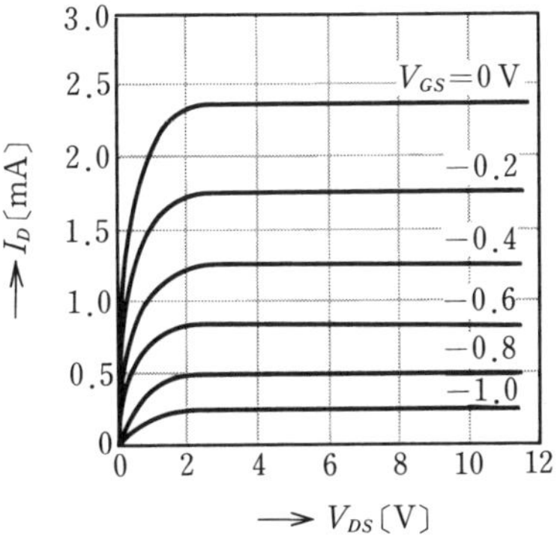
3.0
2.5
2.0
1.5
1.0
0.5
0
$\rightarrow I_D$〔mA〕
$V_{GS}=0\,\mathrm{V}$
−0.2
−0.4
−0.6
−0.8
−1.0
0
2
4
6
8
10
12
$\rightarrow V_{DS}$〔V〕

(b)

図 ***1. 52***

2

増幅回路の基礎

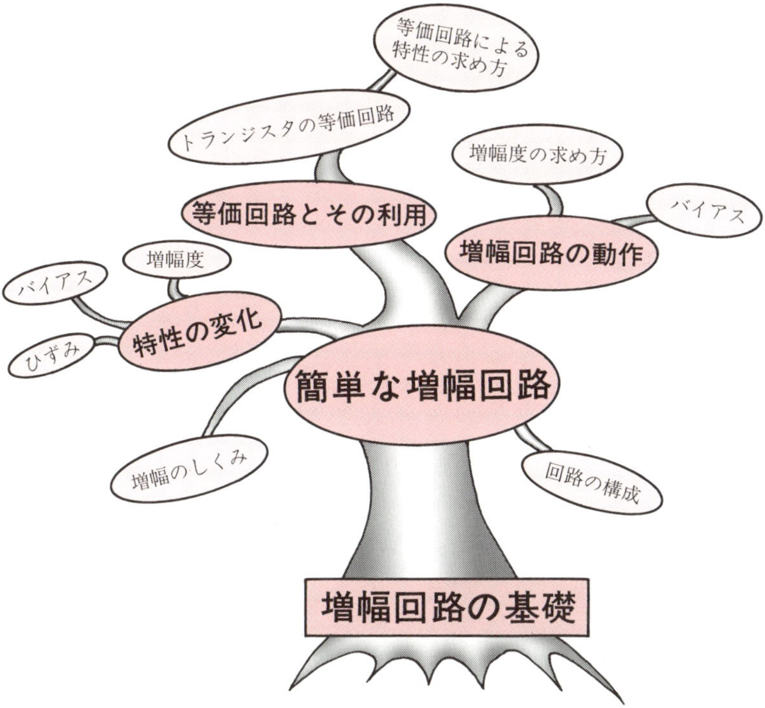

小さな電気信号を大きな電気信号にする回路を増幅回路という。増幅回路はトランジスタなどの素子を組み合わせて作られ，電子回路の基本となる。本章では，増幅回路について簡単な基本回路を例にして，増幅のしくみと特性の求め方の基本を学ぶ。

2.1 簡単な増幅回路

トランジスタ 1 個と数個の抵抗やコンデンサの部品があれば，簡単な増幅回路を作ることができる。ここでは，簡単な増幅回路を例にして，増幅の基本的なしくみについて学ぶ。

2.1.1 増幅のしくみ

1 増幅の観測　図 2.1 (*a*) はトランジスタ 1 個と抵抗，コンデンサで作った増幅回路の製作例であり，図 (*b*) はその回路図である。この回路では，マイクロホンなどで得られる音声信号の電圧を約 150 倍増幅できる。

どのようにして増幅が行われるのかを考えるために，図 2.2 のように測定器を接続する。そして “入力のないとき $V_i=0$ V” と “入力のあるとき $V_i=5$ mV（最大値で約 7 mV)” の二つの場合につい

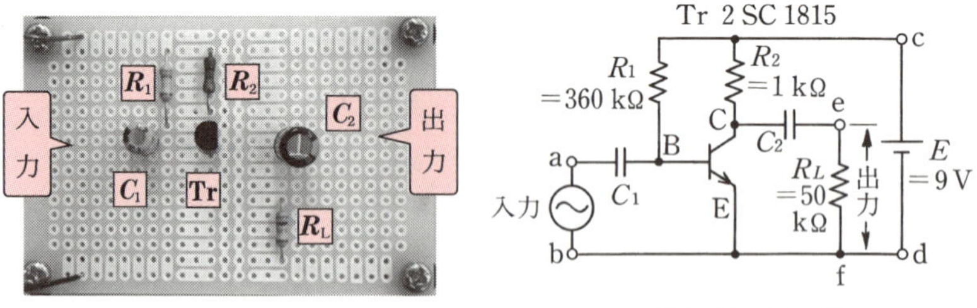

(*a*) 製作例　　(*b*) 回路図

図 2.1　簡単な増幅回路

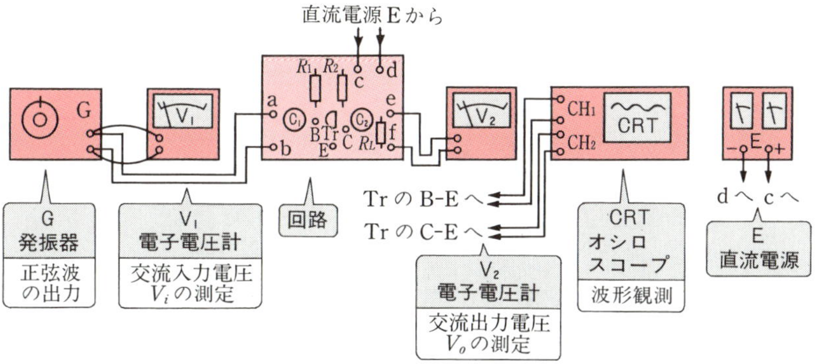

図 2.2 実験回路

て，B-E 間電圧 v_{BE}，C-E 間電圧 v_{CE}，交流入力電圧 V_i，交流出力電圧 V_oを観測してみよう。図 *2.3* が $V_i=0$ のときの結果であり，図 *2.4* が $V_i=5$ mV のときの結果である。

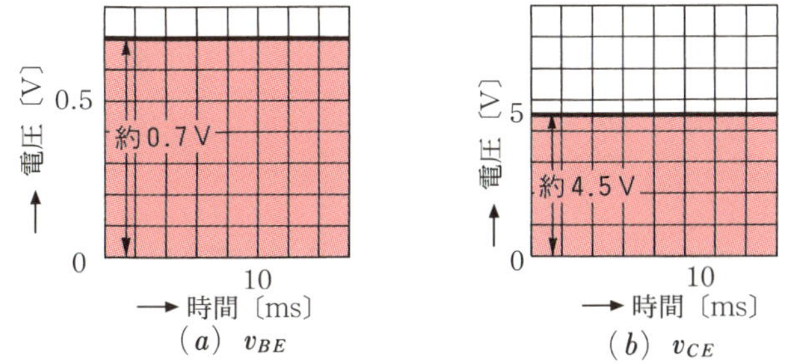

（図(*a*)では，たて軸を一目盛0.1Vに拡大して表示している）

図 2.3 $V_i=0$ V のときの v_{BE}，v_{CE}

これらの結果から，つぎのようなことがわかる。

[1] **入力電圧 $V_i=0$ V のとき**　出力電圧 $V_o=0$ V であるが，トランジスタに直流の電圧，電流が与えられている。

$V_{BE}=0.7$ V，$V_{CE}=4.5$ V

$I_C=4.5$ mA，$I_C=(E-V_{CE})\div R_2$

$I_B=23$ μA，$I_B=(E-V_{BE})\div R_1$

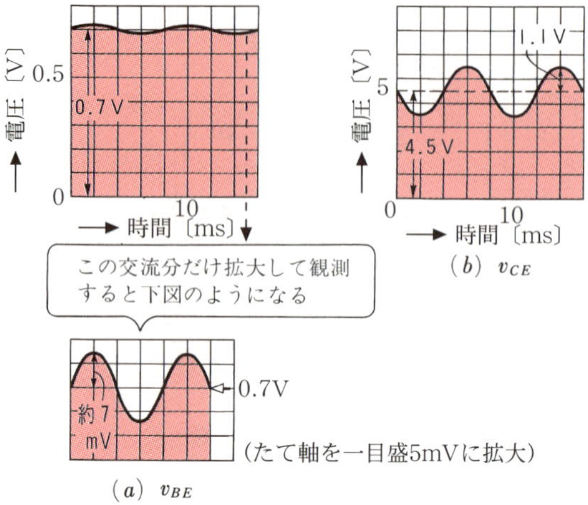

図 2.4　$V_i=5\,\mathrm{mV}$ のときの v_{BE}，v_{CE}

2　**入力電圧 $V_i=5\,\mathrm{mV}$ を加えたとき**　ベース-エミッタ間電圧 v_{BE} が，$V_{BE}+v_i$ に応じて変化する。

コレクタ-エミッタ間電圧 v_{CE} は，V_{CE} を中心に最大値 1.1 V の変化をする。出力は $V_o=0.78$ V で，これは v_{CE} の変化分の電圧（実効値）に等しい。

1，2 の結果から，この回路では，入力 $V_i=5$ mV を加えたことによって，R_L の両端に出力 $V_o=780$ mV が得られ，$\dfrac{780}{5}=156$ 倍の増幅が行われたことになる。

2　増幅の過程　増幅の過程は，図 2.5 に示す流れによって説明することができる。すなわち

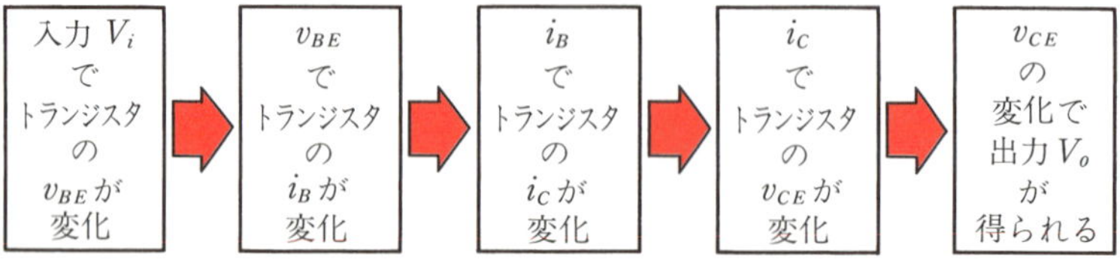

図 2.5　増幅されるまでの信号の流れ

1 v_{BE} が変化すると，トランジスタの特性で，i_B が変化する。

2 i_B が変化すると，トランジスタの特性から，i_C が変化する。

3 i_C が変化すると，$v_{CE}=E-i_CR_2$ によって，v_{CE} が変化する。

また，この動作で大切なことをまとめると，つぎの三つである。

① あらかじめ V_{BE}，I_B，V_{CE}，I_C などの直流の電圧，電流を，トランジスタに与えておくこと。

② 入力電圧 v_i（小文字の v_i は入力電圧 V_i の瞬時値を表す）を，その直流 V_{BE} に加えること。

③ 出力電圧 v_o（小文字の v_o は出力電圧 V_o の瞬時値を表す）は，直流分 V_{CE} を含んだ中から取り出すこと。

2.1.2 増幅回路の構成

1 バイアス回路　2.1.1項で学んだように，増幅回路を動作させるには，入力電圧が加わらないときに，トランジスタに直流の電圧，電流を与えなければならない。この電圧，電流をそれぞれ，**バイアス電圧**（bias voltage），**バイアス電流**（bias current）といい，両者併せて単に**バイアス**（bias）ともいう。

バイアスがどのような回路によって与えられるかは，増幅回路の中から**直流だけが流れる回路**を描けばわかる。この回路を**バイアス回路**（bias circuit）または増幅回路の**直流回路**（direct-current circuit）という。

図2.6は，図2.1に示した増幅回路のバイアス回路である。

このバイアス回路を**固定バイアス回路**[†1]という。

---

†1 バイアス回路は，増幅回路の安定した動作のために大切であり，いくつかの種類がある。詳しくは2.4.1項で学ぶ。

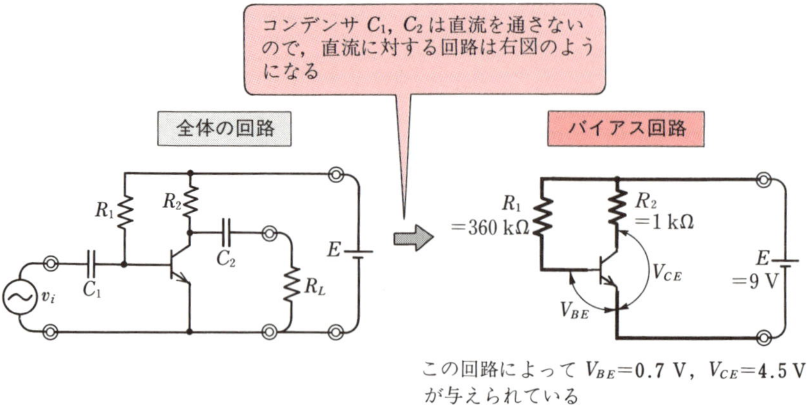

図 2.6　バイアス回路

2　入出力回路　入力電圧 v_i は，バイアスである V_{BE} に重ねて加えなければならない。例に示した増幅回路では，図 2.7 に示すように，コンデンサ C_1 に V_{BE} を充電することによってこの働きをさせている。

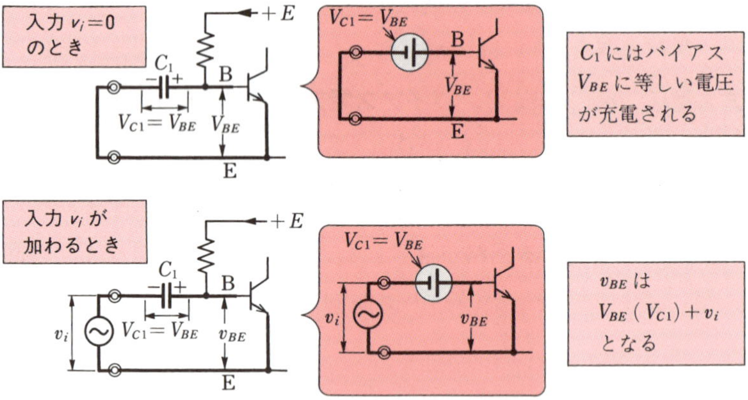

図 2.7　入力信号が加わる様子

出力電圧 v_o は，バイアス V_{CE} に重なっている交流分 v_{ce} だけを取り出すことによって得られる。この働きは，図 2.8 に示すように，

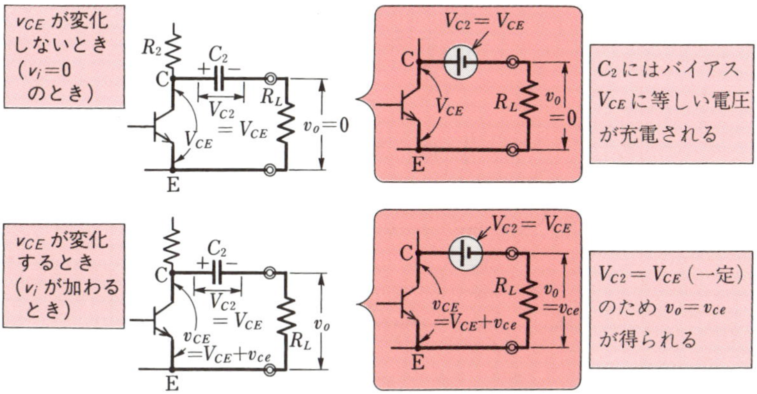

図 2.8　出力が取り出される様子

コンデンサ C_2 に V_{CE} を充電することによって行われる。

このようにして入力が加えられ，出力が取り出されるが，これらの信号，すなわち交流分の電圧や電流を調べるには，交流だけが流れる回路を描くとわかりやすい。

図 2.9 はそれを示したもので，この回路を増幅回路の**交流回路**（alternating-current circuit）という。

交流回路によれば，v_i は v_{be} に，v_{ce} は v_o になり，入力と出力の関係も理解しやすくなる。

このように，増幅回路の動作を調べるときには，**バイアス回路と交流回路に分けて考える**ことが大切である。

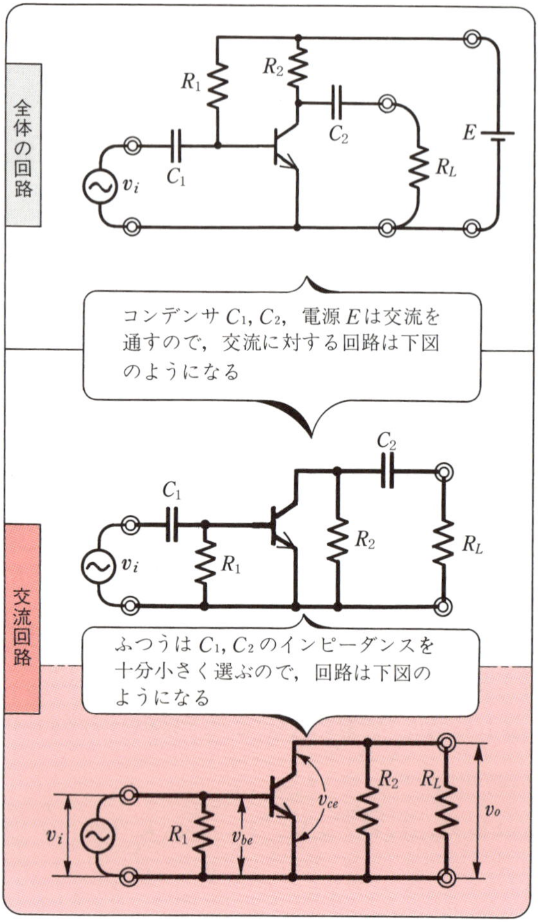
全体の回路
R_1
R_2
C_2
E
C_1
v_i
R_L
コンデンサ C_1, C_2，電源 E は交流を通すので，交流に対する回路は下図のようになる
交流回路
C_2
C_1
R_2
R_L
v_i
R_1
ふつうは C_1, C_2 のインピーダンスを十分小さく選ぶので，回路は下図のようになる
R_2
R_L
v_{ce}
v_o
v_i
R_1
v_{be}

図 2.9　交流回路

2.2 増幅回路の動作

図 *2. 1* で示した増幅回路のバイアスや増幅度を，電気基礎で学んだ理論や *1* 章で学んだトランジスタの特性を利用して求めてみよう。増幅回路は，直流と交流が混合した回路であるから，「直流動作の上に交流動作が重なっている」という考え方をする。この考え方は，あとの増幅回路の設計や，いろいろな電子回路の動作を考えるときの基本となるものである。

2.2.1 バイアスの求め方

1 特性図を使った求め方 *2. 1* 節で例に取り上げた増幅回路のバイアス回路は，図 *2. 10* の回路である。いま，この回路に用いているトランジスタの特性を図 *2. 11* として，I_B，V_{BE}，I_C，V_{CE} を求めてみよう。

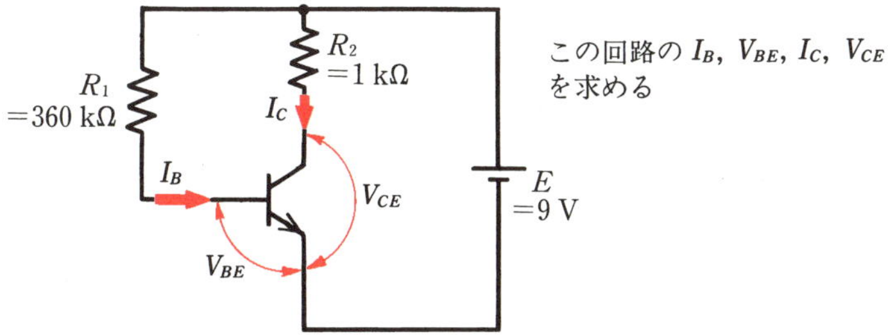

図 *2. 10* バイアス回路

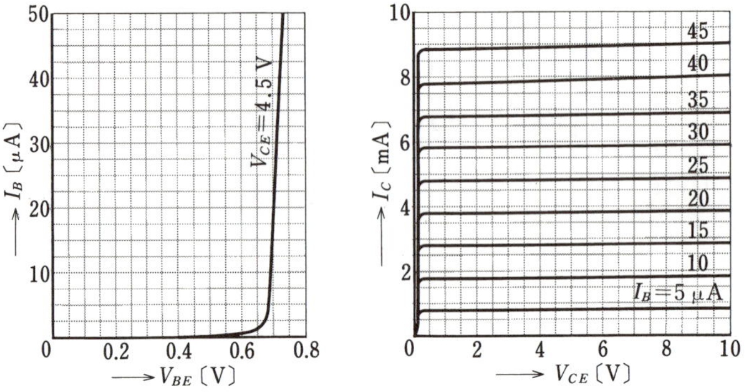

（a）V_{BE}-I_B 特性　　（b）V_{CE}-I_C 特性

図 2.11　トランジスタの特性

（a）　V_{BE} と I_B　　図 2.10 の V_{BE} と I_B は，回路の電圧と電流の関係（キルヒホッフの第 2 法則）と V_{BE}-I_B 特性を利用して，つぎのように求めることができる。

1　V_{BE} と I_B は，それぞれ図 2.11(a)の V_{BE}-I_B 特性曲線上の値でなければならない。

2　V_{BE} と I_B に関連した図 2.12 の閉回路①に，キルヒホッフの第 2 法則をあてはめると，次式が成り立つ。

$$E=R_1I_B+V_{BE}$$

変形すると

$$I_B=-\frac{1}{R_1}V_{BE}+\frac{E}{R_1} \qquad (2.1)$$

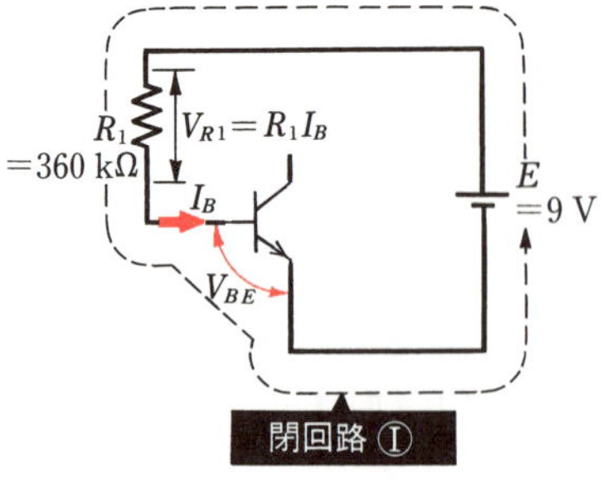

図 2.12　V_{BE}，I_B を求める回路

数値を入れて整理すると，つぎのようになる。

$$I_B=-\frac{1}{360}V_{BE}+0.025 \quad [\mathrm{mA}]$$

また，電流を〔μA〕で表せば，上式を1 000倍することにより，次式のようになる。

$$I_B=-2.78V_{BE}+25 \quad [\mu\mathrm{A}] \qquad (2.2)$$

式（2. 2）の関係をグラフで表すと，図2. 13の直線になる。すなわち，求める V_{BE} と I_B は，この直線上の値でなければならない。

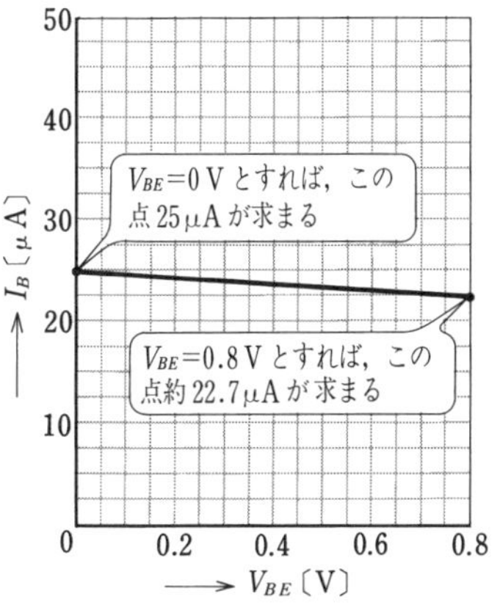

図 2. 13 $I_B=-2.78V_{BE}+25$〔μA〕のグラフ

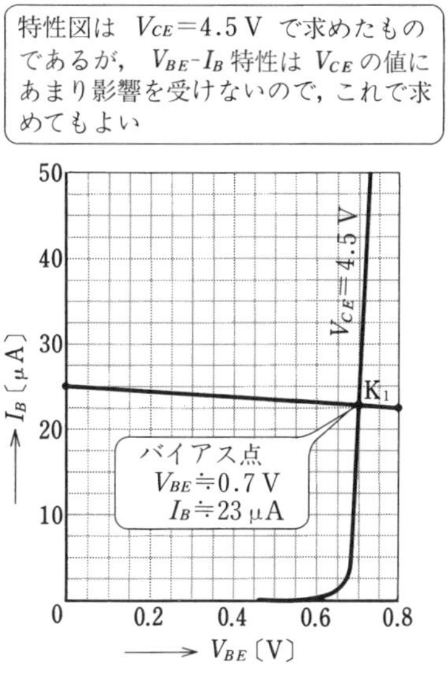

図 2. 14 V_{BE} と I_B を求める図

1と2の両方を考えれば，結局 V_{BE} と I_B は，図2. 14のように，図2. 11(a)と図2. 13を重ね合わせたときの交点 K_1 として求めることができる。したがって，$V_{BE}=0.7$ V，$I_B=23$ μA となる。

(b) V_{CE} と I_C V_{CE}，I_C も V_{BE}，I_B と同様に，回路の電圧，電流の関係（キルヒホッフの第2法則）と，V_{CE}-I_C 特性を利用して，つぎのように求めることができる。

1　V_{CE} と I_C は，図 2. 11(b)の V_{CE}-I_C 特性の $I_B=23\ \mu$A で求めた特性曲線上の値でなければならない。この特性だけを描くと図 2. 15 のようになる。

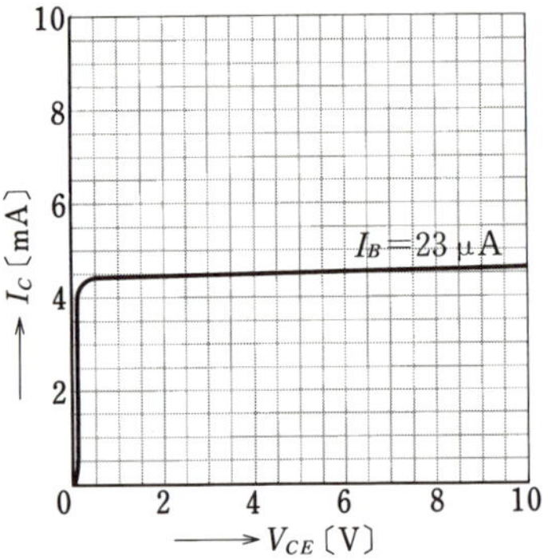

図 2. 15　$I_B=23\ \mu$A のときの V_{CE}-I_C

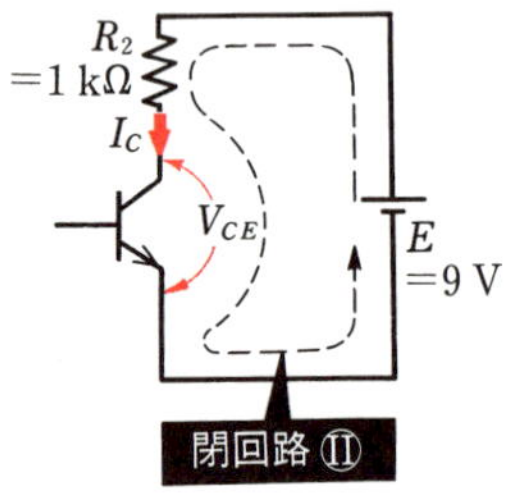

図 2. 16　V_{CE} と I_C を求める回路

2　V_{CE} と I_C に関連した図 2. 16 の閉回路 Ⅱ に，キルヒホッフの第 2 法則をあてはめると，次式が成り立つ。

$$E=R_2I_C+V_{CE}$$

変形すると

$$I_C=-\frac{1}{R_2}V_{CE}+\frac{E}{R_2} \qquad (2.3)$$

数値を入れて整理すると

$$I_C=-V_{CE}+9 \quad \text{〔mA〕} \qquad (2.4)$$

式（2. 4）の関係をグラフで表すと，図 2. 17 の直線になる。すなわち，求める V_{CE} と I_C は，この直線上の値でなければならない。この直線は直流の負荷 R_2 によって変化するので，**直流負荷線**（DC load line）という。

1 と 2 から V_{CE} と I_C は，図 2. 18 のように，図 2. 15 と図 2. 17 を重ね合わせた交点 P_1 として求めることができる。したがって，

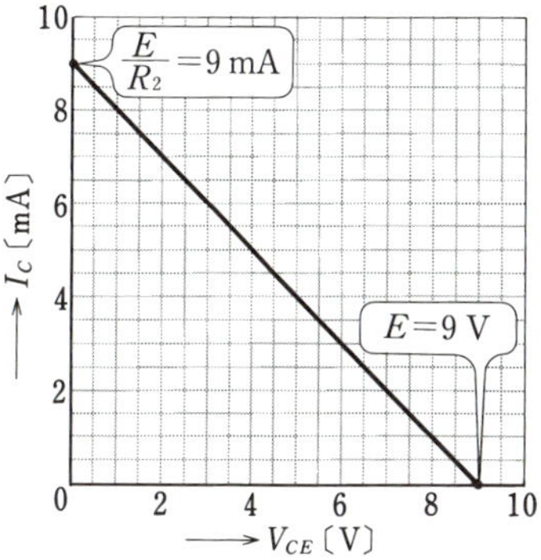

図 2.17 $I_C=-V_{CE}+9$〔mA〕のグラフ

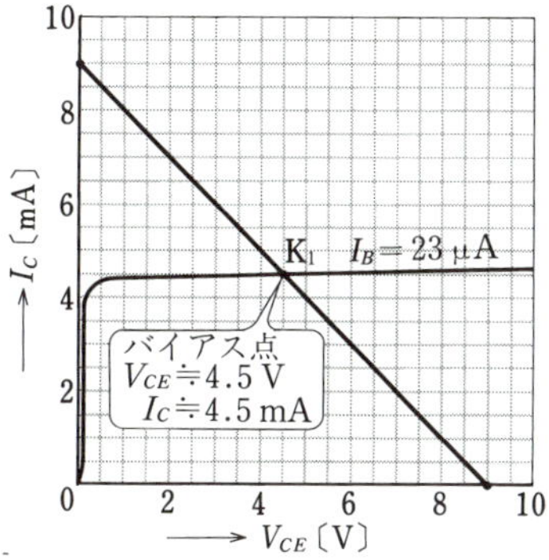

図 2.18 V_{CE} と I_C を求める図

グラフから $V_{CE}=4.5$ V，$I_C=4.5$ mA になる。

以上のようにしてバイアスが求められるが，そのバイアスは，図 2.14 の K_1 および図 2.18 の K_1 のように，特性曲線上の点として表すことができ，交流動作は，この点を中心にして行われる。このことから，この点を**動作点**（operate point）という。

問 *1.* 図 2.19(*a*)の回路で $I_C=2$ mA にするには，R_1 をいくらにすればよいか。また，そのときの I_B，V_{BE}，V_{CE} を求めなさい。ただし，トランジスタの特性は図（*b*）とする。

2 V_{BE} と h_{FE} を使った求め方 トランジスタが増幅作用をしている状態では，V_{BE} はほぼ 0.4〜0.8 V である。また，I_C と I_B の比，すなわち直流電流増幅率 h_{FE} は，実験で簡単に求めたり，規格表から知ることができる。

この V_{BE} と h_{FE} の二つを使ってバイアスは簡単に求めることができる。図 2.20 のトランジスタの V_{BE} を 0.7 V，h_{FE} を 200 としてバイアスを求めてみる。

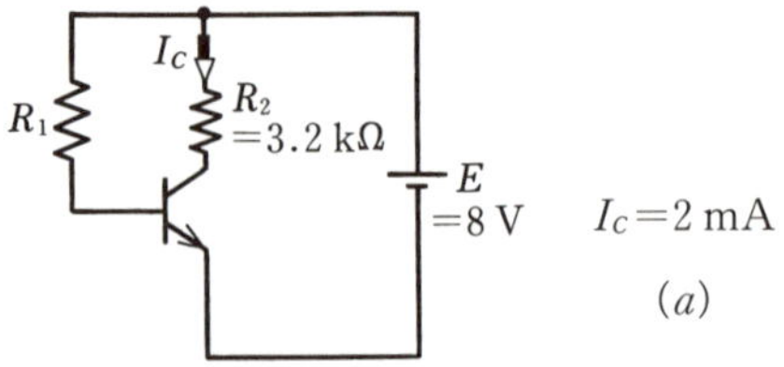

(a)

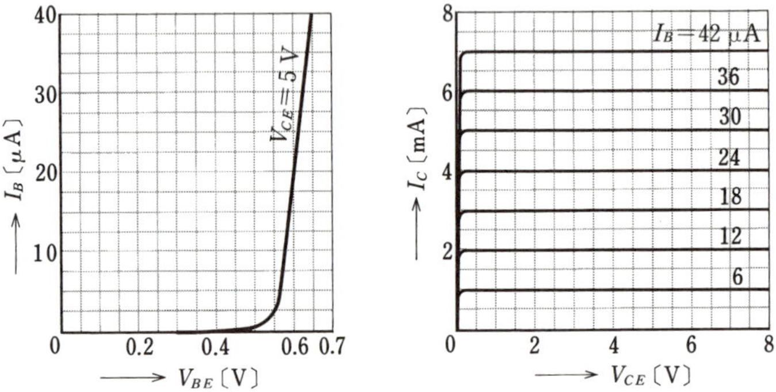

(b)

図 2.19

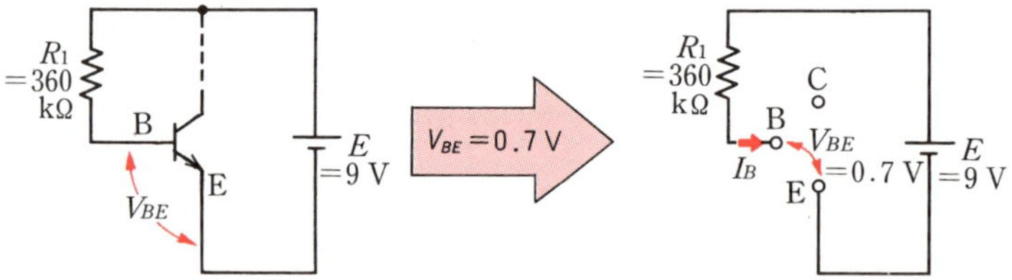

図 2.20　V_{BE} と I_B の関係

(a)　V_{BE} と I_B　　図 2.20 で

$$E=R_1I_B+V_{BE}=9\ [\mathrm{V}],\qquad V_{BE}=0.7\ \mathrm{V},\qquad R_1=360\ \mathrm{k\Omega}$$

であるから

$$I_B=\frac{E-V_{BE}}{R_1}=\frac{9-0.7}{0.36}=23.1\ [\mu\mathrm{A}]$$ †1

†1　R_1 を〔MΩ〕の単位で計算しているので，I_B は〔μA〕の単位になる。

したがって，バイアスは $V_{BE}=0.7$ V，$I_B=23.1$ μA となる。

(*b*)　V_{CE} と I_C

$$I_C=h_{FE}I_B, \qquad h_{FE}=200$$

であるから

$$I_C=200\times0.0231=4.6\ \text{〔mA〕}$$

V_{CE} は，図 *2.21* から

$$E=V_{CE}+R_2I_C$$

したがって

$$V_{CE}=E-R_2I_C=9-1\times4.6=4.4\ \text{〔V〕}$$

よって，$V_{CE}=4.4$ V，$I_C=4.6$ mA となる。

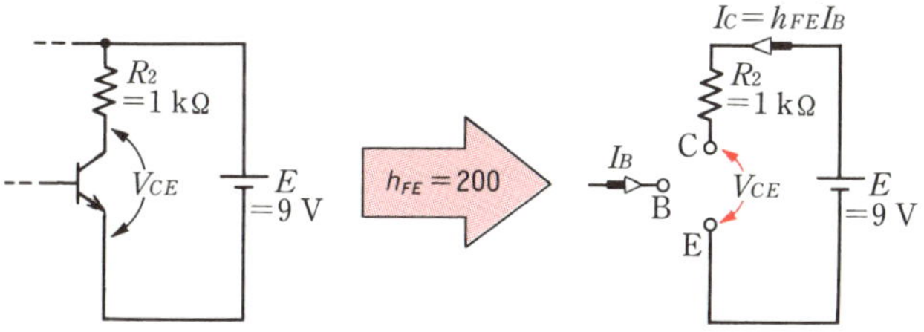

図 *2.21*　V_{CE} と I_C の関係

2.2.2 増幅度の求め方

1 特性図を使った求め方　図 *2.1* に取り上げた増幅回路の増幅度は，約 150 倍であった。この増幅度を，特性図を利用して求めてみよう。

(*a*)　入力側での動作

ベース-エミッタ間電圧 v_{BE} の変化　入力側の交流回路を描くと図 *2.22* になる。この図からわかるように，入力電圧 v_i はトランジスタのベース-エミッタ間に加わるが，トランジスタにはバイアスが

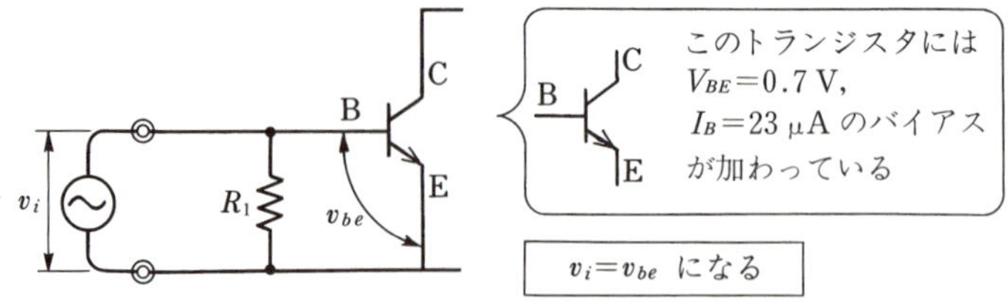

図 2.22　入力側の交流回路

加わっているので，回路全体では v_{BE} は次式に従って変化する。

$$v_{BE}=V_{BE}+v_i$$

いま，$V_{BE}=0.7$ V，v_iは最大値 7 mV の電圧であるから，v_{BE} の変化の様子は図 2.23 (*d*) のようになる。

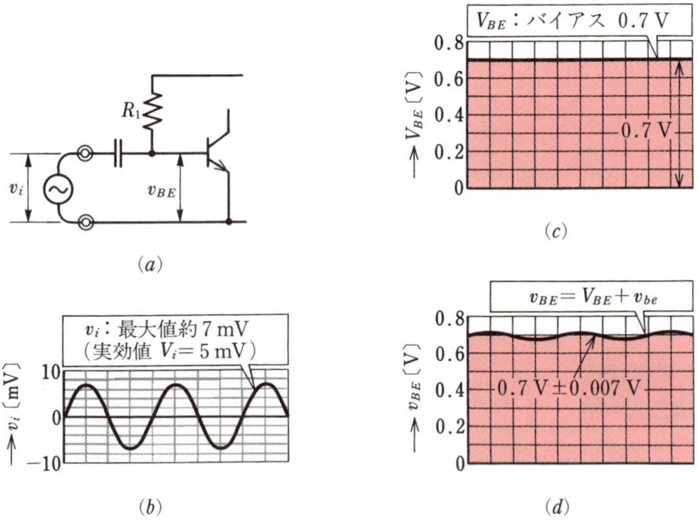

図 2.23　入力側の電圧 v_{BE} の変化

ベース電流 i_B の変化　　v_{BE} が図 2.23 (*d*) のように変化すれば，それに応じたベース電流 i_B は，図 2.24 のように K_2-K_3 の間を変化する。すなわち，バイアス電流 $I_B=23\ \mu$A を中心にして ±6 μA 変化する。

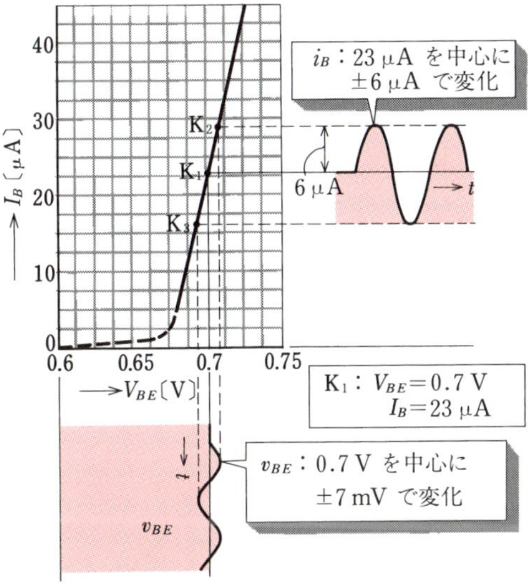

V_{BE}-I_B 特性は V_{BE} 軸方向を拡大してある

図 2.24　v_{BE} と i_B の関係

(*b*)　出力側での動作

コレクタ-エミッタ間電圧 v_{CE} とコレクタ電流 i_C の変化　　出力側の交流回路を描くと図 2.25 になる。この回路では，交流分 v_{ce}，i_c の間に次式が成り立つ。ただし，R_L' は R_2 と R_L の並列合成抵抗値である。

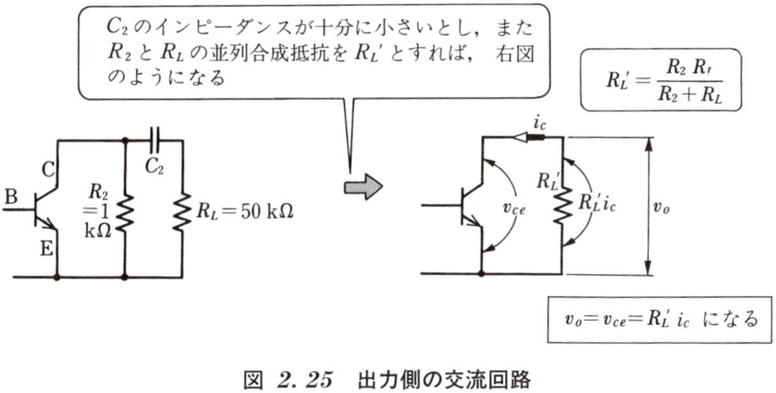

図 2.25　出力側の交流回路

$$v_{ce}+R_L'i_c=0$$

$$i_c=-\frac{1}{R_L'}v_{ce}$$

$R_2=1\,\mathrm{k\Omega}$，$R_L=50\,\mathrm{k\Omega}$ のとき $R_L'=0.98\,\mathrm{k\Omega}$ になるが，これはほぼ $1\,\mathrm{k\Omega}$ とみなせるので

$$i_c=-1\,v_{ce}\quad〔\mathrm{mA}〕$$

となる。この関係をグラフに示せば，図 *2.26* のように，原点を通り，傾き $-\dfrac{1}{R_L'}=-1$ の直線となる。

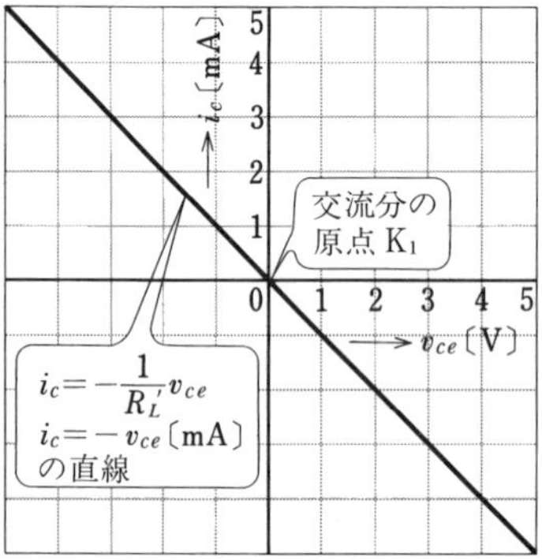

図 *2.26*　v_{ce} と i_c の関係を表す直線

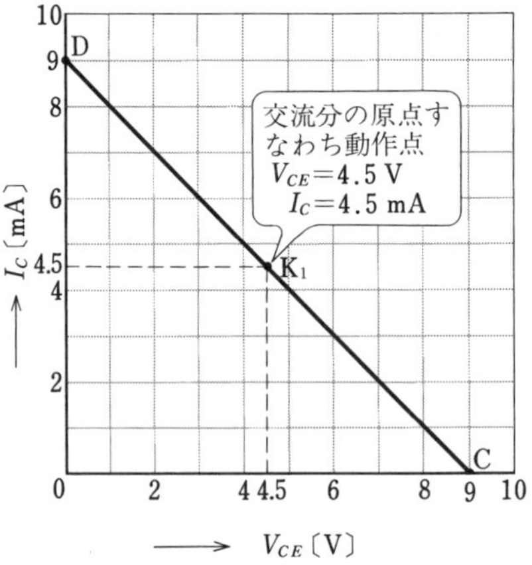

図 *2.27*　直流分と交流分を合わせたときの関係を示す直線

この原点は，交流分$=0$ のときの点である。つまり，動作点である。したがって，交流，直流を合わせた全体の v_{CE}，i_C は，図 *2.27* に示すように，この原点を動作点である $V_{CE}=4.5\,\mathrm{V}$，$I_C=4.5\,\mathrm{mA}$ に平行移動した直線上の値をとる。この直線は交流に対する負荷 R_L' によって決まるので，**交流負荷線**（AC load line）という[†1]。

---

†1　この場合の交流負荷が $R_L'\fallingdotseq R_2$ のため，直流負荷線とほとんど同じになるが，一般には交流負荷線と直流負荷線は一致しない。

入力が加わったとき，この直線上のどの範囲で変化するかは i_B の変化で決まる。i_B は前に求めたように，バイアスの $I_B=23\ \mu A$ を中心に $\pm 6\ \mu A$ の変化をするから，それに応じて v_{CE}，i_C は，図 *2.28* のように，K_1 を中心に，K_2-K_3 の間を変化する。すなわち，v_{CE} は，バイアス電圧の 4.5 V を中心に ±1.1 V 変化し，i_C は，バイアス電流の $I_C=4.5$ mA を中心に ±1.1 mA 変化する。

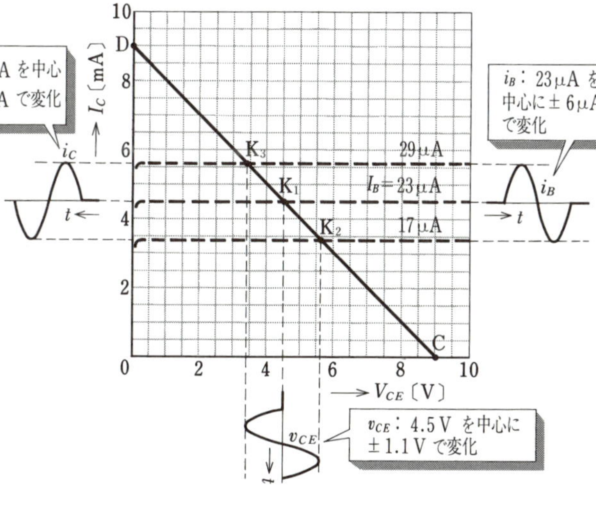

図 *2.28* v_{ce} と i_c の変化

(*c*) 増　幅　度　以上のことから，特性図を利用して求める増幅度はつぎのようになる。

入力電圧　$v_i=v_{be}=7$ mV（最大値）

出力電圧　$v_o=v_{ce}=1.1$ V（最大値）

電圧増幅度　$A_v=\dfrac{v_o}{v_i}=\dfrac{v_{ce}}{v_{be}}=\dfrac{1\,100}{7}\fallingdotseq 157$

この結果は，*2.1.1* 項に示した実験による増幅度とほぼ一致する。

問 *2.*　図 *2.29*(*a*)の回路の電圧増幅度を求めなさい。ただし，トランジスタは図 2. 19 の場合と同じものとする。また，図 2. 29 (*b*) に V_{BE}-I_B 特性を部分的に拡大したものを示す。

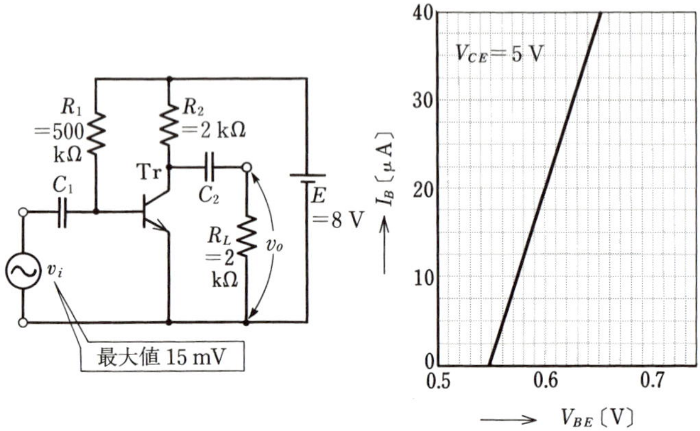

(*a*)　　(*b*)

図 2. 29　増幅回路

2　**h_{ie} と h_{fe} を使った求め方**　増幅度は，h_{ie} と h_{fe} がわかっていれば求めることができる。いま，なんらかの方法[†1]で h_{ie}=1.5 kΩ，h_{fe}=220 が求められたとして増幅度を求めてみよう。

図 2. 30 (*a*) から，入力電圧 v_i によるベース-エミッタ間電圧の変化 v_{be} は

$$v_{be}=v_i=7\ \text{mV}$$

v_{be} によるベース電流の変化 i_b は，図 (*b*) から

$$i_b=\frac{v_{be}}{h_{ie}}=\frac{v_i}{h_{ie}}=\frac{7}{1.5}=4.67\ 〔\mu\text{A}〕$$

i_b によるコレクタ電流の変化 i_c は，図 (*d*) から

$$i_c=i_b\,h_{fe}=4.67\times 220=1\,027\ 〔\mu\text{A}〕$$

$$i_c=1.03\ \text{mA}$$

---

†1　h パラメータは，あとで示すように，h パラメータ測定器や規格表を使って求められる。

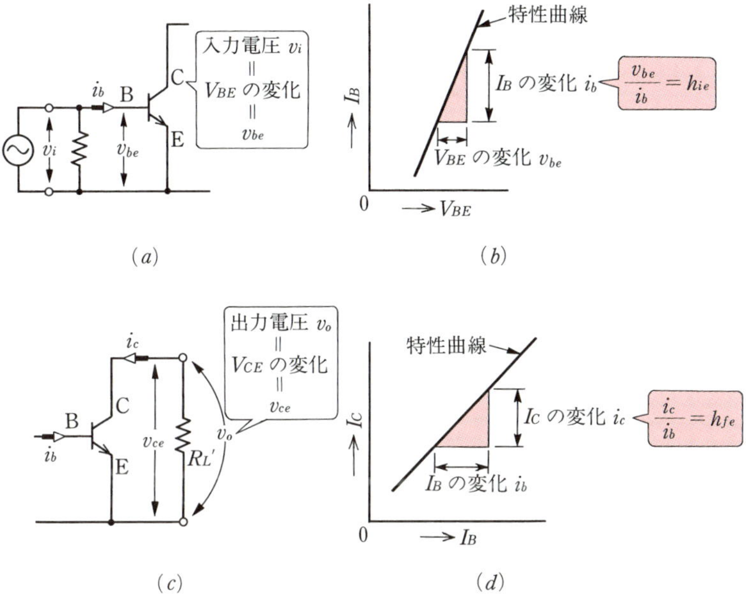

図 2.30　電圧，電流の変化と h_{ie}，h_{fe}

i_c によるコレクタ-エミッタ間電圧の変化 v_{ce} は，図（c）から

$$v_{ce}=i_c\,R_L'=1.03\times1=1.03\ 〔\mathrm{V}〕$$

よって，出力電圧 v_o は v_{ce} であるから

$$v_o=v_{ce}=1.03\ \mathrm{V}$$

したがって，増幅度は

$$\frac{v_o}{v_i}=\frac{1\,030}{7}=147$$

となる。

2.3 トランジスタの等価回路とその利用

増幅回路などの特性は，トランジスタの交流に対する働きを電気回路に置き換えることによって，回路計算で求めることができる。このトランジスタの交流に対する働きを表した回路をトランジスタの**等価回路**（equivalent circuit）という。ここでは，まず等価回路がどのような回路になるかを学び，つぎにその等価回路を利用した増幅回路の特性の求め方を学ぶ。

2.3.1 トランジスタの等価回路

1　*h* パラメータによる等価回路　図 2.31(*a*)は，増幅回路の交流回路である。この回路のトランジスタ部分の働きを，図(*b*)のように一つの電気回路に直してみよう。

(*a*)　入力側の働きを電気回路に直す　増幅回路の入力側（ベー

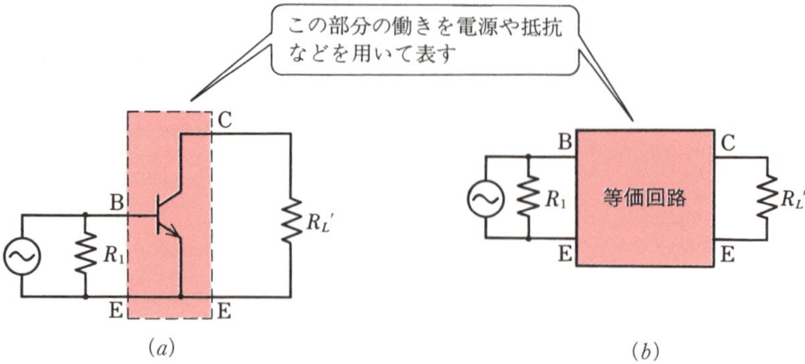

図 2.31　等価回路

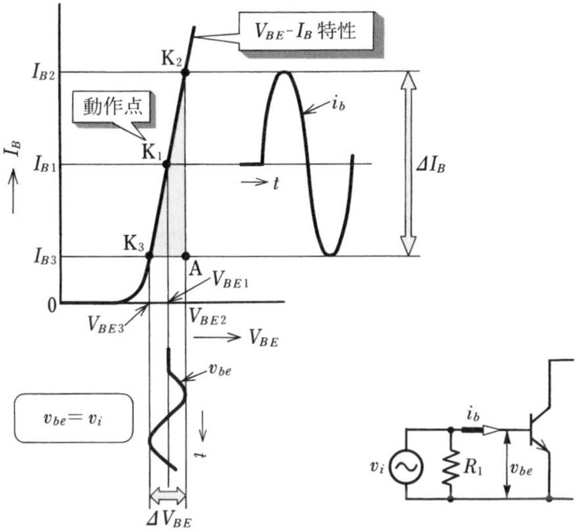

図 2.32　v_{be} と i_b の関係

ス側）では，ベース電流 i_B とベース-エミッタ間電圧 v_{BE} は，図 2.32 に示すように，動作点 K_1 を中心に変化した。

図から，交流分 v_{be} と i_b だけに注目すれば

$$\frac{v_{be}}{i_b}=\frac{\overline{K_3A}}{\overline{K_2A}}=\frac{\Delta V_{BE}}{\Delta I_B}=h_{ie}$$

である。v_{be}，i_b の実効値をそれぞれ V_{be}，I_b とすれば，次式が成り立つ。

$$\frac{V_{be}}{I_b}=h_{ie}$$

$$\therefore \quad V_{be}=h_{ie}I_b \qquad (2.5)$$

式（2.5）は入力側の交流の電圧，電流の関係を表しているので，この式が成り立つ電気回路が入力側の等価回路となる。

図 2.33 がその等価回路である。すなわち，トランジスタのベース-エミッタ間は，交流に対して h_{ie} の抵抗に等しい。

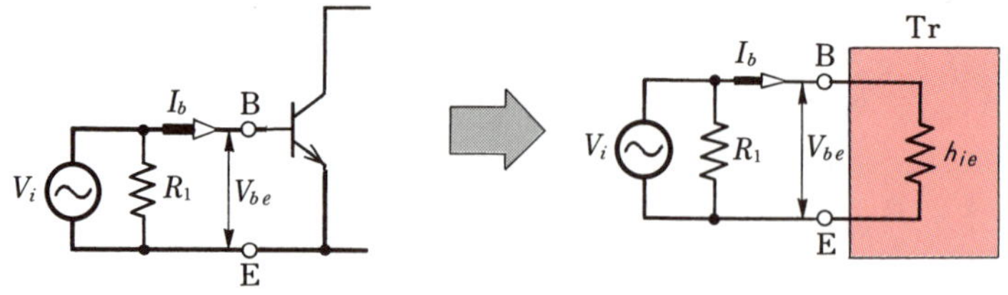

図 2. 33　入力側の等価回路

(b)　出力側の働きを電気回路に直す　　出力側（コレクタ側）では，v_{CE} と i_C は，図 2. 34 に示すように，動作点 P_1 を中心に変化する。

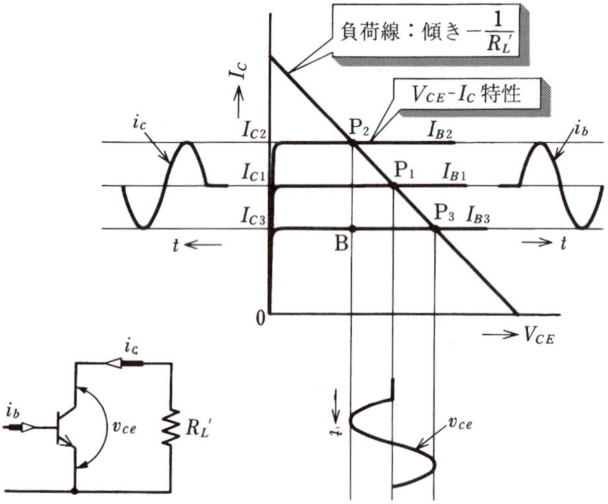

図 2. 34　v_{ce}，i_c，i_b の関係

図から，交流分だけに注目すれば次式が成り立つ。

$$\frac{v_{ce}}{i_c}=\frac{\overline{P_3B}}{\overline{P_2B}} \tag{2. 6}$$

式（2. 6）において，$\frac{\overline{P_3B}}{\overline{P_2B}}=R_L'$ であり，さらに $\frac{i_c}{i_b}=\frac{\Delta I_C}{\Delta I_B}=h_{fe}$ であるから，この関係を用いて式（2. 6）を整理すると

$$v_{ce}=R_L'h_{fe}i_b$$

となり，さらに v_{ce}，i_b の実効値をそれぞれ V_{ce}，I_b とすれば，次式となる。

$$V_{ce}=R_L' h_{fe} I_b \tag{2.7}$$

式（2.7）は出力側の交流の電圧，電流の関係を表しているので，この式が成り立つ電気回路が出力側の等価回路となる。

図 2.35 がその等価回路である。すなわち，トランジスタのコレクタ-エミッタ間は，交流については，$h_{fe}I_b$ の電流を負荷 R_L' に流す回路に等しい。

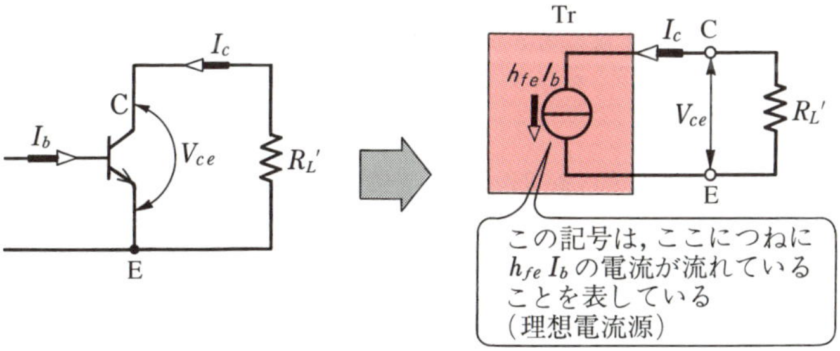

図 2.35　出力側の等価回路

（*c*）**トランジスタ全体の等価回路**　図 2.33 と図 2.35 を一つにまとめれば図 2.36 となり，この回路がトランジスタ全体の等価回路である。この等価回路は *h* パラメータを用いているので，***h* パラメータによる等価回路**という。

2　等価回路を用いるときの注意　図 2.36 に示した等価回

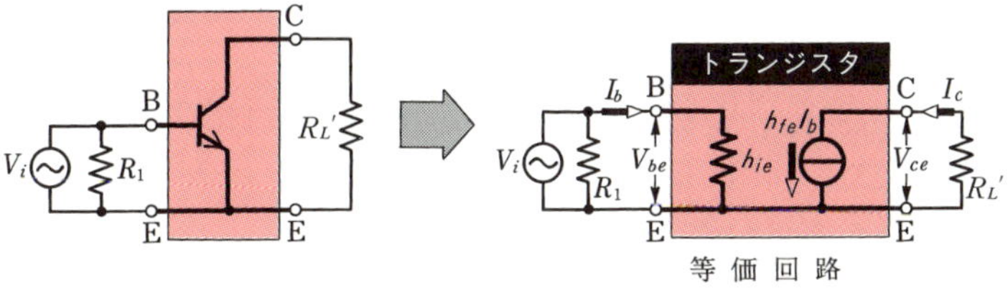

図 2.36　*h* パラメータによる等価回路

路は，図 2. 37 に示すように

① $h_{re}=0$，すなわち V_{BE}-I_B 特性が V_{CE} によって変化しない。

② $h_{oe}=0$，すなわち V_{CE}-I_C 特性において I_C は V_{CE} によって変化しない。

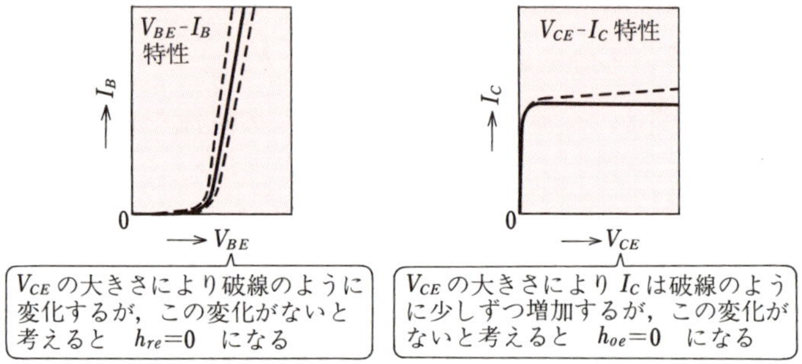

図 2. 37　簡易等価回路の条件

この二つの条件で求めた等価回路であり，**簡易等価回路**と呼ばれる。これに対し，h_{re}，h_{oe} を無視しないで求めた等価回路は，図 2. 38 (*b*)，(*c*)のようになる。これらの等価回路の中で，図(*c*)の回路を用いなければならない場合は少ない。また図(*b*)の等価回路は，R_L' と $\dfrac{1}{h_{oe}}$ とを比べて $\dfrac{1}{h_{oe}}$ が無視できない場合 $\left(R_L' \gg \dfrac{1}{h_{oe}}\ \text{でないとき}\right)$ に用い，一般には図（*a*）の簡易等価回路を用いてよい。

等価回路を用いる場合には，この等価回路の選択のほかに，つぎの点にも注意しなければならない。

① 等価回路は，トランジスタの働きすべてを表したものではなく，交流に対するものである。

② v_{be}，i_b，v_{ce}，i_c の小さな変化に対してだけ用いることができる。

③ h パラメータは動作点によって変化するので，その動作点での h パラメータを用いなければならない。

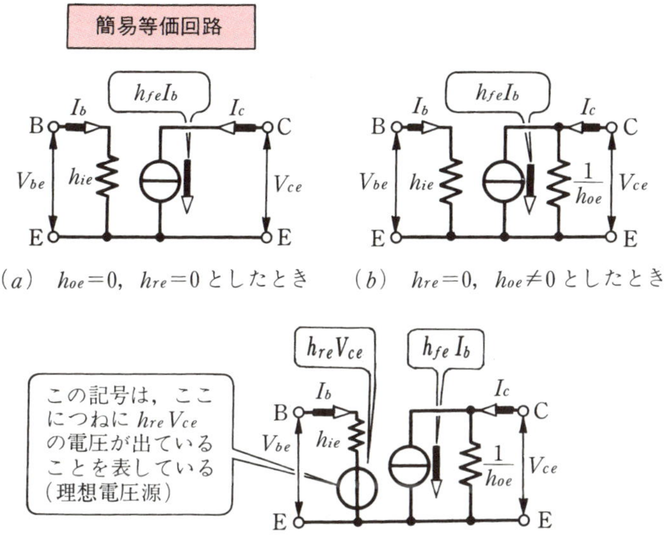

（a）　$h_{oe}=0$，$h_{re}=0$ としたとき　（b）　$h_{re}=0$，$h_{oe}\neq0$ としたとき

（c）　$h_{re}\neq0$，$h_{oe}\neq0$ としたとき

図 2.38　h パラメータによる等価回路

問 3.　等価回路は，交流の大きな変化に対してはあてはまらなくなる。その理由を述べなさい。

2.3.2　等価回路による特性の求め方

1　増　幅　度　図 2.39 は 2.2 節で取り上げた増幅回路である。この回路の増幅度を，等価回路を用いて求めてみよう。

（a）　h パラメータ　等価回路を用いて増幅度を求めるには，h パラメータが必要である。この h パラメータは，1.3 節に示したように，特性曲線の傾きから求めることができるが，I_C の値などで変化するので，一般に，h パラメータ測定器などを利用したり，図 2.40 のような規格表から求める。

図 2.40 から，図 2.39 の回路の動作点での h パラメータを求めてみよう。動作点での I_C は 4.5mA であった。したがって

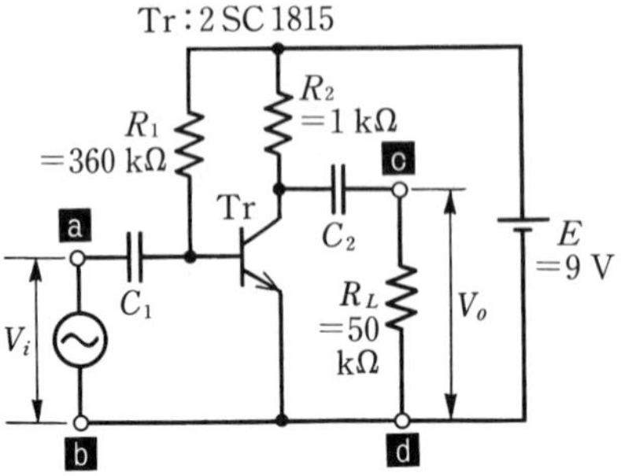

この回路の増幅度を等価回路を用いて求める

図 2.39　増幅回路

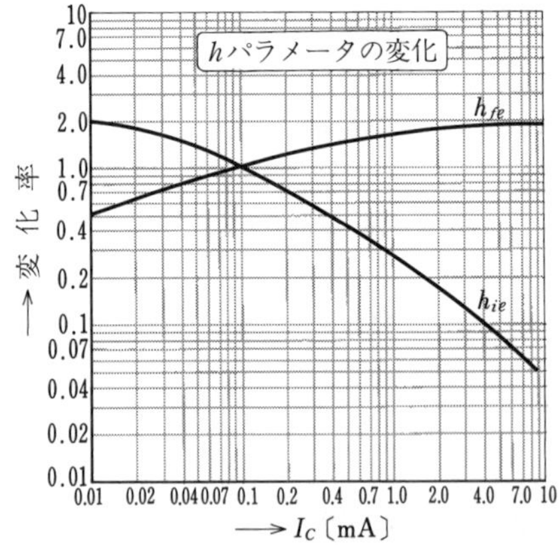

2 SC 1815 の h パラメータ

h_{ie}	h_{fe}	h_{oe}	h_{re}
16.5 kΩ	130	11.0 μS	7×10^{-7}
測定条件　I_C=0.1 mA　V_{CE}=5 V			

図 2.40　h パラメータ

$$h_{ie}=16.5\ 〔\mathrm{k\Omega}〕\times 0.09 \fallingdotseq 1.49\ 〔\mathrm{k\Omega}〕$$

（16.5〔kΩ〕：I_C=0.1 mA のときの h_{ie}）
（0.09：I_C=4.5 mA のときの変化率）

$$h_{fe}=130\times1.8=234$$

（130：I_C=0.1 mA のときの h_{fe}）
（1.8：I_C=4.5 mA のときの変化率） 5

となる。

(*b*)　交流回路の変換　つぎに，交流回路の中のトランジスタ部分を等価回路に置き換えると，図 2. 41 のようになる。

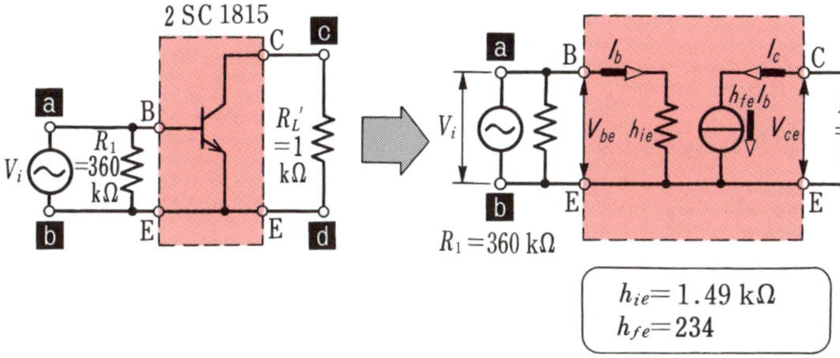

(*a*)　交　流　回　路　　　　(*b*)　等　価　回　路

図 2. 41　交流回路の変換

(*c*)　電圧増幅度の計算　図 2. 41(*b*)の回路から，電圧増幅度 A_V はつぎのように求められる。

$$A_V=\frac{V_o}{V_i}=\frac{V_{ce}}{V_{be}} \tag{2. 8}$$

$$V_o=R_L'I_c=R_L'h_{fe}I_b \tag{2. 9}$$

$$V_i=h_{ie}I_b \tag{2. 10}$$

式（2. 9），（2. 10）を式（2. 8）に代入すれば

$$A_V=\frac{R_L'}{h_{ie}}\ h_{fe} \tag{2. 11}$$

となる。数値を入れて計算すれば

$$A_V=\frac{1}{1.49}\times 234=157$$

となる。

この結果は，2. 2 節において作図によって求めた結果とほぼ一致する。

(*d*)　電流増幅度と電力増幅度　いままで増幅度は電圧増幅度だ

けを求めてきたが，電流増幅度 A_I や電力増幅度 A_P も求めることができる。

電流増幅度 A_I は，一般にトランジスタへの入力電流 I_b とトランジスタからの出力電流 I_c との比で表される。したがって

$$A_I=\frac{I_c}{I_b}=h_{fe} \qquad (2.12)$$

となって，電流増幅率 h_{fe} と等しい値になる。

電力増幅度 A_P は，トランジスタのB-E間への入力電力 P_{iT} と，トランジスタのC-E間からの出力電力 P_{oT} との比で表される。したがって

$$A_P=\frac{P_{oT}}{P_{iT}}=\frac{V_{ce}I_c}{V_{be}I_b}=A_VA_I \qquad (2.13)$$

となる。

図 2.39 の回路の A_I，A_P を求めれば

$$A_I=h_{fe}=234, \qquad A_P=157\times 234=36\,738$$

となる。

ここで求めた増幅度 A_I，A_P は，トランジスタのベース-エミッタ間を入力，コレクタ-エミッタ間を出力とした場合のものであり，図

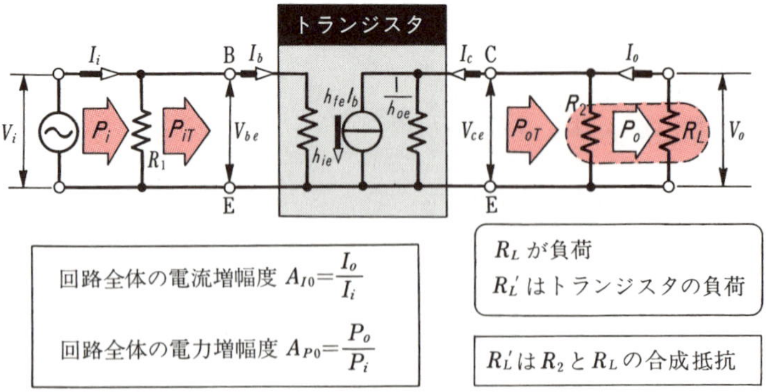

図 2.42　増　幅　度

2. 42 に示すように，回路全体の電流増幅度 $A_{Io}=\dfrac{I_o}{I_i}$ や電力増幅度 $A_{P0}=\dfrac{P_o}{P_i}$ とは異なる。しかし，R_1，R_2，R_L が決まっていれば，A_I，A_P から A_{I0}，A_{P0} を求めることができる。

問 4. 図 2. 39 の回路の A_{I0}，A_{P0} を求めなさい。

問 5. 図 2. 43（a）の回路（図 2. 29 の回路と同じ）の A_V，A_I，A_P について，等価回路を用いて求めなさい。

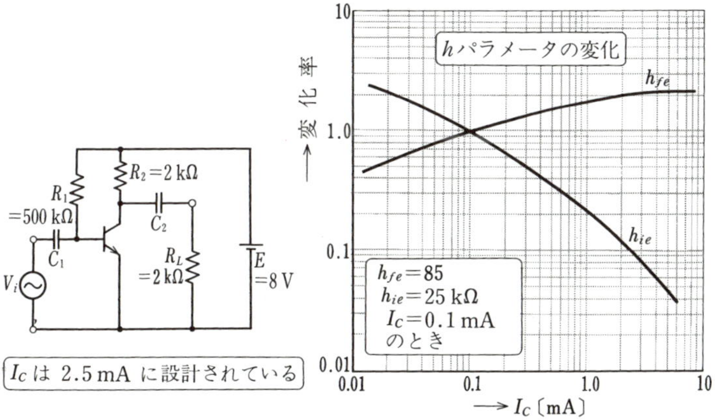

(a) 回　路　図　　　　(b)

図 2. 43　増幅回路と h パラメータ

2　入出力インピーダンス　増幅回路において，トランジスタのベース-エミッタ間は，図 2. 44 のように，入力側から見れば，負荷 Z_i が接続されているのと同じである。この負荷 Z_i を，トランジスタの**入力インピーダンス**（input impedance）という。

また，コレクタ-エミッタ間は，負荷 R_L' から見れば，交流電源と同じである。この交流電源の持つ内部インピーダンス Z_o を，トランジスタの**出力インピーダンス**（output impedance）という†1。

†1　一般に Z_i，Z_o は抵抗であるので，入力抵抗，出力抵抗という場合もある。

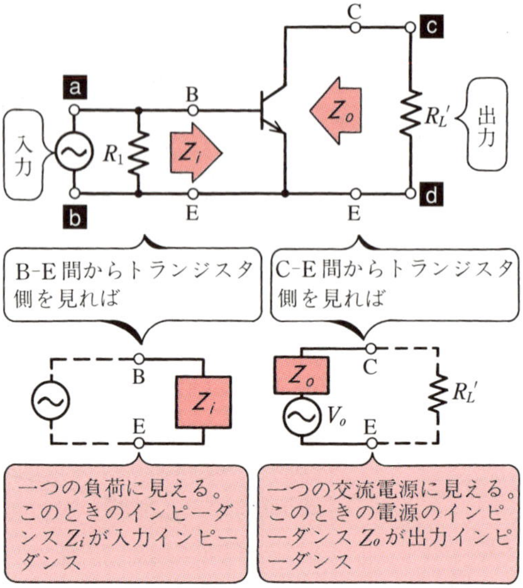

図 2.44　入力インピーダンスと出力インピーダンス

この Z_i，Z_o は，増幅度とともに増幅回路の大切な特性であり，等価回路を用いることによってつぎのように求められる。

(*a*)　$\boldsymbol{Z_i}$　　交流回路を等価回路で示すと図 2.45 のようになる。したがって，B-E 間を入力とみれば

$$Z_i = h_{ie} \tag{2.14}$$

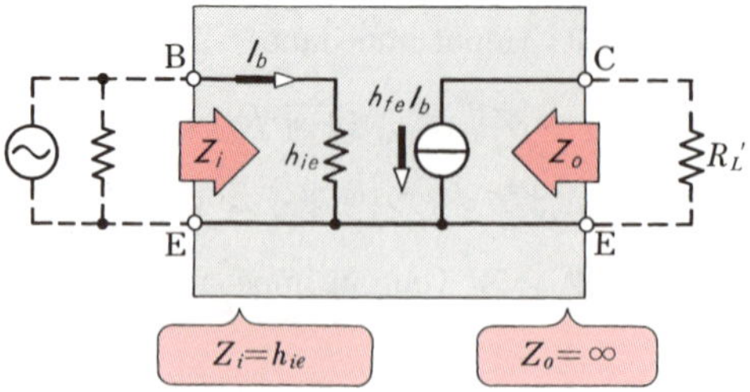

図 2.45　Z_i と Z_o

となる。図 2. 39 の回路では，$h_{ie}=1.49\,\mathrm{k\Omega}$ であったから

$$Z_i=1.49\,\mathrm{k\Omega}$$

である。

（*b*）　Z_o　　図 2. 45 から，Z_oは，C-E 間を出力とみれば，電流電源 $h_{fe}I_b$ の内部インピーダンスであるが，電流電源はつねに定電流が流れている電源であるから，内部インピーダンスは無限大（∞）と考えられる。したがって

$$Z_o=\infty \qquad (2.\,15)$$

となる。

（*c*）　**回路全体の入出力インピーダンス**　　（*a*），（*b*）で学んできた Z_i，Z_o は，トランジスタの B-E 間，C-E 間を入力，出力としたときのインピーダンスであった。これに対し，入力端子 a b や，出力端子 c d から見た入出力インピーダンス Z_{i0}，Z_{o0} は，図 2. 46 からわかるように，Z_i，Z_o からつぎの式によって求められる。

$$Z_{i0}=\frac{Z_iR_1}{Z_i+R_1},\qquad Z_{o0}=\frac{Z_oR_2}{Z_o+R_2}$$

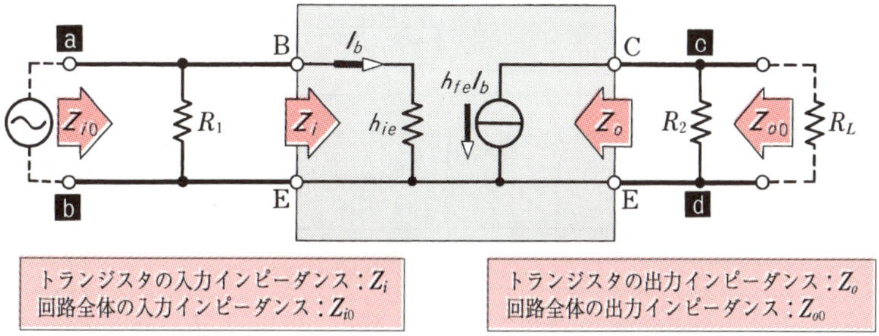

図 2. 46　回路の入出力インピーダンス

問 *6.*　図 2. 39 の回路において，入力端子から見た入力インピーダンス Z_{i0} と，出力端子から見た出力インピーダンス Z_{o0} を求めなさい。

問 7. 図 2.43（a）の回路の Z_i，Z_o，Z_{i0}，Z_{o0} を求めなさい。

(d)　h_{oe}, h_{re} を考慮した場合の増幅度と入出力インピーダンス

いままで求めてきた入出力インピーダンスは，h_{oe} と h_{ve} を考慮しないものである。また，表 2.1 は，h_{oe}，h_{re} を考慮した場合の A_V，A_I，Z_i，Z_o を表す式をまとめたものである。

表 2.1　A_V，A_I，Z_i，Z_o

交流回路	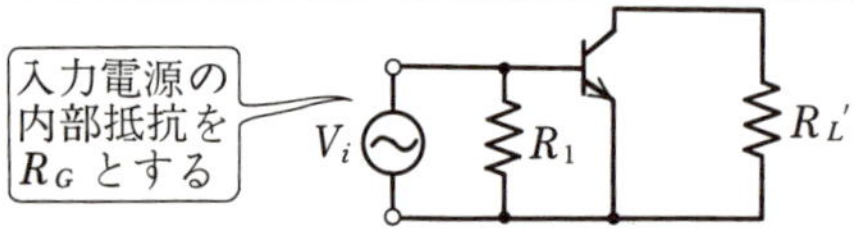		
等価回路の種類	簡易等価回路	h_{oe} を考慮した等価回路	h_{oe},h_{re}を考慮した等価回路
	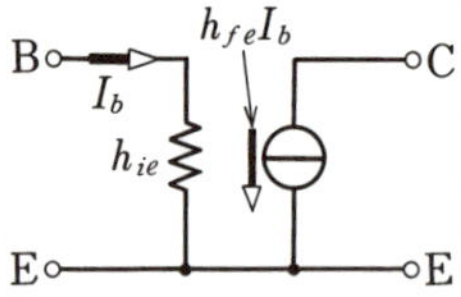	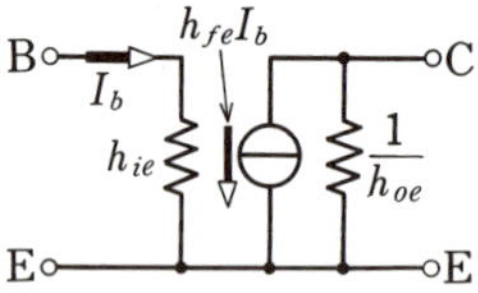	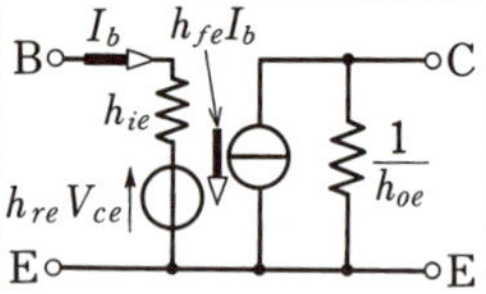
電圧増幅度 A_V	$h_{fe}\dfrac{R_L'}{h_{ie}}$	$h_{fe}\dfrac{R_L''}{h_{ie}}$ R_L'': R_L' と $\dfrac{1}{h_{oe}}$ の並列合成抵抗	$h_{fe}\dfrac{R_L''}{h_{ie}}m$ $m=\dfrac{h_{ie}}{h_{ie}-h_{re}h_{fe}R_L''}$
電流増幅度 A_I	h_{fe}	$h_{fe}\dfrac{1}{1+h_{oe}R_L'}$	$h_{fe}\dfrac{1}{1+h_{oe}R_L'}$
入力インピーダンス Z_i	h_{ie}	h_{ie}	$h_{ie}-h_{re}h_{fe}R_L''$
出力インピーダンス Z_o	∞	$\dfrac{1}{h_{oe}}$	$\dfrac{1}{h_{oe}-\dfrac{h_{re}h_{fe}}{h_{ie}+R_G}}$

2.4 増幅回路の特性変化

増幅回路のバイアスや増幅度は，温度などの外部条件や，素子の特性などによって変化する。これらの変化は，目的とする特性に悪い影響を与えることが多い。ここでは，バイアスや増幅度などの変化の原因と，変化を少なくする方法について学ぶ。

2.4.1 バイアスの変化

1　バイアスの安定化　　バイアスは，周囲温度の変化や電源電圧の変化などで変わる。この変化によって，増幅回路ではつぎのような現象を起こす。

(*a*)　**熱暴走の危険**　　トランジスタの温度がなんらかの原因で上昇すると，コレクタ電流が増加し，バイアスが変化する。この変化は，図 *2. 47* に示すような経過をたどって，回路動作を不安定にしたり，ときにはトランジスタを破壊してしまうことがある。この現象を**熱暴走**（thermal runaway）という。

(*b*)　**雑音の増加**　　トランジスタは内部で雑音を出す。この雑音は，図 *2. 48* に示すようにコレクタ電流の特定値で最小になる。増幅回路では特に信号が小さいとき，バイアスをこの雑音の小さな範囲に定める。しかし，なんらかの原因でバイアスが変化すると，この範囲をはずれて雑音が増加することがある。

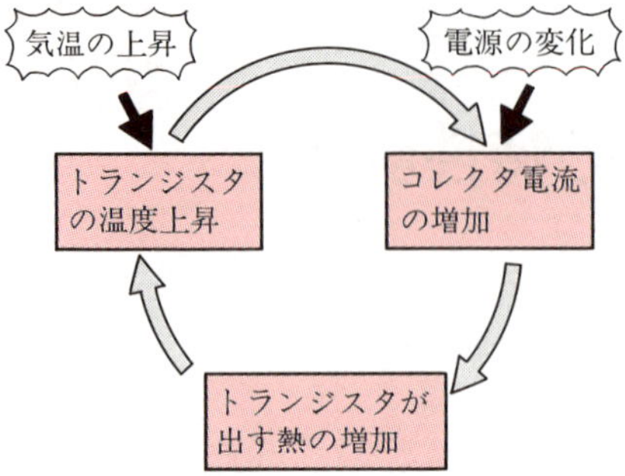

図 2.47　熱暴走

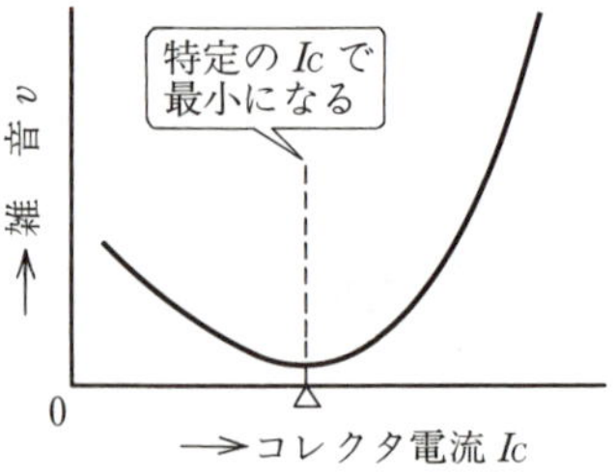

図 2.48　トランジスタの雑音の一般的傾向

（*c*）**ひずみの増加**　信号が入力されたとき，トランジスタの電流や電圧の変化は，バイアスを中心に交流負荷線に沿って起きる。したがって，大きな出力を得たいときには，図 2.49（*a*）のように，

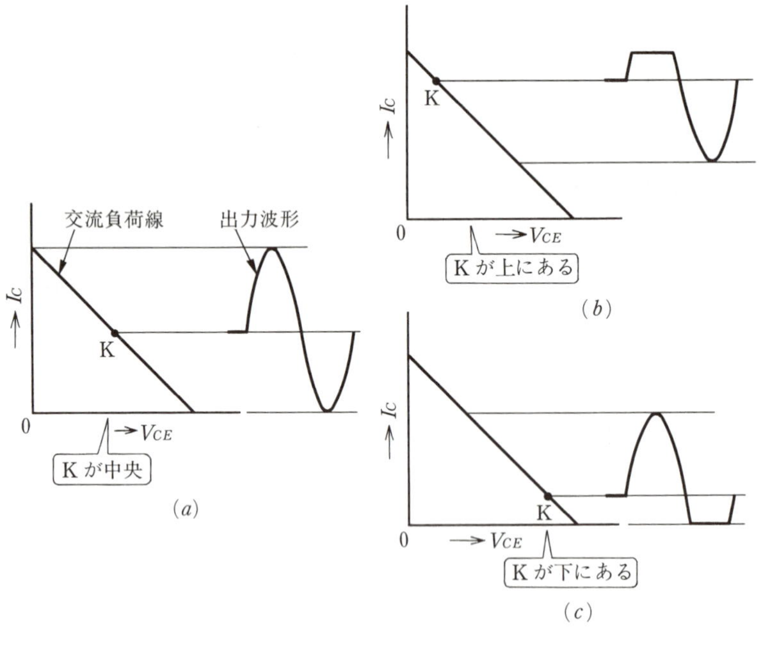

図 2.49　バイアスによる出力波形の変化

バイアスを交流負荷線の中央に定める。

しかし，なんらかの原因でバイアスが変化すると，出力は十分得られないうちに，図（*b*），（*c*）のようにひずんでしまう。

このような現象を防ぐために，バイアスは安定化させなければならない。

2　安定化したバイアス回路　いままで例として調べてきた図 2.50 のバイアス回路は**固定バイアス回路**と呼ばれる。この回路は簡単であるが，トランジスタの特性の温度による変化や不ぞろいに対するコレクタ電流の変化が大きい。

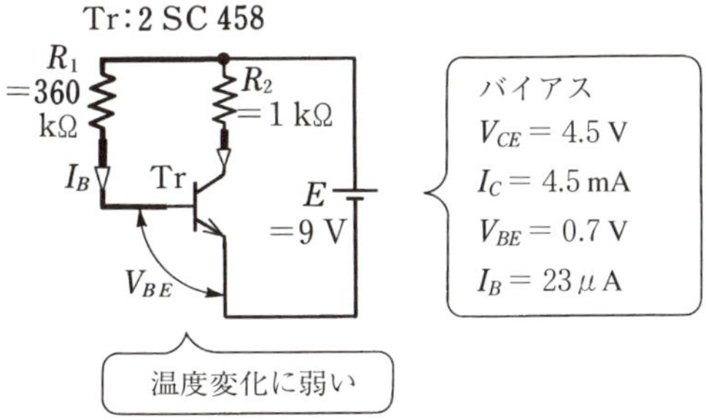

図 2.50　固定バイアス回路

つぎに示す（*a*），（*b*），（*c*）の三つの回路は，コレクタ電流の変化を自動的に少なくする働きを持っており，**安定化バイアス回路**と呼ばれている。

(*a*)　自己バイアス回路　図 2.51（*a*）は**自己バイアス回路**である。

この回路では，なんらかの原因のために I_C が増加しようとすると，図（*b*）のような経過をたどって I_C の増加を少なくすることができる。

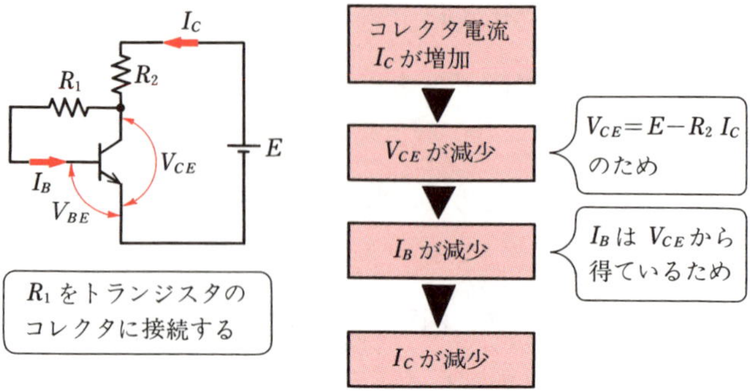

（a）　（b）

図 2. 51　自己バイアス回路

例 題　1.

図 2. 51 の回路で，図 2. 50 の回路と同じバイアス（$V_{CE}=4.5$ V，$I_C=4.5$ mA）にするには，R_1をいくらにすればよいか。ただし，$R_2=1\,\mathrm{k\Omega}$, $E=9$ V で，トランジスタも同じ(特性は図 2. 11)とする。

解 答　自己バイアス回路では，V_{CE}，V_{BE}，I_B，R_1の間には

$$I_B=\frac{V_{CE}-V_{BE}}{R_1}$$

が成り立つ。図 2. 14 から，$I_B=23\,\mu\mathrm{A}$，$V_{BE}=0.7$ V であり，$V_{CE}=4.5$ V である。上式をR_1について整理し，これらの数値を代入すると

$$R_1=\frac{V_{CE}-V_{BE}}{I_B}=\frac{4.5-0.7}{0.023}\fallingdotseq 165\ \mathrm{[k\Omega]}$$

問 8.　図 2. 52 の回路で $I_C=0.5$ mA にするには，R_1をいくらにすればよいか。ただし，$V_{BE}=0.6$ V，トランジスタの h_{FE} は 180 とする。

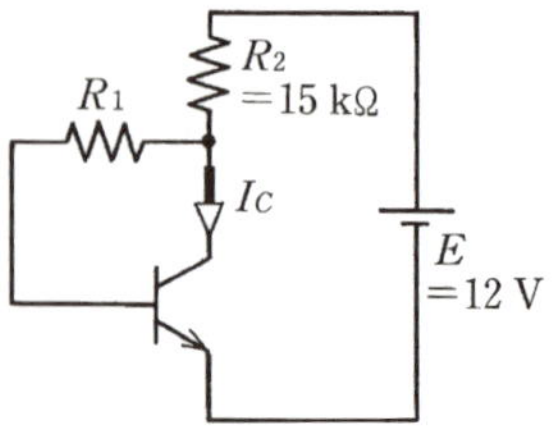

図 2. 52

(*b*) 電流帰還バイアス回路　図 2.53 (*a*) は**電流帰還バイアス回路**である。

この回路では，エミッタに抵抗 R_E を入れることにより，図 (*b*) のような経過をたどって I_C の増加を少なくすることができる。

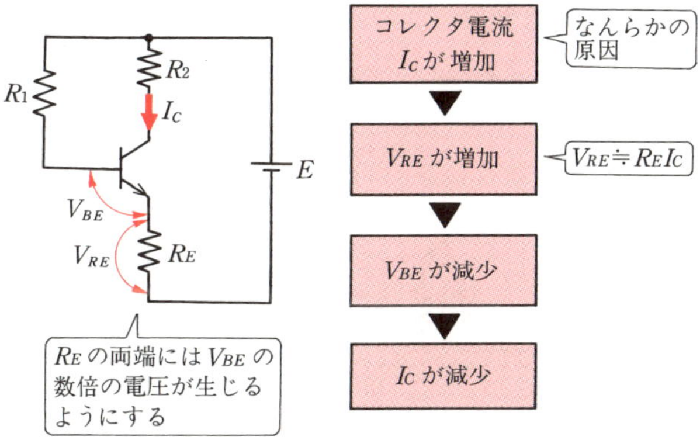

(*a*)　(*b*)

図 2.53 電流帰還バイアス回路

例 題 2.

図 2.54 の回路で $I_C = 4.5\,\mathrm{mA}$，$V_{CE} = 4.5\,\mathrm{V}$ にするには，R_1，R_E をいくらにすればよいか。ただし，$V_{BE} = 0.7\,\mathrm{V}$，$I_B = 23\,\mu\mathrm{A}$ とする。

解 答　各部の電圧は図 2.55 のようになる。したがって

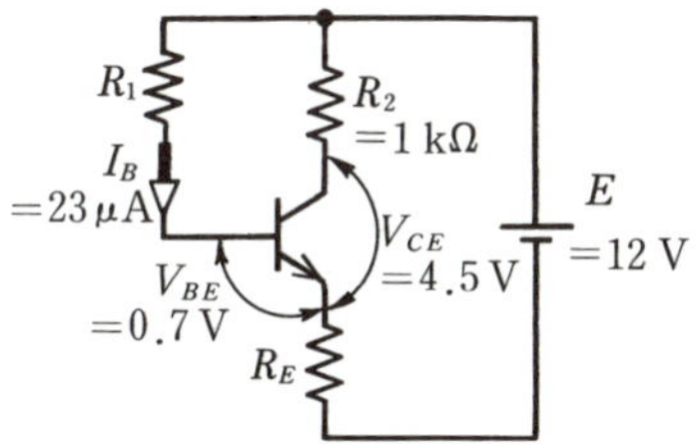

図 2.54

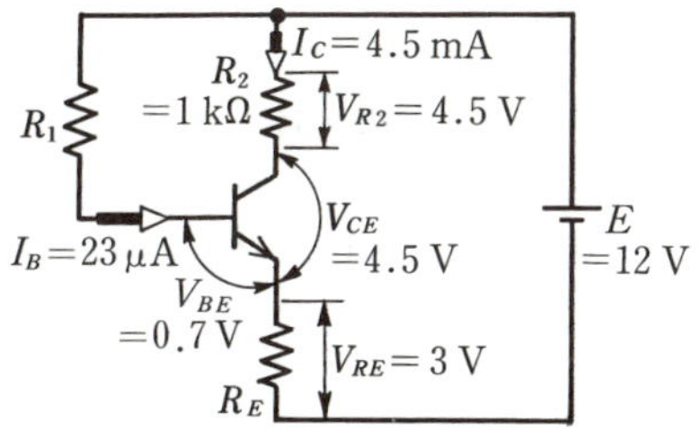

図 2.55

$$R_E=\frac{V_{RE}}{I_C}=\frac{3}{4.5}\fallingdotseq 0.667\ 〔\mathrm{k\Omega}〕=667\ 〔\Omega〕$$

$$R_1=\frac{E-(V_{BE}+V_{RE})}{I_B}=\frac{12-(0.7+3)}{0.023}\fallingdotseq 361\ 〔\mathrm{k\Omega}〕$$

問 9.　図 2.56 の回路で I_B, I_C および V_{CE} はいくらか。ただし $V_{BE}=0.6\,\mathrm{V}$, トランジスタの h_{FE} は 180 とする。

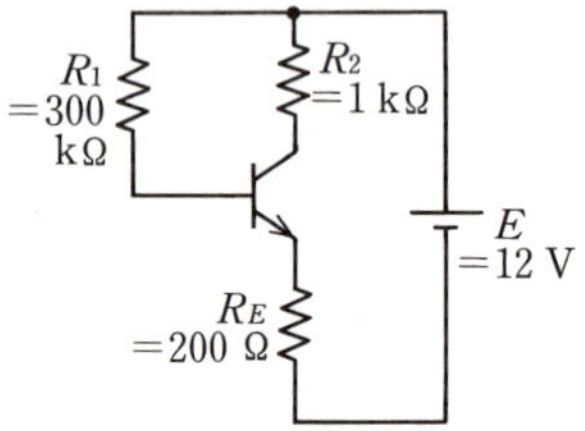

図 2.56

(*c*)　**ブリーダ電流バイアス回路**　図 2.57 (*a*) は，**ブリーダ電流バイアス回路**であり，電流帰還バイアス回路の一種である。

この回路では，R_E の両端に V_{BE} の数倍の電圧が起きるようにし，また R_1, R_2 には，I_B よりも十分大きな電流を流すことによって，I_C

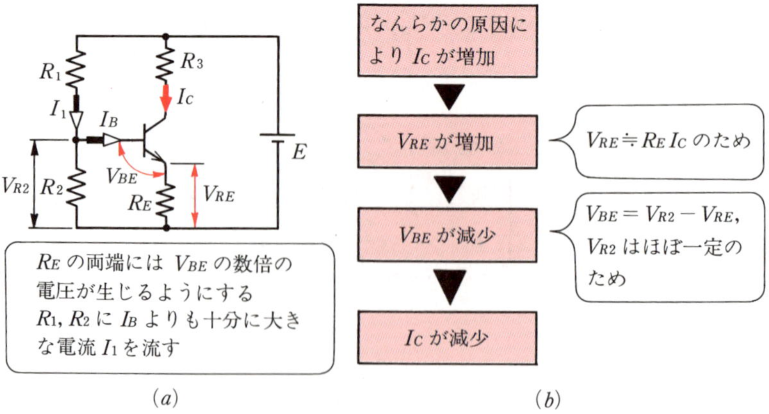

図 2.57　ブリーダ電流バイアス回路

が増加しようとすると，図（b）のような経過をたどって I_C の増加を少なくすることができる。

この回路は，安定性においてはすぐれているが，抵抗による消費電力が大きくなる欠点がある。

例 題 3.

図 2.57 の回路で，バイアスを $V_{CE}=4.5\,\mathrm{V}$，$I_B=23\,\mu\mathrm{A}$，$I_C=4.5\,\mathrm{mA}$ にするには，R_1，R_2，R_E，E をいくらにすればよいか。ただし，$R_3=1\,\mathrm{k\Omega}$ で，R_1 には I_B の 20 倍の電流を流し，V_{RE} は $V_{BE}=0.7\,\mathrm{V}$ の 2 倍の電圧を生じさせるものとする。

解 答　各部分の電圧，電流をまとめると，図 2.58 となる。

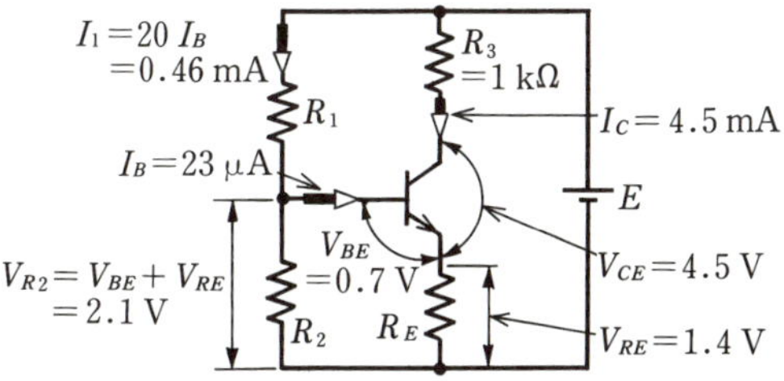

図 2.58

① $\boldsymbol{E}$　　R_3 の両端の電圧を V_{R3} とすれば

$$E=V_{R3}+V_{CE}+V_{RE},\quad V_{R3}=R_3I_C$$

であるから，つぎのようになる。

$$E=1\times4.5+4.5+1.4=10.4\ [\mathrm{V}]$$

② $\boldsymbol{R_E}$　　$I_E\fallingdotseq I_C$ であるから

$$R_E=\frac{V_{RE}}{I_C}=\frac{1.4}{4.5}\fallingdotseq0.311\ [\mathrm{k\Omega}]$$

すなわち，$R_E\fallingdotseq311\ [\Omega]$ となる。

③ $\boldsymbol{R_1}$，$\boldsymbol{R_2}$　　R_2 に流れる電流 I_2 は $I_{R1}\gg I_B(I_{R1}=20\,I_B)$ であるから，$I_2\fallingdotseq I_1$ である。したがって

$$R_1+R_2=\frac{E}{I_1}=\frac{10.4}{0.46}\fallingdotseq 22.6\ \text{〔kΩ〕}$$

$$V_{R2}=V_{BE}+V_{RE}=0.7+1.4=2.1\ \text{〔V〕}$$

$$R_2=\frac{V_{R2}}{I_1}=\frac{2.1}{0.46}\fallingdotseq 4.57\ \text{〔kΩ〕}$$

したがって

$$R_1=(R_1+R_2)-R_2=22.6-4.57\fallingdotseq 18.0\ \text{〔kΩ〕}$$

問 10. 図 2.59 の回路で I_C, I_B はいくらか。ただし，$h_{FE}=180$，$V_{BE}=0.6$ V とする。

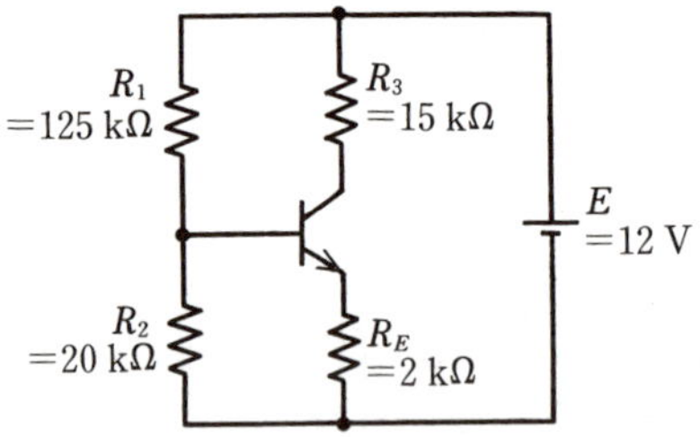

図 2.59

(d) バイアス回路の特徴　これまでに 4 種類のバイアス回路を学んだ。つぎに，これらの回路の特徴をまとめてみよう。

① **固定バイアス回路**　バイアス回路での電力消費は少ない。しかし，h_{FE} の変化に対して I_C が大きく変化する。

② **自己バイアス回路**　I_C の変化は少ない。しかし，増幅された信号がベース抵抗に流れるので，入力抵抗[†1] が低下する。

③ **電流帰還バイアス回路**　I_C の変化は少ない。しかし，エミッタ抵抗 R_E で電力を消費し，負帰還[†2] がかかるので，増幅度の低下が起こる。

---

†1　3.1.4 項の [3] (a) 入力インピーダンスで扱う。

†2　3.1.1 項の [1] 負帰還で扱う。

④　**ブリーダ電流バイアス回路**　　最も I_C の変化を少なくすることができる。しかし，R_1，R_2 に大きな電流を流すので，バイアス回路での電力消費は大きい。また，R_E による増幅度の低下があるので，それを防ぐにはつぎに学ぶバイパスコンデンサ C_E が必要となる。

（*e*）　**バイパスコンデンサ**　　電流帰還バイアス回路を用いて増幅回路を作る場合には，図 2.60 のように，R_E に並列にコンデンサ C_E を接続する[†1]。このコンデンサは**バイパスコンデンサ**（by-pass capacitor）と呼ばれる。図 2.61 に示すように，入力電圧が直接トランジ

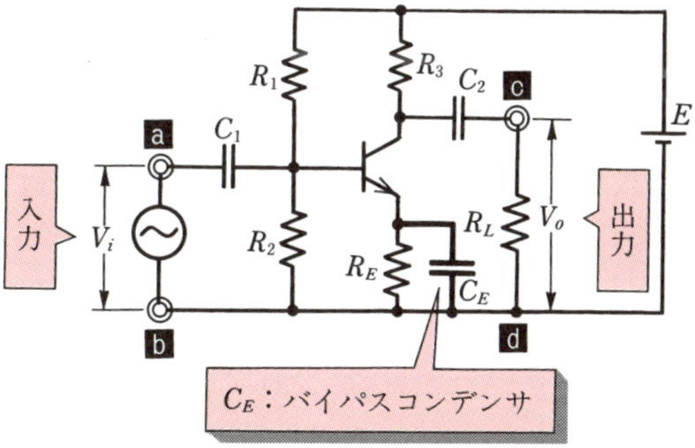

図 2.60　バイパスコンデンサ

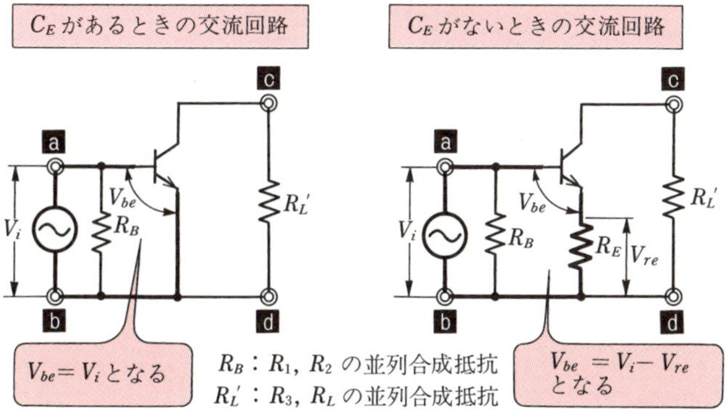

図 2.61　C_E の働き

†1　C_E を接続しない場合については，3.1 節の負帰還増幅回路で取り扱う。

スタのベース-エミッタ間へ加わるようにするためのものである。一般に，C_E は，その静電容量が増幅回路の周波数特性に大きな影響を与えるので，C_1 や C_2 よりも大きな容量のものが用いられる[†1]。

2.4.2 増幅度の変化

1 増幅度の〔dB〕（デシベル）表示　いままで増幅度は〔倍〕で表してきたが，実際の場合には，〔倍〕で求めた A_V，A_I，A_P などの値を次式で換算し，G_V，G_I，G_P などの〔dB〕（デシベル）で表すことが多い。

電圧増幅度　$G_V = 20\log_{10} A_V$　〔dB〕　(2. 16)

電流増幅度　$G_I = 20\log_{10} A_I$　〔dB〕　(2. 17)

電力増幅度　$G_P = 10\log_{10} A_P$　〔dB〕　(2. 18)

したがって，2. 3. 2 項の 1 で求めた回路の増幅度を〔dB〕で表せば

$G_V = 20\log_{10} 157 \fallingdotseq 43.9$〔dB〕

$G_I = 20\log_{10} 234 \fallingdotseq 47.4$〔dB〕

$G_P = 10\log_{10} 36\,738 \fallingdotseq 45.7$〔dB〕

となる。

問 11.　G_V，G_I，G_P の間には，$G_P = \dfrac{G_V + G_I}{2}$ の関係があることを証明しなさい。

このように増幅度を〔dB〕で表すと，つぎのように便利なことがある。

図 2. 62 のように，何段にも増幅をするとき，全体の増幅度 G

---

†1　C_E の大きさについては，2. 4. 2 項の増幅度低下で扱う。

〔dB〕は，各段の増幅度 G_1，G_2，… G_n〔dB〕の和で求めることができる。

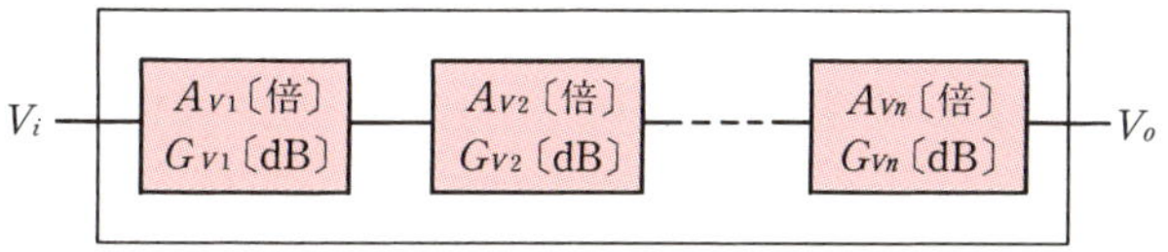

全体の増幅度　$V_0/V_i = A_{V1} \cdot A_{V2} \cdots\cdots A_{Vn}$〔倍〕

$20\log_{10} V_0/V_i = G_{V1} + G_{V2} + \cdots\cdots + G_{Vn}$〔dB〕

図 2.62　多段増幅回路の増幅度

例題 4.

図 2.63 のように，入力電圧 0.4 mV で，出力 1 V が得られる増幅回路を作るには，増幅度 80 倍の回路が何段必要か。

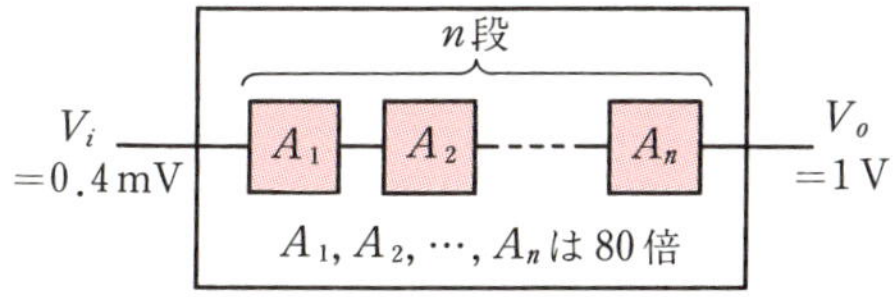

図 2.63　多段増幅回路

解答　必要な増幅度　$G = 20\log A = 20\log\dfrac{1\,000}{0.4} = 68.0$〔dB〕

1 段の増幅度　$G_1 = 20\log A_1 = 20\log 80 = 38.1$〔dB〕

必要な段数を n とすれば，$n = \dfrac{G}{G_1} = 1.79$

したがって，2 段あればよい。

つぎに，なぜ対数の 20 倍，10 倍をするのかについて学ぼう。

一般に，倍数で表した電力増幅度の対数をとった数値は〔B〕（ベル）で表す。

しかし，一般に〔B〕で表すと数値が小さくなるので，数値を10倍し，〔B〕の$\frac{1}{10}$の単位である〔dB〕が用いられる。

また電力Pは電圧Vや電流Iと，$P=\frac{V^2}{R}$あるいは$P=I^2R$という2乗に比例する関係にあるので，A_I，A_Vを感覚に合ったものにするには

$$20\log_{10} A_V \quad 〔\mathrm{dB}〕$$

$$20\log_{10} A_I \quad 〔\mathrm{dB}〕$$

とすればよい。

問 12.　つぎの〔倍〕で表した電圧増幅度を〔dB〕に直しなさい。

1倍，2倍，4倍，10倍，20倍，40倍，100倍

問 13.　つぎの〔dB〕で表した電圧増幅度を〔倍〕に直しなさい。

18 dB，24 dB，26 dB，34 dB，52 dB

2　**周波数による増幅度の変化**　いままで調べてきた図2.39における増幅回路の周波数による増幅度の変化を考えてみよう。図2.64は，それを調べるための実験回路である。この回路で，入力電圧V_iを一定に保ち，周波数fを変えたときの増幅度を求めてグラフで表すと，図2.65のようになる。この特性を**周波数特性**（frequency characteristic）という。

この図において，約100 Hzから約200 kHzまでの中域周波数での増幅度は，2.4.2項の[1]で調べた値とほぼ一致するが，それ以下の

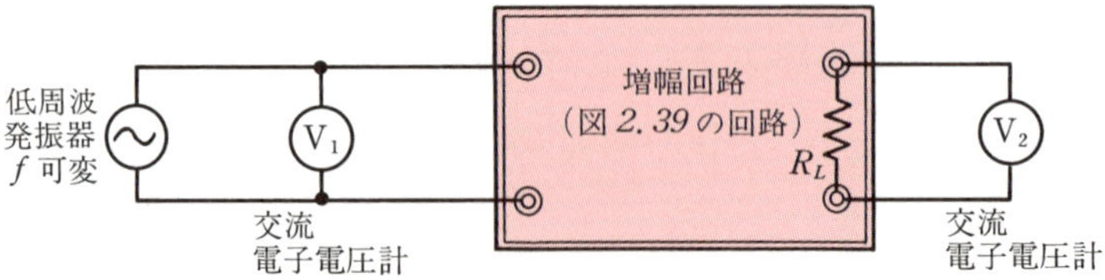

図 2.64　実験回路

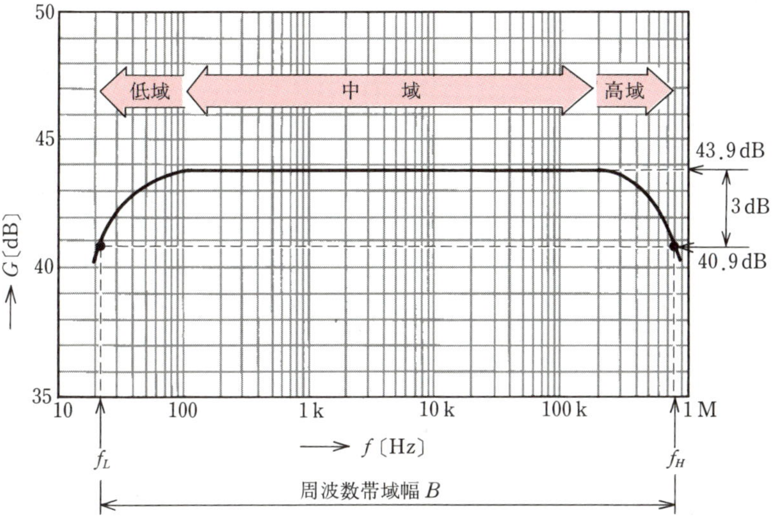

図 *2. 65* 周波数特性図

低域周波数やそれ以上の高域周波数では，増幅度は *2. 4. 2* 項の 1 で調べた値より小さくなる。このような増幅度の低下は，一般の増幅回路で起こるので，増幅できる入力の周波数は，ある有限な幅を持つことになる。

そこで，図に示すように，中域周波数での増幅度よりも 3 dB 低下する低域および高域の周波数 f_L，f_H を求め，この f_L と f_H の幅 B を，増幅回路の**周波数帯域幅**（frequency bandwidth）という。

一般に，B は入力信号の周波数範囲を含んでいなければならない。例えば，音声周波数の信号を増幅する場合では，音声信号の周波数帯である 20 Hz から 20 kHz の幅より広くなければ，音声を忠実に増幅することができない。

問 ***14.*** 電圧増幅度が 3 dB 低下するということは，倍率では増幅度が何倍に減少することか。

(*a*)　低域での増幅度低下の原因　低域での増幅度低下の原因は，図 2.66 のように，周波数が低くなるにしたがって，コンデンサ C_1，C_2 のインピーダンスが大きくなるためである。

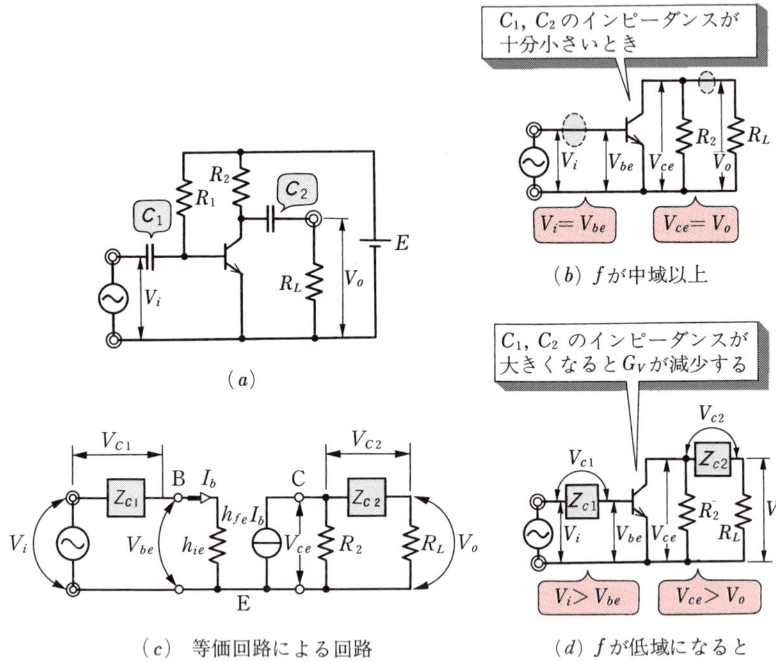

(*a*)

(*b*) *f* が中域以上

(*c*)　等価回路による回路

(*d*) *f* が低域になると

図 2.66　低域での増幅度の低下

すなわち，C_1，C_2 のインピーダンスが十分小さくなる周波数では，交流回路は図（*b*）のように

$$V_i = V_{be},\quad V_{ce} = V_o$$

となり，前述した増幅度が得られる。しかし周波数が低くなり，C_1，C_2 のインピーダンス Z_{C1}，Z_{C2} が無視できなくなるため，図（*d*）のように

$$V_i > V_{be},\quad V_{ce} > V_o$$

となって，増幅度[†1]は低下する。

例 題 5.

図 2.39 の回路で $C_1=5\,\mu\mathrm{F}$ としたとき，低域で増幅度が 3 dB 低下する周波数 f_L を，等価回路を利用して計算で求めなさい。ただし，C_2 は低域においても十分にインピーダンスは小さいものとし，また h パラメータは $h_{fe}=234$，$h_{ie}=1.49\,\mathrm{k\Omega}$ とする。

解 答　交流回路をかくと，図 2.67 となる。

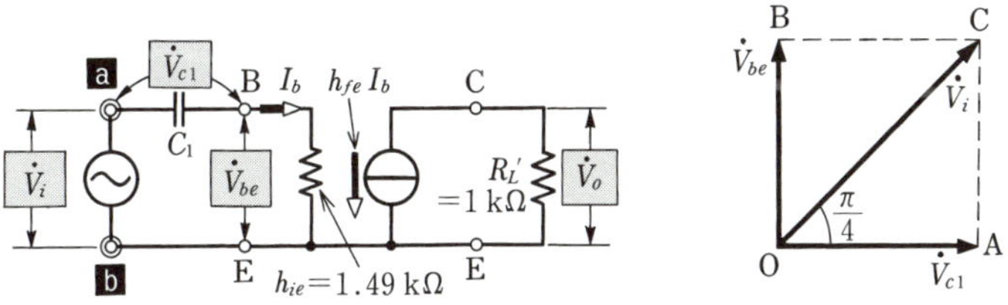

$\overline{\mathrm{OA}}=\overline{\mathrm{OB}},\ \overline{\mathrm{OB}}=\dfrac{\overline{\mathrm{OC}}}{\sqrt{2}}$

図 2.67　C_1 による影響

C_1 や C_2 による増幅度の低下がないときの増幅度を A_V とすると，これが 3 dB 低下するときは，増幅度が $\dfrac{A_V}{\sqrt{2}}$ になる場合である。この例題では C_2 の影響は考えなくてよいので，入力電圧 V_i の $\dfrac{1}{\sqrt{2}}$ がトランジスタのベース-エミッタ間に加わる電圧 V_{be} になれば，回路全体としての増幅度が $\dfrac{1}{\sqrt{2}}$ になる。$\dfrac{V_i}{\sqrt{2}}=V_{be}$ となるのは，図 2.67 に示すように，コンデンサの両端の電圧を V_{c1} とすれば

$$V_{c1}=V_{be} \tag{a}$$

になるときである。したがって

$$V_{c1}=\frac{1}{\omega C_1}I_b,\quad V_{be}=h_{ie}I_b$$

---

†1　この増幅度は，回路全体の増幅度 $\left(\dfrac{V_o}{V_i}\right)$ のことである。

であるから，式（a）に代入すると

$$\frac{1}{\omega C_1} = h_{ie} \qquad (b)$$

となる。したがって，式（b）からその周波数 f_L は次式となる。

$$f_L = \frac{1}{2\pi C_1 h_{ie}} \quad \text{〔Hz〕}$$

数値を入れて計算すると

$$f_L = \frac{1}{2\pi \times 5 \times 10^{-6} \times 1.49 \times 10^3}$$

$$f_L \fallingdotseq 21.4\,\text{Hz}$$

となる。

問 15.　図 2.39 の回路で，C_2 によって増幅度が 3 dB 低下する周波数 f_L は

$$f_L = \frac{1}{2\pi C_2(R_2 + R_L)} \quad \text{〔Hz〕}$$

であることを証明しなさい。ただし，C_1 のインピーダンスは十分小さく，また，$\dfrac{1}{h_{oe}} \gg R_L'$ とする[†1]。

問 16.　図 2.39 の回路で $C_1 = 1\,\mu\text{F}$，$C_2 = 0.5\,\mu\text{F}$ のとき，電圧増幅度が低域で 3 dB 低下する周波数を求めなさい。

（b）　高域での増幅度の低下　　高域での増幅度の低下の原因は，おもに図 2.68 のように，h_{fe} が周波数の増加に伴って小さくなることや，配線間の**漂遊容量**（stray capacitance）C_s による。

（c）　利得帯域幅積　　図 2.68（b）に示すように高周波においては，周波数が 2 倍になるごとに，h_{fe} は $\dfrac{1}{2}$ に減少する性質がある。したがって，$h_{fe} = 1$ になる周波数を f_T とすれば，h_{fe} が低下する高

---

†1　$\dfrac{1}{h_{oe}}$ が R_L' に比べて十分大きくないときには，式中の R_2 の代わりに R_2 と $\dfrac{1}{h_{oe}}$ の並列合成抵抗値を用いた式になる。

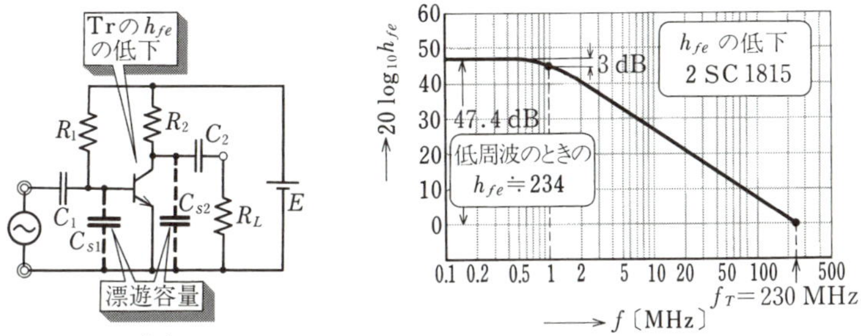

（a）　（b）　h_{fe} の周波数特性

図 2.68　高域での増幅度の低下

周波における h_{fe} は

$$h_{fe} f = f_T \tag{2.20}$$

の関係式で示すことができる。f_T は**利得帯域幅積**（gain-bandwidth product）または**トランジション周波数**といい，トランジスタの高周波特性を比較するのによく用いられる。

問 17.　あるトランジスタの h_{fe} は低周波で 234 であり，f_T は 230 MHz であった。このトランジスタの h_{fe} が低周波のときの $\dfrac{1}{\sqrt{2}}$（3 dB 低下）になる周波数はいくらか。

例題 6.

図 2.39 の回路で，出力側の漂遊容量 C_{s2} が 200 pF であった。この C_{s2} のために，電圧増幅度が 3 dB 低下する周波数 f_H はいくらか。

解答　等価回路で出力側を表せば，図 2.69（a）となる。

C_{s2} の影響がなければ，R_L' には $I_o = I_c = h_{fe} I_b$ がすべて流れる。したがって，C_{s2} を考慮したとき，I_o に $\dfrac{I_c}{\sqrt{2}}$ の大きさの電流が流れれば，増幅度は 3 dB 低下する。そのとき，$\dot{I}_c$，$\dot{I}_o$，$\dot{I}_s$ の間には図（b）の関係が成り立つ。したがって

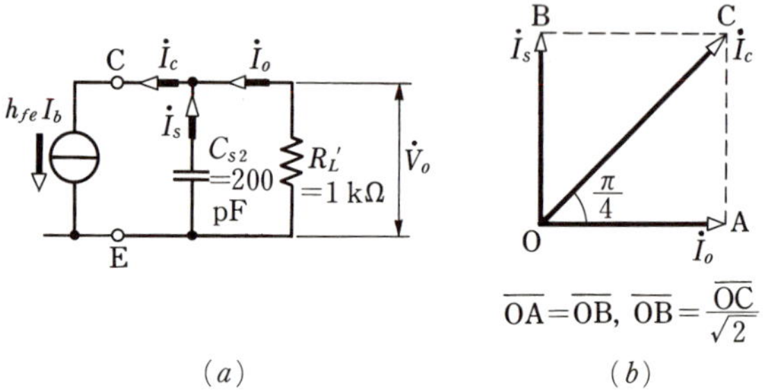

図 2.69　C_{s2} による影響

$$\frac{1}{\omega_H C_{s2}} = R_L'$$

となり，f_H は次式となる。

$$f_H = \frac{1}{2\pi C_{s2} R_L'} \quad \text{〔Hz〕}$$

数値を入れて計算すると

$$f_H = \frac{1}{2\pi \times 200 \times 10^{-12} \times 1 \times 10^3} \fallingdotseq 796 \times 10^3 \text{〔Hz〕}$$

すなわち，$f_H \fallingdotseq 796\,\text{kHz}$ となる。

(d)　バイパスコンデンサ C_E による増幅度の低下　　バイアス回路に電流帰還バイアスを用いるとき，2.4.1項で学んだように，バイパスコンデンサ C_E を使う。この場合，V_{be} は，図2.70のように，低域周波数で $X_{CE} = \dfrac{1}{\omega C_E}$ のリアクタンスが大きくなり，R_E の両端

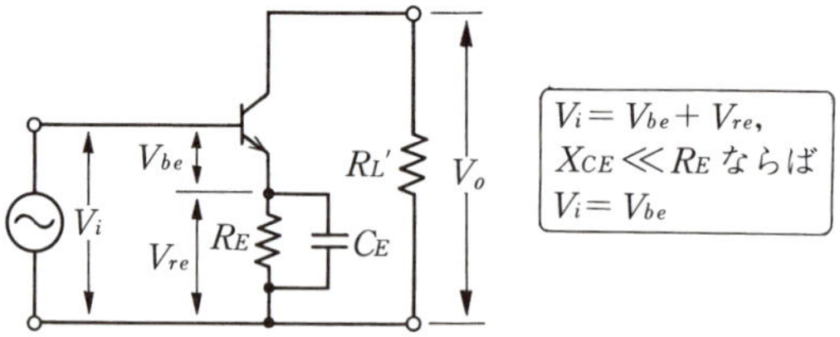

図 2.70　C_E による影響

電圧 V_{re} を無視することができなくなるので，V_i より小さくなる。したがって，回路の増幅度 $\dfrac{V_o}{V_i}$ は低下する。

例題 7.

図 2. 71 の回路で，C_E の影響によって増幅度が 3 dB 低下する周波数 f_{ce} を求めなさい。ただし，C_1，C_2 は十分大きく，増幅度の低下には影響がないものとする。

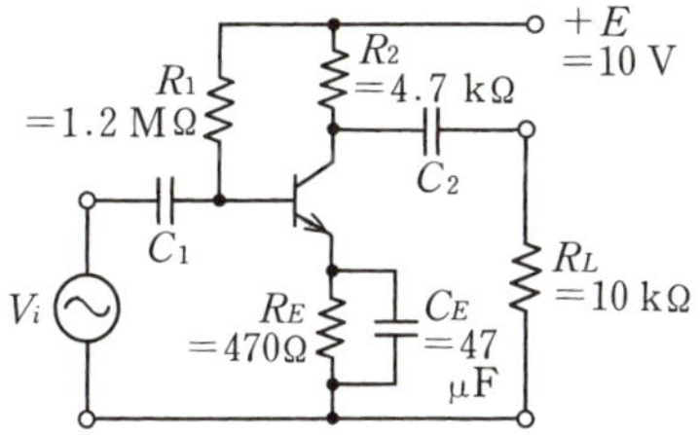

$h_{fe}=150$
$h_{ie}=4.2\,\mathrm{k\Omega}$

図 2. 71

解答　入力側だけの交流回路を描くと，図 2. 72 (*a*) のようになる。$I_e \fallingdotseq I_c = h_{fe}I_b$ であるから，C_E と R_E の合成インピーダンスを $\dot{Z}_E$ とすると，次式が成り立つ。

$$\dot{V}_i = \dot{I}_b h_{ie} + h_{fe}\dot{I}_b\dot{Z}_E$$
$$= \dot{I}_b(h_{ie} + h_{fe}\dot{Z}_E)$$

したがって，図 (*a*) の回路は図 (*b*) の回路と等価になる。この回路から増幅度 A_V を求めると次式となる。

$$A_V = \frac{h_{fe}}{h_{ie}+h_{fe}\dot{Z}_E}R_L' = \frac{h_{ie}}{h_{ie}+h_{fe}\dot{Z}_E}\cdot\frac{h_{fe}}{h_{ie}}R_L' \qquad (a)$$

式(*a*)で，$\dfrac{h_{fe}}{h_{ie}}R_L'$ は C_E が十分大きく，$|\dot{Z}_E|=0$ としたときの増幅である。したがって，増幅度が 3 dB 低下する周波数は，式 (*a*) で

$$\frac{h_{ie}}{h_{ie}+h_{fe}\dot{Z}_E} = \dot{Z} \qquad (b)$$

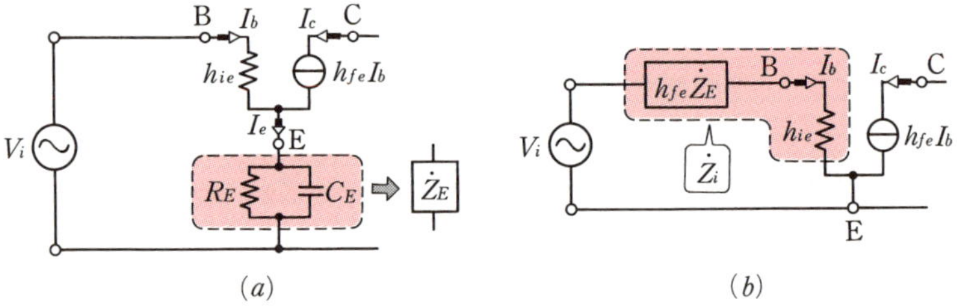

図 2. 72　C_E の影響の等価回路

と置くと，$|\dot{Z}|=\dfrac{1}{\sqrt{2}}$ となる周波数である。$\dot{Z}_E=\dfrac{R_E}{1+j\omega C_E R_E}$ であるから，式（b）に代入すると

$$\dot{Z}=\frac{h_{ie}}{h_{ie}+\dfrac{h_{fe}R_E}{1+j\omega C_E R_E}}=(1+j\omega C_E R_E)\frac{1}{\left(1+\dfrac{h_{fe}}{h_{ie}}R_E\right)+j\omega C_E R_E} \qquad (c)$$

となる。一般に $\dfrac{h_{fe}}{h_{ie}}R_E \gg 1$ であり，このとき近似的に $\dfrac{h_{fe}}{h_{ie}}R_E=\omega C_E R_E$ となる角周波数 ω で $|\dot{Z}|=\dfrac{1}{\sqrt{2}}$ となる（増幅度が 3 dB 低下する）。よって

$$\omega \fallingdotseq \frac{h_{fe}}{C_E h_{ie}}$$

が，バイパスコンデンサ C_E によって増幅度が 3 dB 低下する角周波数であり，このとき周波数 f_{ce} は

$$f_{ce} \fallingdotseq \frac{h_{fe}}{2\pi C_E h_{ie}}$$

となる。数値を入れて計算するとつぎのようになる。

$$f_{ce} \fallingdotseq \frac{150}{2\pi\times 47\times 10^{-6}\times 4\,200}=120\ \text{〔Hz〕}$$

例題に示すように，低域での周波数の低下は，C_E を用いた回路では，C_1 や C_2 の影響よりも大きいことになる。

また例題では，入力信号の内部抵抗 R_g を 0 として求めたが，R_g を無視できない場合には

$$f_{ce} \fallingdotseq \frac{1}{2\pi C_E R_E}\left(1+\frac{h_{fe}R_E}{R_g+h_{ie}}\right)$$

となる。

問 18. 図 2. 73 の回路で $f_{ce}=80\,\mathrm{Hz}$ にするには，C_Eをいくらにすればよいか。

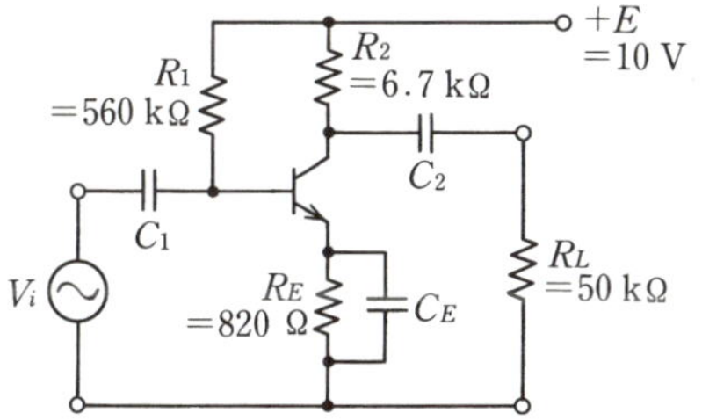

$h_{ie}=7.2\,\mathrm{k\Omega}$
$h_{fe}=220$

図 2. 73

2.4.3　出力波形のひずみ

1　入出力特性とひずみ　図 2. 74 は，入力の周波数を 1 kHz にして入力電圧 V_i を増加させたときの，出力電圧 V_o の大きさと波形を描いたものである。この特性を**入出力特性**という。

この特性図から，正しく増幅が行われる入力電圧の限界を知ることができる。すなわち，この回路では，V_i が約 20 mV までは V_i と V_o がほぼ比例しているが，それを超すと V_o は飽和を始め，波形も入力波形とは異なったひずんだものとなってくる。このように出力波形がひずみ始め，入力 V_i と出力 V_o が比例しなくなる点を**クリップポイント**（CP）といい，増幅の限界を示す目安となる。このため，入出力特性を**直線特性**（linear characteristic）とも呼んでいる。

ひずみの原因　入力電圧が大きくなったとき，出力波形がひずむ

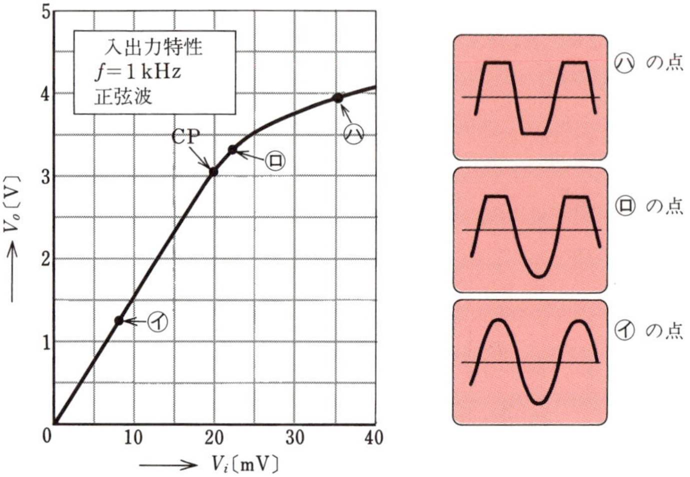

（a） V_i－V_o 特性　　（b） 出力波形

図 2. 74　入出力特性

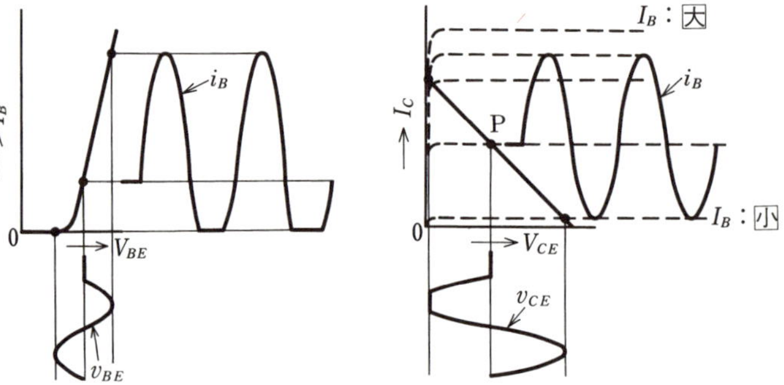

（a）　　（b）

図 2. 75　飽和とひずみの原因

原因は，図 2. 75 に示すような二つの原因によって生じる。

一つは，図（a）のように，ベース-エミッタ間電圧 v_{BE} が入力電圧に比例して変化しても，それが小さなときに，ベース電流 i_B が遮断されるためである。もう一つは，図（b）のように，i_Bが入力電圧に比例して変化しても，それが大きなときに，コレクタ電流が飽和してしまうためである。

問 19.　ある増幅回路で入力電圧を増加していき出力波形を観測していたら，図 2.76 のように，さきに v_{CE} の小さいほうからひずみ，そのあとで v_{CE} の大きいほうがひずんだ。その原因は，動作点がどのようになっているためか。

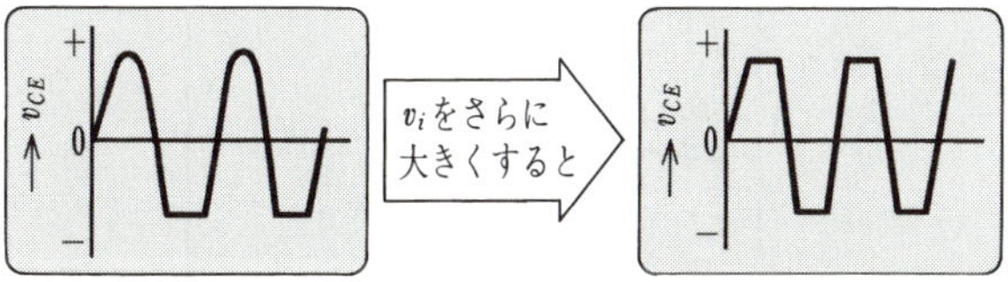

図 2.76

問 20.　ある増幅回路で，$V_i=25\,\mathrm{mV}$ のとき，図 2.77 のように片側だけひずんだ出力が出た。この回路の，クリップポイントでの入力電圧 V_i はおよそいくらか。また，小さな入力電圧のときの増幅度 A_V はいくらか。

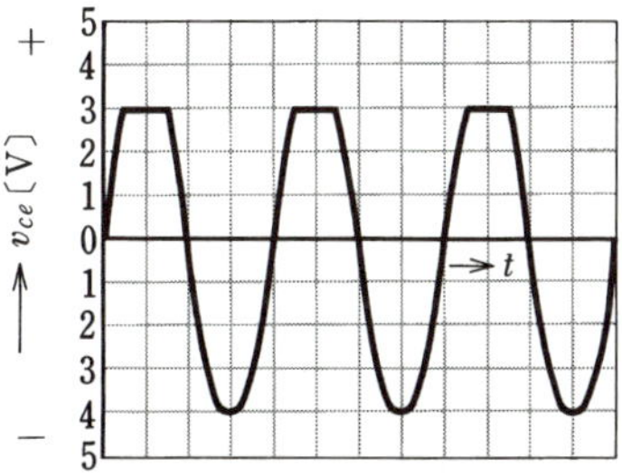

図 2.77

2　**ひずみ率**　波形のひずみの度合は，**ひずみ率**（distortion factor）で表す。ひずみ率は，ひずんだ波形が基本波と高調波の混合したものとして考えられるので，次式で表す。

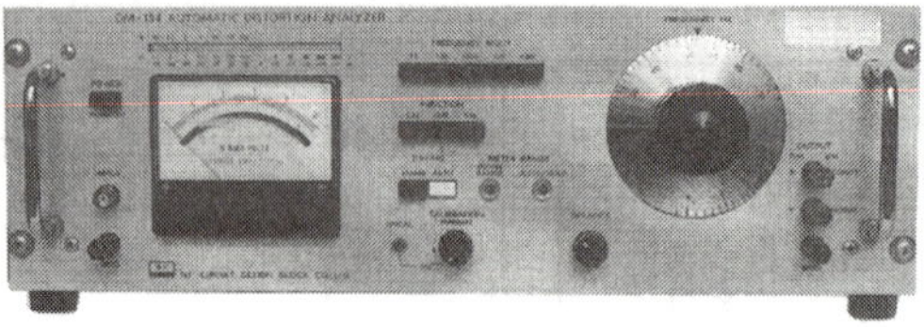

(a)　ひずみ率計

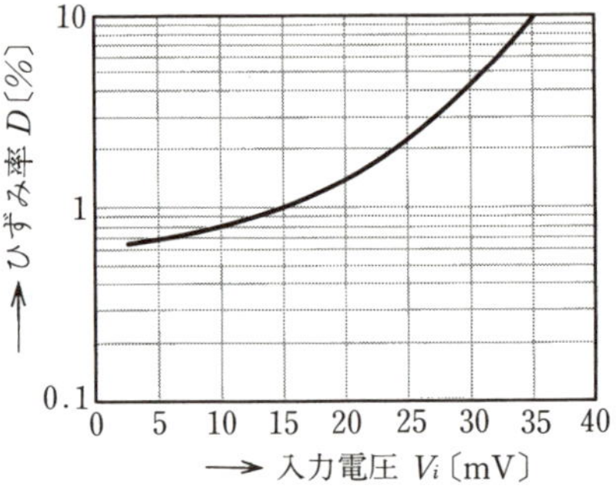

(b)　特　　性

図 2. 78　ひずみ率計とひずみ率特性

$$\text{ひずみ率} = \frac{\text{高周波成分}}{\text{基本波成分}} \times 100 \quad 〔\%〕$$

このひずみ率は，図 2. 78（a）に示すようなひずみ率計によって測定することができる。図（b）は，ひずみ率計によって測定した，図 2. 64 の増幅回路の入力電圧とひずみ率の関係の特性である。

2 練 習 問 題

❶　つぎの言葉を簡単に説明しなさい。

(a)　バイアス　(b)　増幅回路の直流回路　(c)　増幅回路の交流回路

❷ 図 *2. 79*（*a*）の回路で，入力に最大値 10 mV の交流電圧を加えたら，ベース電流 i_B は図（*b*）のように変化した。このとき，つぎの問に答えなさい。ただし，トランジスタの特性は図（*c*）とする。

（*a*）　バイアス（V_{CE}，I_C）を求めなさい。

（*b*）　コレクタ-エミッタ間電圧 v_{CE}，およびコレクタ電流 i_C の変化の様子を図で表しなさい。

（*c*）　電圧増幅度を求めなさい。

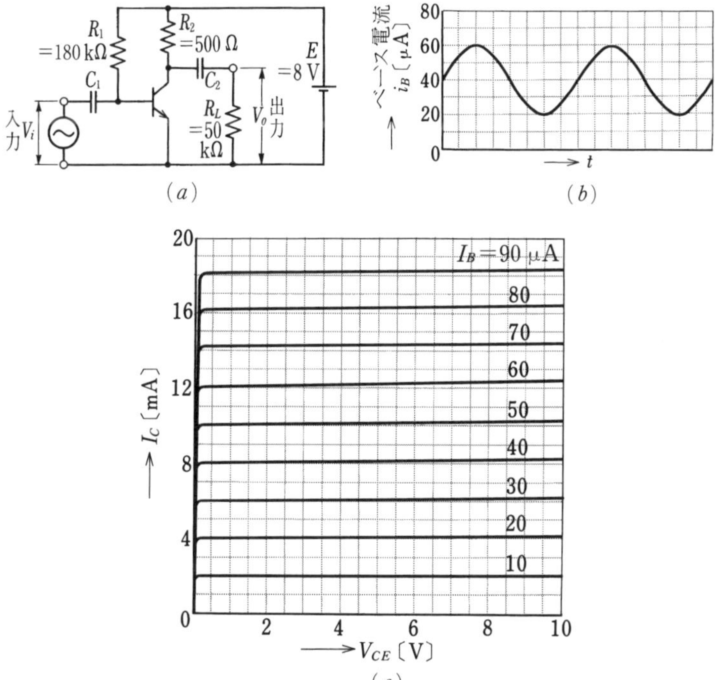

図 *2. 79*

❸ *h* パラメータによるトランジスタの等価回路を示し，その等価回路を用いるときの注意点を示しなさい。

❹ 図 *2. 79* の回路の電圧増幅度を，等価回路を用いて求めなさい。

❺　図 2.80（a）の回路の電圧増幅度（A_V〔倍〕と G_V〔dB〕）および入出力インピーダンス（Z_i，Z_o と回路全体の入出力インピーダンス Z_{i0}，Z_{o0}）を求めなさい。ただし，h パラメータは図（b）とし，バイアスは $I_C=1\,\text{mA}$ である。

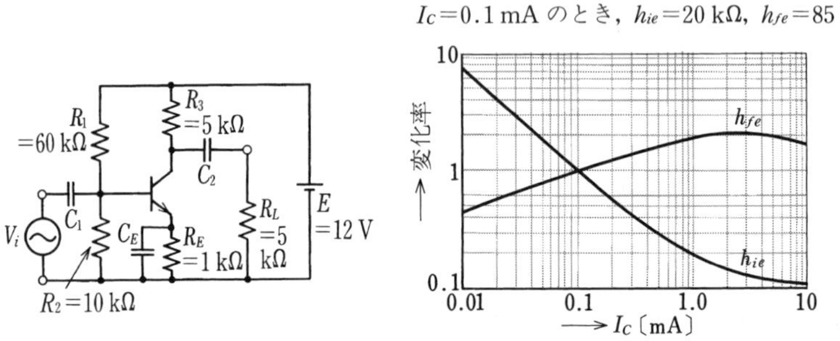

（a）　　（b）

図 2.80

❻　図 2.80（a）の回路で，$C_1=10\,\mu\text{F}$，$C_2=5\,\mu\text{F}$，$C_E=50\,\mu\text{F}$ であるとき，低域で電圧増幅度が 3 dB 低下する周波数を求めなさい。

❼　図 2.81（a），（b），（c）の回路のバイアス（I_C，V_{CE}）を求めなさい。ただし，トランジスタの $h_{FE}=150$，$V_{BE}=0.6\,\text{V}$ とする。

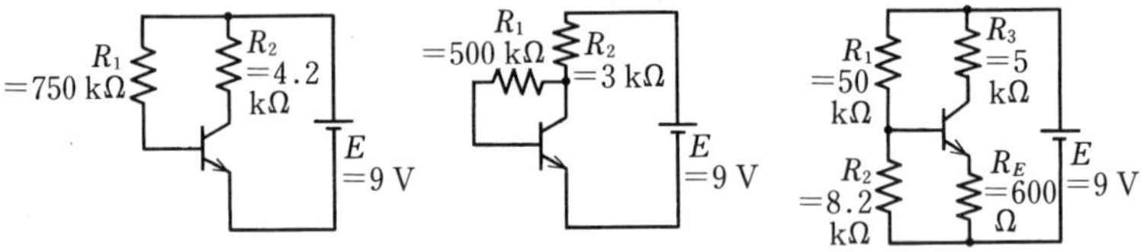

（a）　　（b）　　（c）

図 2.81

3

いろいろな増幅回路

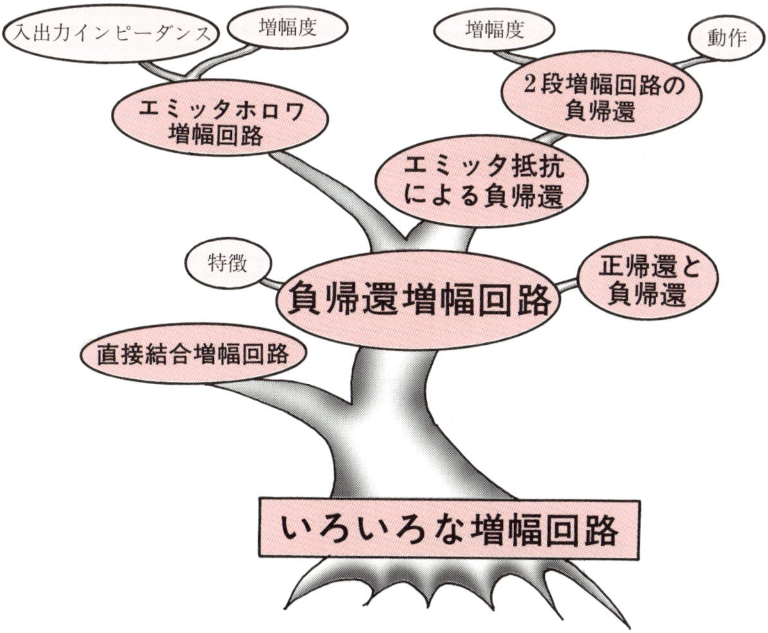

電子機器などで実際に使われている増幅回路は，安定に動作したり，目的とする特性が得られやすいように工夫されている。本章では，安定動作や特性改善の一つの方法である負帰還増幅回路を中心として，実際に使われているいろいろな増幅回路の構成法や特性について学ぶ。

3.1 負帰還増幅回路

増幅回路の特性は，周囲温度や使用する電圧，電流などいろいろな条件で変化する。このため，実際に使われる増幅回路では，これらの変化による影響を少なくするのに，「負帰還」という動作を行わせている。ここでは，この負帰還の意味と動作，負帰還を行った場合の特性について学ぶ。

3.1.1 負帰還増幅回路の動作と特徴

1 負帰還と正帰還　増幅回路の出力の一部をなんらかの方法で入力へ戻すことを，**帰還**（feedback）という。帰還には，図 3.1 のように，入力信号 V_i と帰還信号 V_f の位相関係から，つぎの二つに

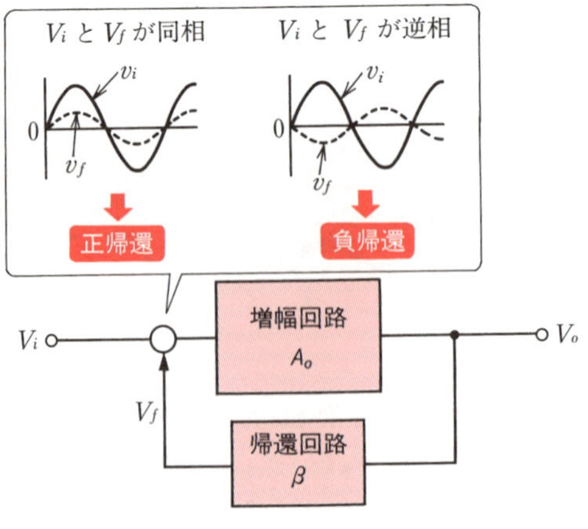

図 3.1　負帰還と正帰還

分けられる。

① V_i と V_f が同位相の帰還……**正帰還**（positive feedback）

② V_i と V_f が逆位相の帰還……**負帰還**（negative feedback）

この中で，負帰還は，増幅回路の特性改善のためによく使われており，この負帰還を行った増幅回路を**負帰還増幅回路**または NFB 増幅回路という。

2 増　幅　度　一般的に負帰還増幅回路を扱うときには，図 *3.2* に示すようなブロック図を用いる。図 *3.2* を利用して，負帰還増幅回路の増幅度 $A=\dfrac{V_o}{V_i}$ を求めてみよう。

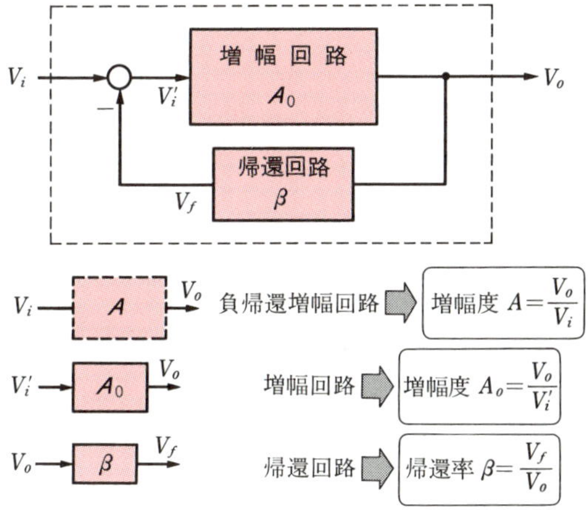

図 *3.2* 負帰還増幅回路のブロック図

（増幅回路だけの増幅度）　$A_0=\dfrac{V_o}{V_i'}$　　(*3.1*)

（帰還回路の帰還率）　$\beta=\dfrac{V_f}{V_o}$　　(*3.2*)

（負帰還増幅回路の増幅度）　$A=\dfrac{V_o}{V_i}$　　(*3.3*)

とすれば

$$V_i' = V_i - V_f \tag{3.4}$$

であるから，式（3.3），（3.4）から次式が成り立つ。

$$A = \frac{V_o}{V_i' + V_f} \tag{3.5}$$

式（3.5）の分母，分子を V_o で割り整理すると，次式になる。

$$A = \frac{\dfrac{V_o}{V_o}}{\dfrac{V_i'}{V_o} + \dfrac{V_f}{V_o}} = \frac{1}{\dfrac{1}{A_0} + \beta} = \frac{A_0}{1 + \beta A_0} \tag{3.6}$$

式（3.6）が，負帰還増幅回路全体の増幅度を表す式である。

また，A_0 が非常に大きく，$\dfrac{1}{A_0} \ll \beta$ であるときは，式（3.6）より

$$A = \frac{1}{\beta} \tag{3.7}$$

となる。

3　特　　徴

（a）　周波数特性が改善される　　負帰還を行わないときの増幅度を A_0，負帰還を行ったときの増幅度を A とすると，A_0 と A の間には

$$A = \frac{A_0}{1 + \beta A_0} = \frac{1}{\dfrac{1}{A_0} + \beta}$$

の関係がある。したがって，A が A_0 より小さくなる割合は，A_0 が大きいほど大きい。このため図 3.3 に示すように，すべての周波数域において増幅度 A は A_0 より小さくなる。しかし，A_0 が図のように周波数の影響を受けるのに対し，β は周波数の影響を受けない。このため，低域周波数や高域周波数のところで，A は A_0 よりあまり小さくならない。その結果，周波数帯域幅は負帰還のあるほうが広くな

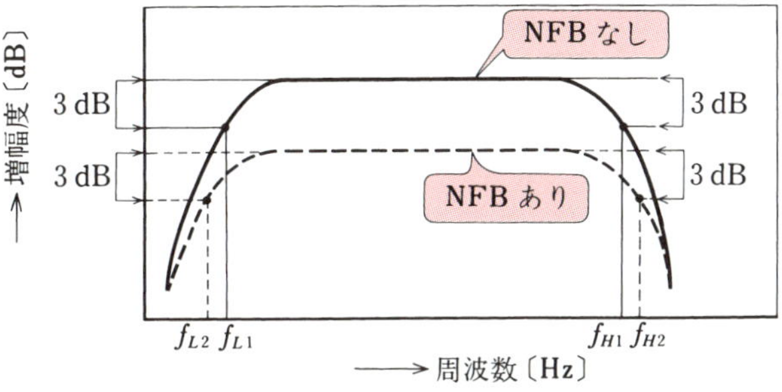

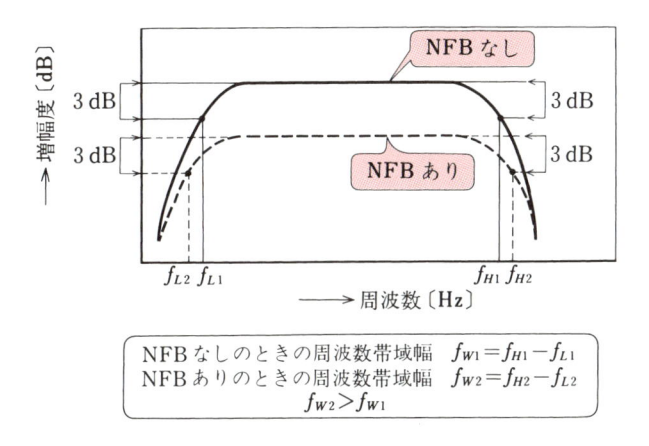

NFBなしのときの周波数帯域幅　$f_{W1}=f_{H1}-f_{L1}$
NFBありのときの周波数帯域幅　$f_{W2}=f_{H2}-f_{L2}$
$f_{W2}>f_{W1}$

図 3.3　周波数帯域幅の変化

り，周波数特性が改善される。

(***b***)　**増幅度が安定する**　　前に示したように，$\dfrac{1}{A_0}\ll\beta$ となるように A_0 と β を決めれば

$$A=\frac{1}{\beta}$$

であるから，増幅度は帰還率 β で決まる。一般に帰還回路は，抵抗などの特性の安定した素子で構成するので，β の値は安定したものになり，その結果増幅度も，温度変化，電源の変化，h パラメータの変化に影響されない安定したものになる。

このほかにも負帰還は利点が多いが，帰還信号 V_f がもとの V_i とどのような場合でも，逆位相でないと特定の周波数で増幅度が上昇したり，ときには発振したりすることがある。

3.1.2　エミッタ抵抗による負帰還

図 3.4 は，2 章で調べた増幅回路のエミッタに，抵抗 R_E を入れ

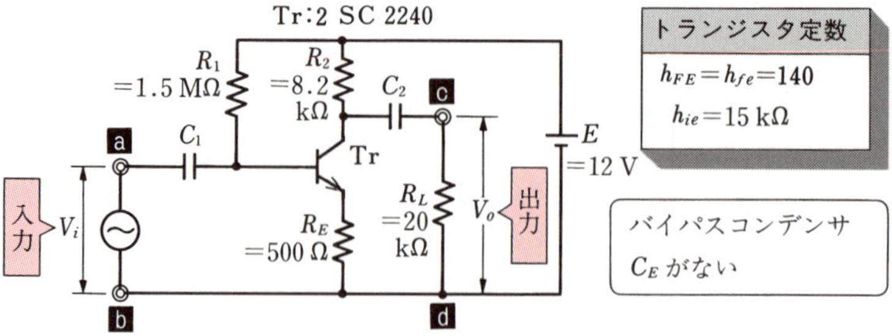

(a)　回　路　図

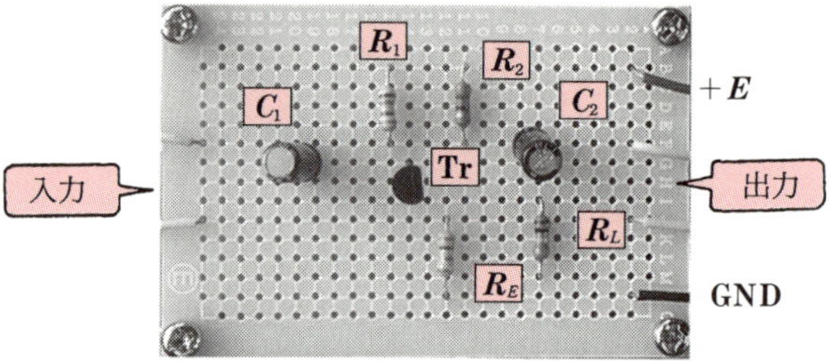

(b)　製　作　例

図 3.4　簡単な負帰還増幅回路

ただけの回路であるが，これだけで負帰還増幅回路になる。

1　負帰還の動作　図 3.4 の回路の交流回路は図 3.5 のようになる。これからわかるように，抵抗 R_E の両端に生じる電圧 v_f は

$$v_f=R_Ei_e \fallingdotseq R_Ei_c=\frac{R_E}{R_L'}v_o$$

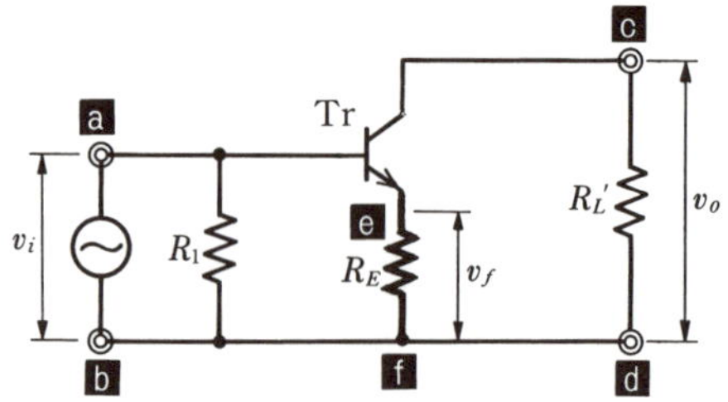

図 3.5　交 流 回 路

であるから，出力 v_o に比例した電圧となる。また，この v_f と，入力端子に加えられている入力 v_i とは，図 3.6 に示すように，たがいに逆位相の関係でトランジスタのベース-エミッタ間へ加わる。このことから，この回路で負帰還が行われていることがわかる。

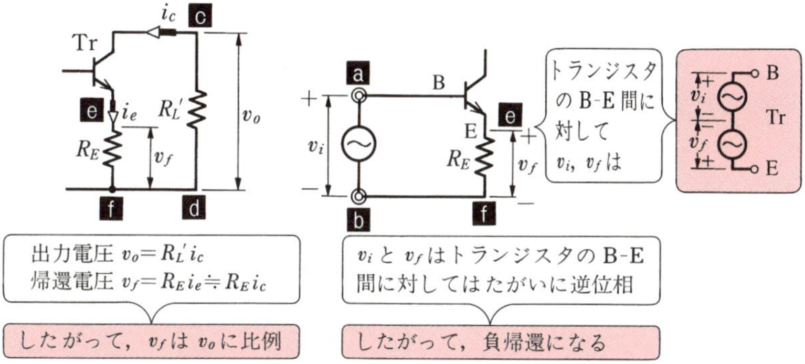

(a) v_o と v_f の大きさの関係　　(b) v_f と v_i の位相関係

図 3.6　v_o，v_f，v_i の関係

2 増　幅　度　図 3.4 の回路の増幅度を，式 (3.6) を用いて求めてみよう。

(a) 負帰還がないときの増幅度 A_0　負帰還が行われないとき，すなわち R_E がないときには，図 3.7 の交流回路となり，この場合

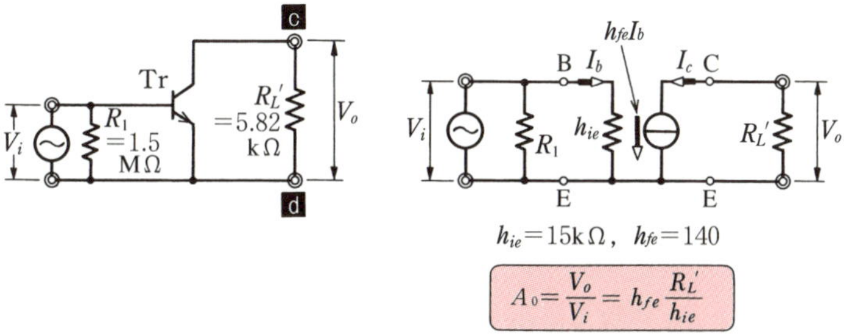

(a) 交 流 回 路　　(b) 等 価 回 路

図 3.7　負帰還がないときの増幅度 A_0

の増幅度は 2.3.2 項（c）で学んだように

$$A_0 = h_{fe}\frac{R_L'}{h_{ie}} \tag{3.8}$$

となる。数値を入れて計算するとつぎのようになる。

$$R_L' = \frac{1}{\dfrac{1}{R_2}+\dfrac{1}{R_L}} = \frac{1}{\dfrac{1}{8.2}+\dfrac{1}{20}} \fallingdotseq 5.82 \text{〔k}\Omega\text{〕}$$

$$A_0 = 140\times\frac{5.82}{15} \fallingdotseq 54.3$$

(*b*)　帰 還 率 *β*　　β は帰還電圧 V_f と出力 V_o との比であるから，$I_c \gg I_b$ として，図 3.8 から

$$\beta = \frac{V_f}{V_o} = \frac{R_E(I_b+I_c)}{R_L' I_c} = \frac{(1+h_{fe})R_E}{R_L' h_{fe}} \fallingdotseq \frac{R_E}{R_L'} \tag{3.9}$$

となる。数値を入れて計算するとつぎのようになる。

$$\beta = \frac{0.5}{5.82} \fallingdotseq 0.0859$$

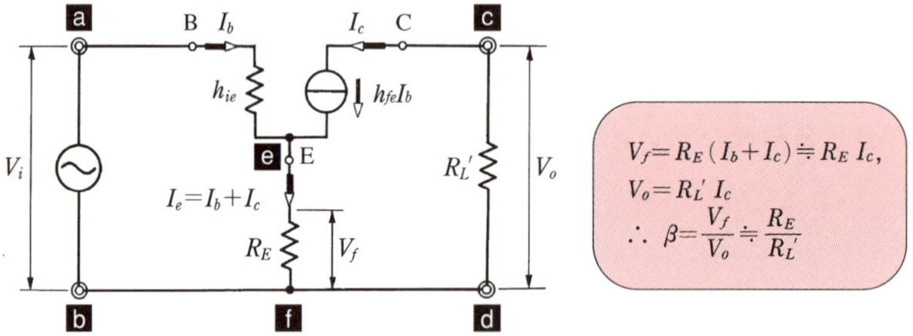

図 3.8　帰 還 率 *β*

(*c*)　回路全体の増幅度 *A*　　A_0 と β が求まったので，式（3.6）を利用すると A はつぎのようになる。

$$A = \frac{A_0}{1+\beta A_0} = \frac{54.3}{1+0.0859\times 54.3} \fallingdotseq 9.59$$

3　入力インピーダンス　　図 3.8 から，入力側の回路につい

ては次式が成り立つ。

$$V_i = h_{ie}I_b + R_E(I_b + I_c)$$
$$= h_{ie}I_b + (1 + h_{fe})R_E I_b$$
$$= \{h_{ie} + (1 + h_{fe})R_E\}I_b \qquad (3.10)$$

この式は，図 3.9（b）の回路で成り立つ式と等しく，入力インピーダンス Z_i は

$$Z_i = h_{ie} + (1 + h_{fe})R_E \qquad (3.11)$$

となる。

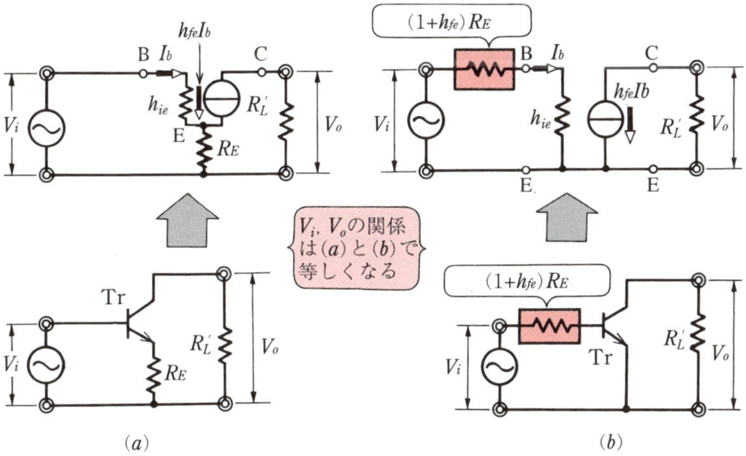

図 3.9 R_E の影響

図 3.4 の回路の場合，数値を入れて計算すると，次式のようになる。

$$Z_i = 15 + (1 + 140) \times 0.5 = 85.5 \text{〔k}\Omega\text{〕}$$

一般に，**エミッタに入れた R_E の抵抗は，ベースに $(1 + h_{fe})R_E$ の抵抗を入れたのと等しい働きを持っている。**

例 題　1.

図 3. 4 の回路の増幅度 $\dfrac{V_o}{V_i}$ を，図 3. 8 の交流回路から直接求めなさい。

解 答

$$V_i = h_{ie}I_b + R_E(I_b + I_c) \qquad (a)$$

$$V_o = R_L{}'I_c \qquad (b)$$

$$I_c = h_{fe}I_b \qquad (c)$$

式 (a)，(c) から

$$V_i = \{h_{ie} + (1 + h_{fe})R_E\}I_b \qquad (d)$$

式 (b)，(d) から

$$A = \frac{V_0}{V_i} = \frac{h_{fe}R_L{}'}{h_{ie} + (1 + h_{fe})R_E} \qquad (e)$$

数値を入れて計算すると

$$A = \frac{140 \times 5.82}{15 + (1 + 140) \times 0.5} \fallingdotseq 9.53$$

問 1.　図 3. 4 の回路で，入力端子から見た増幅回路の入力インピーダンスはいくらになるか。

問 2.　図 3. 10 の回路の増幅度と，入力端子から見た入力インピーダンスを求めなさい。

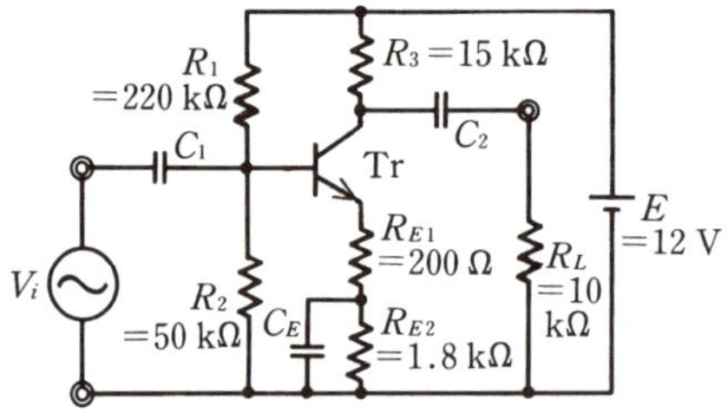

トランジスタ定数

h_{ie}	h_{fe}
12 kΩ	150
h_{oe}，h_{re} は小さいとして無視してよい	

図 3. 10

3.1.3 2段増幅回路の負帰還

図 3.11 の回路は，2段増幅回路の出力から R_F によって負帰還を行った回路である。

トランジスタ定数

	h_{ie}	h_{fe}
Tr_1	12 kΩ	120
Tr_2	3.7 kΩ	150

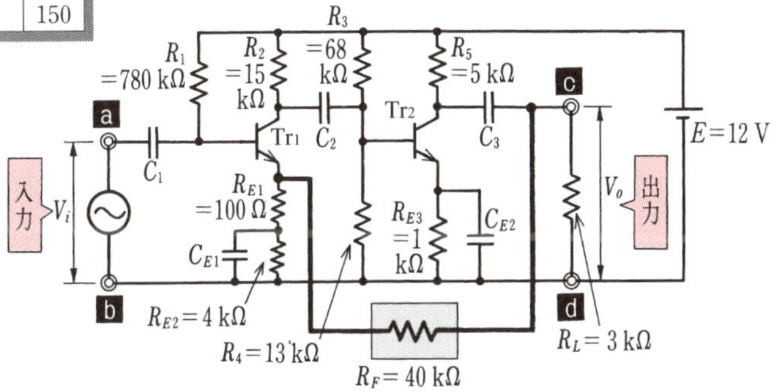

図 3.11　2段増幅回路の負帰還

1　負帰還の回路の動作　交流回路を描くと図 3.12 のようになる。

この回路で R_F をはずせば，Tr_1の回路はエミッタ抵抗 R_{E1} によって負帰還が行われている回路であり，Tr_2 の回路は基本の増幅回路である。

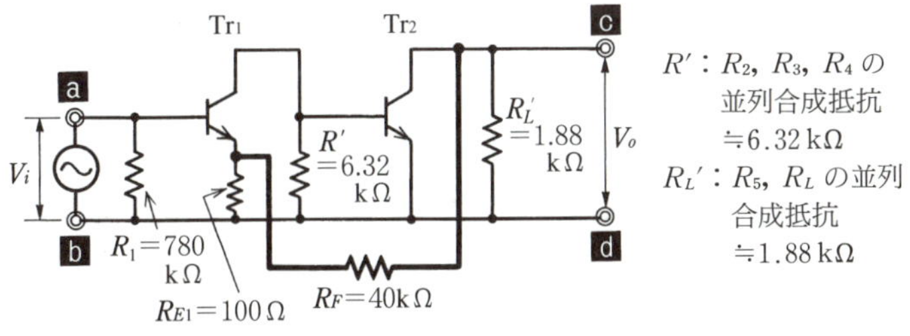

R'：R_2, R_3, R_4 の並列合成抵抗 ≒6.32 kΩ

R_L'：R_5, R_L の並列合成抵抗 ≒1.88 kΩ

図 3.12　交流回路

R_F をつなぐと，図 3. 13 の回路からわかるように，出力 V_o に比例した電圧 V_f が R_{E1} の両端に生じ，しかも位相は図 3. 14 に示すように，v_i と v_f は逆位相になるので負帰還が行われていることになる。

$R_{E1} \ll R_F$, $R_L' \ll R_F$ ならば，V_o と V_f の関係は $V_f \fallingdotseq \dfrac{R_{E1}}{R_F + R_{E1}} V_o$ となる

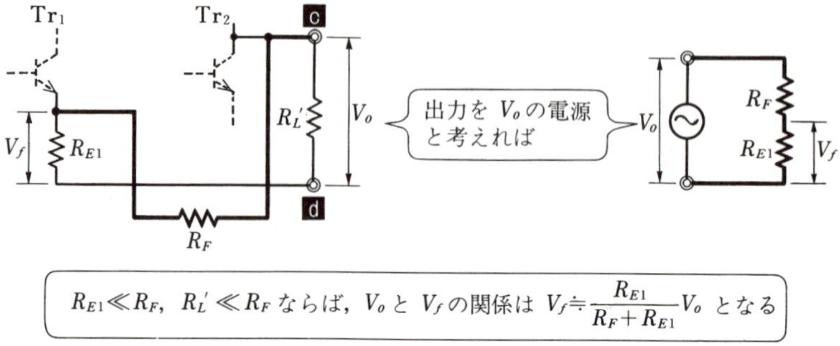

図 3. 13　V_o，V_f の大きさの関係

v_i と v_f は Tr_1 の B-E 間に対しては逆位相になる

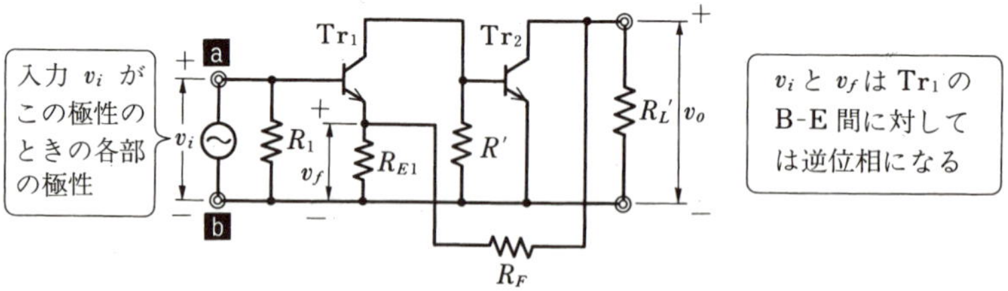

図 3. 14　V_o，V_f，V_i の位相関係

2　増　幅　度　等価回路を用いて交流回路を表すと，図 3. 15 のようになる。ただし，h_{fe1}，h_{ie1} および h_{fe2}，h_{ie2} は，それぞれ Tr_1，Tr_2 の h パラメータ，R' は R_2，R_3，R_4 の並列抵抗である。

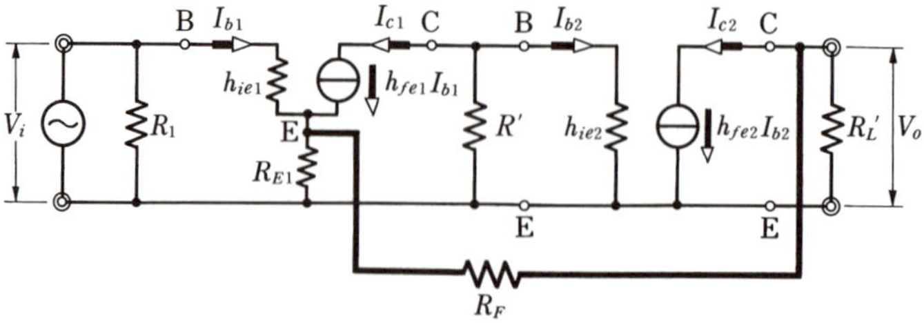

図 3. 15　等価回路で表した交流回路

この交流回路から直接に増幅度 $A=\frac{V_o}{V_i}$ を求めるのは大変であるので，「R_F をはずしたときの増幅度 A_0」と「帰還率 β」とを求めてから

$$A=\frac{A_0}{1+\beta A_0}$$

を利用して A を求める。ただし，R_F をはずしても，Tr_1 と R_{E1} によってエミッタ抵抗による負帰還は行われているので，A_0 を求めるときには注意しなければならない。

(a) A_0　R_F をはずして Tr_1 の回路を描き出すと図 3.16 (a) になる。この回路の増幅度 A_1は，本章の例題 1. で求めたように次式で求められる。

$$A_1=h_{fe1}\frac{R_{L1}'}{h_{ie1}+(1+h_{fe1})R_{E1}}$$

ただし，R_{L1}' は R' と h_{ie2} の並列合成抵抗，すなわち R_2，R_3，R_4，h_{ie2} の並列合成抵抗である。

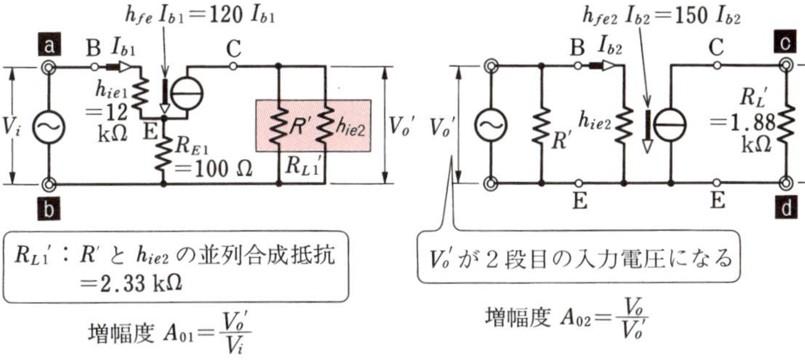

(a) 1段目の回路　　(b) 2段目の回路

図 3.16　R_F をはずした回路

数値を入れて計算すると

$$R_{L1}'=\frac{6.32\times3.7}{6.32+3.7}=2.33\,〔\mathrm{k\Omega}〕$$

$$A_1 = 120 \times \frac{2.33}{12 + 121 \times 0.1} \doteqdot 11.6 \text{〔倍〕}$$

となる。

Tr_2 の回路をかき出すと図（b）になる。この回路の増幅度 A_2 は，基本回路の増幅度を求める式を利用して，次式で求められる。

$$A_2 = h_{fe2} \frac{R_L'}{h_{ie2}}$$

数値を入れて計算すると

$$A_2 = 150 \times \frac{1.88}{3.7} \doteqdot 76.2$$

となる。

したがって，A_0 は

$$A_0 = A_1 A_2 = 11.6 \times 76.2 \doteqdot 884$$

となる。

（***b***）　***β***　　R_F をつないだときに，V_o によって R_{E1} に生じる電圧を V_f とすれば，$\beta = \dfrac{V_f}{V_o}$ であり，$R_{E1} \ll R_F$，$R_L' \ll R_F$ ならば

$$\beta = \frac{R_{E1}}{R_F + R_{E1}}$$

となる。数値を入れて計算すると

$$\beta = \frac{0.1}{40 + 0.1} \doteqdot 2.49 \times 10^{-3}$$

（***c***）　***A***　　$A = \dfrac{A_0}{1 + \beta A_0}$ であるから，A は

$$A = \frac{884}{1 + 2.49 \times 10^{-3} \times 884} \doteqdot 276 \text{〔倍〕}$$

問 3.　図 3.17 の回路において，つぎのものを求めなさい。

（a）　R_F をはずしたときの増幅度 A_0

（b）　R_F を入れた回路全体の増幅度 A

（c）　入力端子から見た入力インピーダンス Z_{i0}

トランジスタ定数

	h_{ie}	h_{fe}
Tr_1	14 kΩ	130
Tr_2	5 kΩ	170

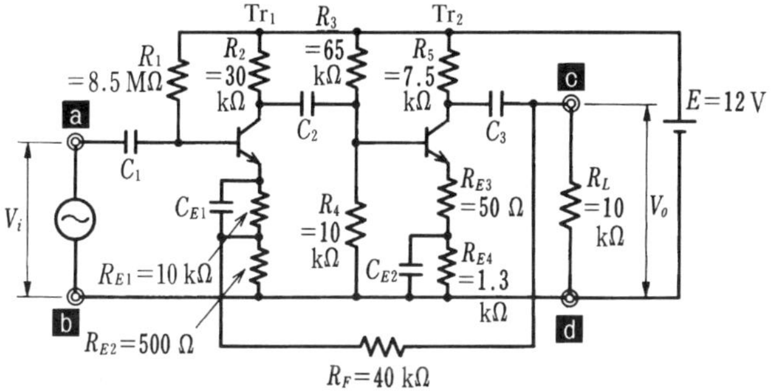

図 3.17

3.2 エミッタホロワ増幅回路

電圧増幅を目的としないで，インピーダンスの変換をおもな目的として利用される増幅回路が，エミッタホロワ増幅回路である。ここでは，この回路の特性について負帰還増幅回路の考え方を使って学ぶ。

3.2.1 回路の動作

図 3.18 は，エミッタ抵抗 R_E の両端から出力を取る回路であり，**エミッタホロワ増幅回路**と呼ばれる。この回路は，出力 V_o が全部負帰還される回路であり，いままでの増幅回路とは異なった性質を持っている。

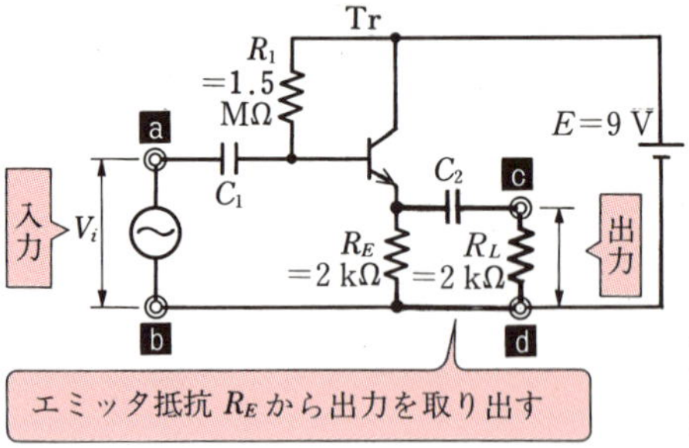

トランジスタ定数

h_{ie}	h_{fe}
12 kΩ	180

(a)　回　路　図

図 3.18　エミッタホロワ増幅回路

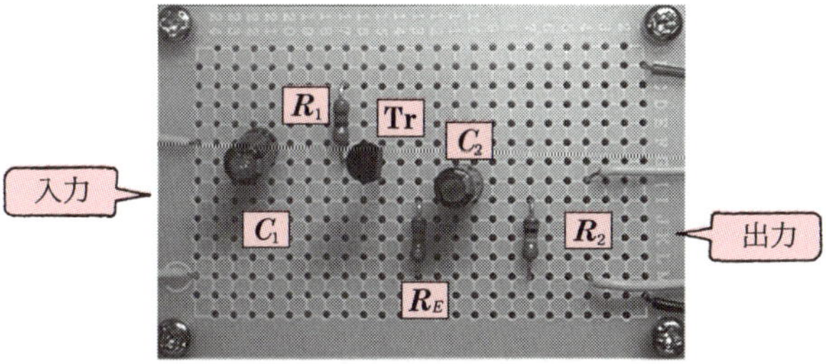

(b) 製 作 例

図 3.18 エミッタホロワ増幅回路（つづき）

3.2.2 増 幅 度

交流回路を描くと図 3.19 になる。この回路から，増幅度 A はつぎのようになる。

$$V_i = h_{ie} I_b + (1 + h_{fe}) R_L{}' I_b$$

$$V_o = (1 + h_{fe}) R_L{}' I_b$$

$$\therefore \quad A = \frac{V_o}{V_i} = \frac{(1 + h_{fe}) R_L{}'}{h_{ie} + (1 + h_{fe}) R_L{}'} \qquad (3.12)$$

一般に，$h_{ie} \ll (1 + h_{fe}) R_L{}'$ となるので，式 (3.12) はつぎのようになる。

$$A \fallingdotseq \frac{(1 + h_{fe}) R_L{}'}{(1 + h_{fe}) R_L{}'} \fallingdotseq 1 \qquad (3.13)$$

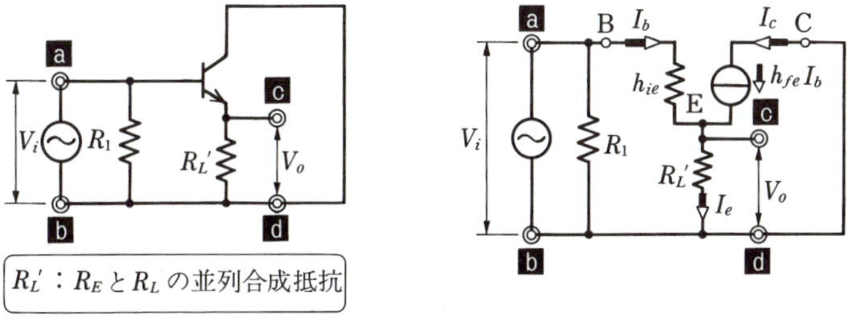

(a) 回 路 図　　(b) 等 価 回 路

図 3.19 交 流 回 路

すなわち，エミッタホロワ増幅回路では，電圧増幅度は 1 となる。

問 *4.*　エミッタホロワ増幅回路の電流増幅度 A_I と電力増幅度 A_P はどのようになるか。

3.2.3　入出力インピーダンス

1　**入力インピーダンス Z_i**　　図 3.20 に示すように，エミッタに入る抵抗 R_L' は，ベースへ $(1+h_{fe})R_L'$ の抵抗を接続するのと等しい働きを持っているので，B-G 間から見た入力インピーダンス Z_i はつぎのようになる。

$$Z_i = h_{ie} + (1+h_{fe})R_L' \fallingdotseq (1+h_{fe})R_L' \tag{3.14}$$

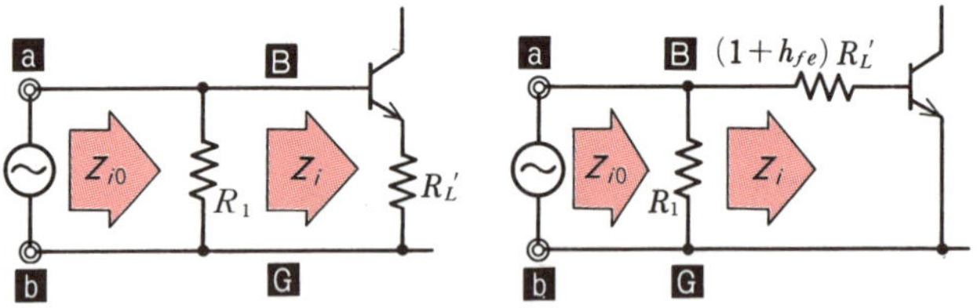

図 3.20　入力インピーダンス

したがって，エミッタホロワ増幅回路では，入力インピーダンスを大きくすることができる。

また，入力端子から見た入力インピーダンス Z_{i0} は，R_1 が Z_i と並列に加わるので

$$Z_{i0} = \frac{R_1 Z_i}{R_1 + Z_i}$$

となる。

問 *5.*　図 3.18 の回路の Z_i と Z_{i0} を求めなさい。

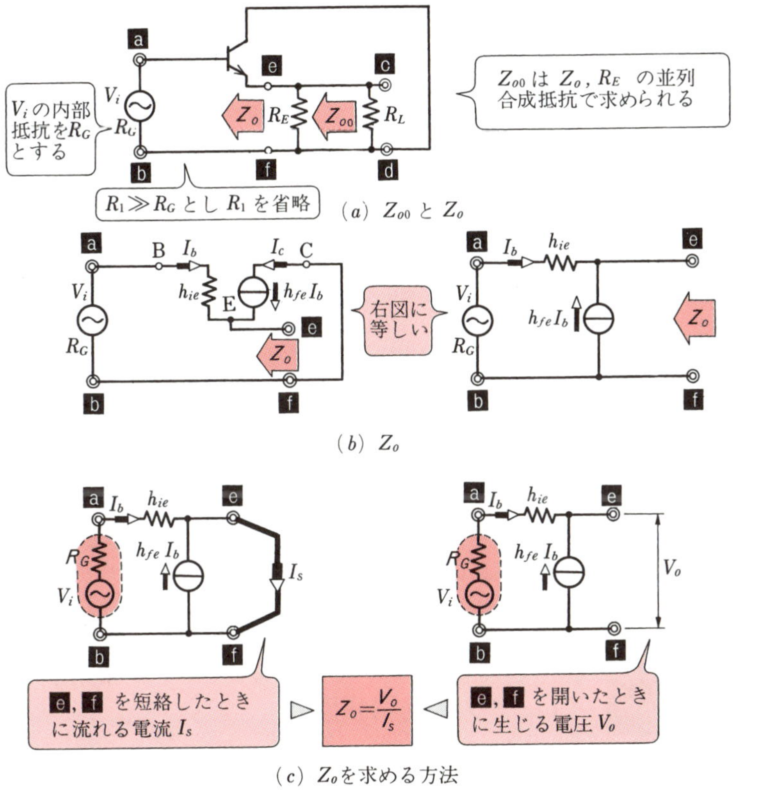

(a) Z_{o0}とZ_o

(b) Z_o

(c) Z_oを求める方法

図 3.21　出力インピーダンス

2　出力インピーダンス Z_o　図 3.21 において，出力インピーダンス Z_o は，R_E を短絡したときに流れる電流 I_s と，R_E を開いたときに生じる電圧 V_o によって，次式で求められる。

$$Z_o = \frac{V_o}{I_s} \tag{3.15}$$

したがって，図 3.21 (c) から

$$I_s = (1 + h_{fe})\,I_b,\quad I_b = \frac{V_i}{h_{ie} + R_G}$$

であるから

$$I_s = (1+h_{fe})\frac{V_i}{h_{ie}+R_G}$$

また

$$V_o = V_i$$

であるから

$$Z_o = \frac{V_o}{I_s} = \frac{h_{ie}+R_G}{1+h_{fe}} \tag{3. 16}$$

となる。

一般に，エミッタホロワ増幅回路は電圧増幅度が 1 であり，Z_i は大きく，Z_o は小さな値となるので，インピーダンス変換回路として用いられる。

問 6. 図 3. 18 の回路の Z_o および Z_{o0} を求めなさい。ただし，$R_G = 1\,\text{k}\Omega$ とする。

3.2.4 コレクタ接地増幅回路

エミッタホロワ増幅回路の交流回路は，図 3. 22 のようにも表すことができる。この回路は，入出力の共通端子としてコレクタを用いているので，**コレクタ接地増幅回路**または**コレクタ共通接続増幅回路**とも呼ばれる。

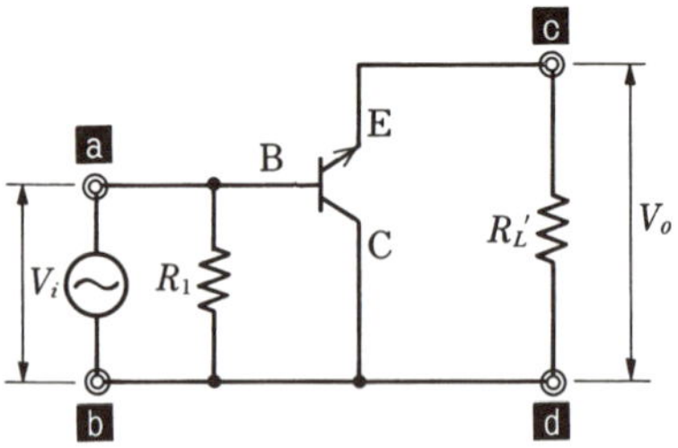

図 3. 22　コレクタ接地増幅回路

3.3 直接結合増幅回路

RC 結合増幅回路は，結合コンデンサによって交流分だけを増幅する。直流分はコンデンサによって遮断されるので，超低周波信号や直流信号などを増幅することはできない。結合コンデンサを使わないで，前段と後段を直接結合するものを**直接結合増幅回路**または**直結増幅回路**という。

3.3.1 回路の動作

図 3.23 のエミッタ接地の 2 段直結増幅回路は，Tr_1 のバイアスを，Tr_2 のエミッタ回路から Tr_1 のベースに接続した帰還抵抗 R_F から得ている。

Tr_1 に流れているコレクタ電流 I_C がなんらかの原因で，増加（または減少）し始めようとすると，Tr_1 のコレクタ電圧は低下（または上昇）する。これにより Tr_2 のエミッタ電圧も低下（または上昇）するが，帰還抵抗 R_F に流れる電流も減少（または増加）する。帰還抵抗 R_F に流れる電流は Tr_1 のベース電流そのものなので，この電流が減る（増える）と Tr_1 のコレクタ電流も減少（増加）する。すなわち，I_C に変化があっても，もとの値を維持しようとする作用が帰還抵抗 R_F により行われる。これは直流分の負帰還回路なので，交流分に対して負帰還回路とはならないため，回路のバイアスの安定化が

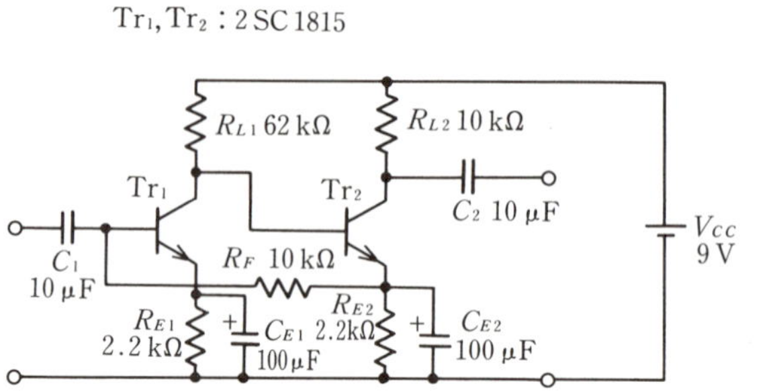

(a) 回　路　図

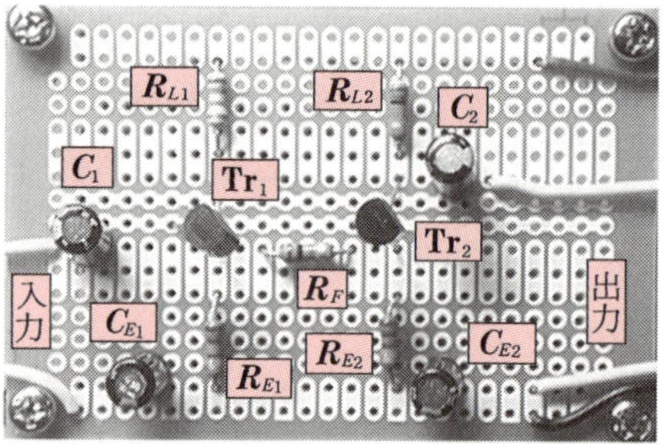

(b) 製　作　例

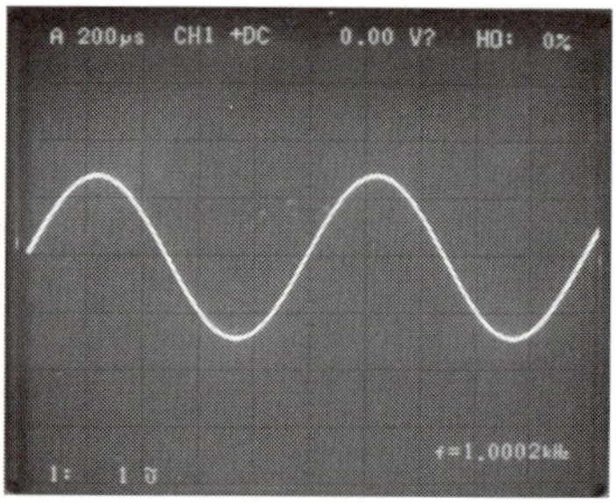

(c) 出 力 波 形

図 3.23　エミッタ接地の2段直結増幅回路

行われる。

3.3.2　増　幅　度

直結増幅回路の電圧増幅度は，図 3.24 の等価回路より求める。

1段目の電圧増幅度 A_{V1} は

$$A_{V1}=h_{fe1}\frac{R_L'}{h_{ie1}}=130\times\frac{8.6\times10^3}{30\times10^3}=37.3$$

2段目の電圧増幅度 A_{V2} は

$$A_{V2}=h_{fe2}\frac{R_L''}{h_{ie2}}=140\times\frac{10\times10^3}{10\times10^3}=140$$

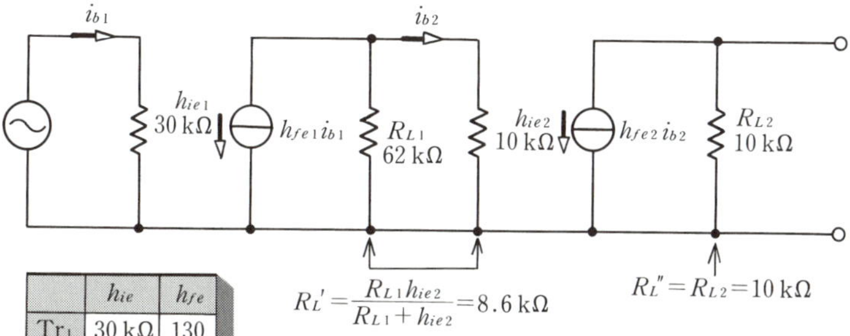

	h_{ie}	h_{fe}
Tr_1	30 kΩ	130
Tr_2	10 kΩ	140

図 3. 24

直結増幅回路全体の増幅度 A_V, G_V は

$$A_V = A_{V1} \cdot A_{V2} = 37.3 \times 140 \fallingdotseq 5\,200$$

$$G_V = 20 \log_{10} A_V = 20 \log_{10} 5\,200 \fallingdotseq 74.3 \text{〔dB〕}$$

となる。

3 練　習　問　題

❶ 負帰還と正帰還の違いを示しなさい。また，増幅回路に負帰還が多く利用される理由を簡単に示しなさい。

❷ 図 3. 25 の回路において，つぎの問に答えなさい。

(a) 回路の電圧増幅度および入力端子から見た入力インピーダンスを求めなさい。

(b) バイアスを変えずに，入力端子から見た入力インピーダンスを 100 kΩ 以上にするには，R_{E1}，R_{E2} をいくらにすればよいか。また，そのときの電圧増幅度はいくらか。

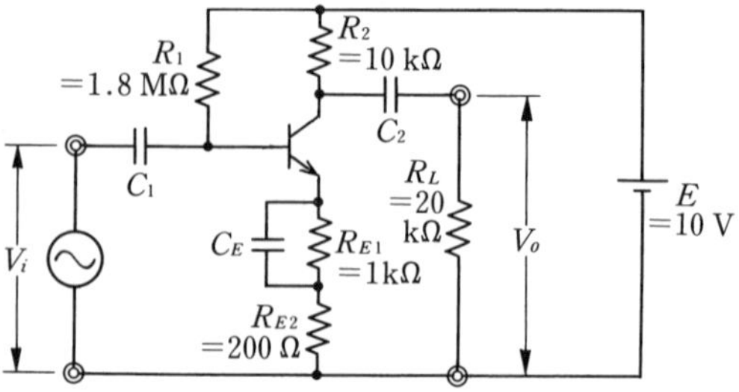

$h_{fe}=120$,　$h_{ie}=8\ \text{k}\Omega$

図 3. 25

❸ 図 3. 26 の回路において，つぎの問に答えなさい。

(a)　Tr_1 のバイアスが $I_C=0.5\,\text{mA}$，$V_{CE}=3.5\,\text{V}$ となるように，R_1，R_{E1} を決めなさい。ただし，$V_{BE1}=0.6\,\text{V}$ とする。

(b)　R_F をはずしたときの電圧増幅度 $\dfrac{V_o}{V_i}$ を求めなさい。ただし，R_1，R_{E1} は（a）で求めた値とする。

(c)　R_F を接続したとき，電圧増幅度を 30 倍にするには，R_F をいくらにすればよいか。

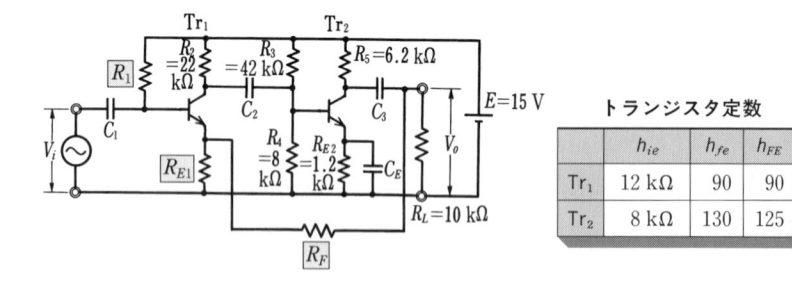

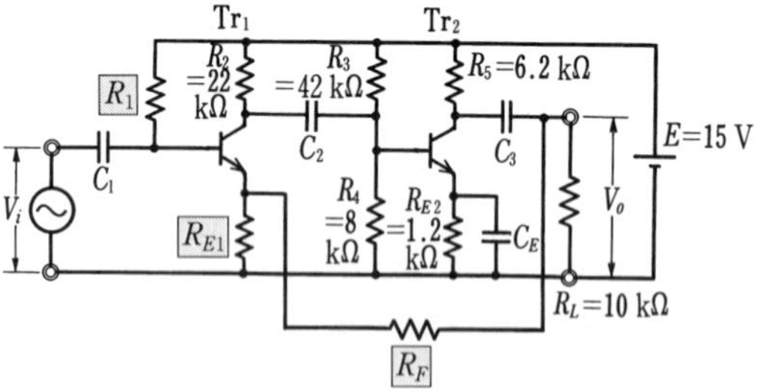

トランジスタ定数

	h_{ie}	h_{fe}	h_{FE}
Tr_1	12 kΩ	90	90
Tr_2	8 kΩ	130	125

図 3. 26

❹ エミッタホロワ増幅回路の特徴を示しなさい。

4

差動増幅回路

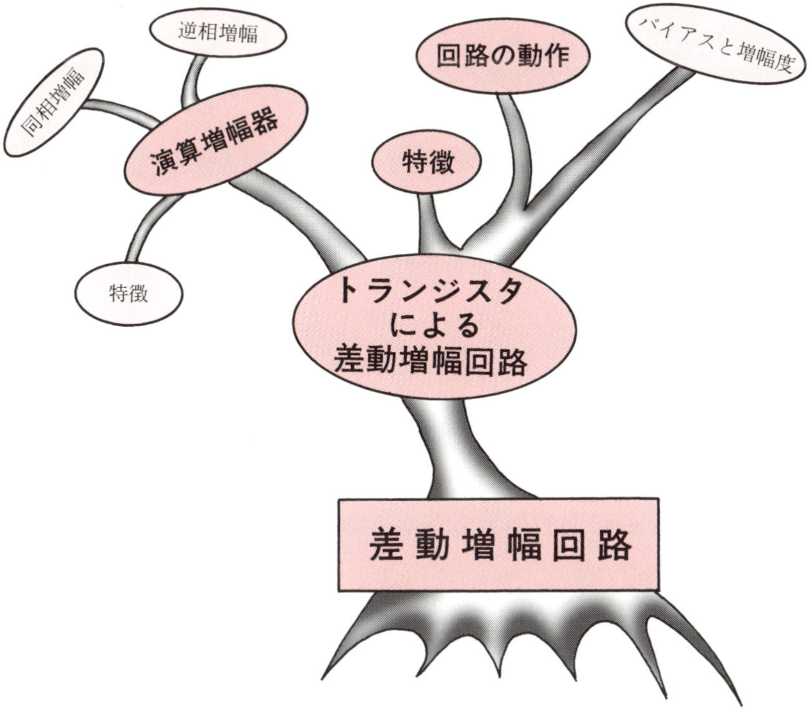

増幅回路は，小さな基板内に多くの半導体素子や抵抗を収め配線をした集積回路として作られることがある。この集積回路では，二つのトランジスタを組み合わせた差動増幅回路が基本となる。本章では，差動増幅回路の原理を学ぶとともに，代表的な集積増幅回路である演算増幅回路の基本的な使い方を学ぶ。

4.1 トランジスタによる差動増幅回路

二つのトランジスタを使い，それぞれの入力の差を増幅する増幅回路が差動増幅回路である。安定した特性が得られるため，集積化された増幅回路の入力などによく使われる。ここでは，この回路の動作や特性について学ぶ。

4.1.1 回路の動作

図 *4.1* は，特性の等しいトランジスタ 2 個のエミッタを共通に接続し，それぞれのベースを入力にし，またコレクタを出力にした回路である。この回路では，入力 V_{i1}，V_{i2} の差の電圧を増幅し，また出力 V_{o1}，V_{o2} には，たがいに逆位相の電圧を得ることができる。

つぎに動作を調べてみる。

1　**v_{i1}，$v_{i2}=0$ のとき**　入力のないときの電圧電流すなわちバイアスは，回路が対称であるから，両トランジスタともに I_C，V_{CE}，V_{BE} は等しい。

2　**v_{i1} のみ入力が加わったとき**　交流分の回路を考えると，図 *4.2*（*a*）のように，両トランジスタのベースに電圧 v_{i1} が加わる。よって，v_{i1} によって起こるコレクタ電流の変化は，図（*b*）のように，バイアスを中心に v_{i1} に比例した大きさで起こり，i_{C1} が増加のときには i_{C2} は減少し，i_{C1} が減少のときには i_{C2} は増加する。したが

Tr_1, Tr_2：2 SC 1815　　$h_{fe}=180$，$h_{ie}=6.5\,k\Omega$，$h_{FE}=150$

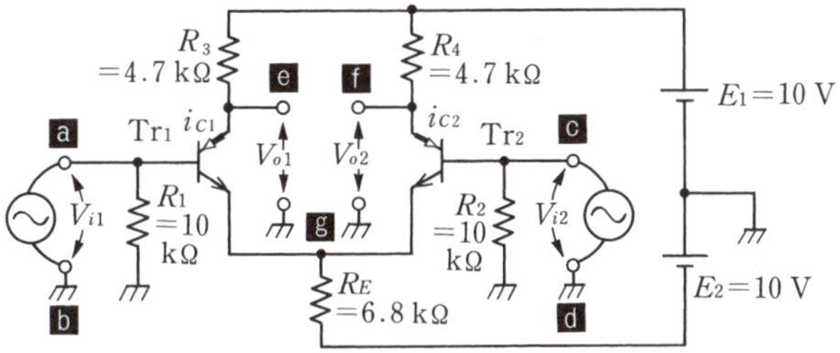

(a)　回　路　図

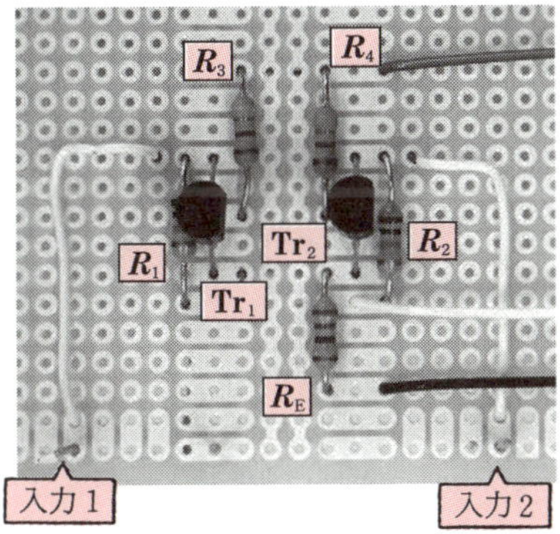

(b)　製　作　例

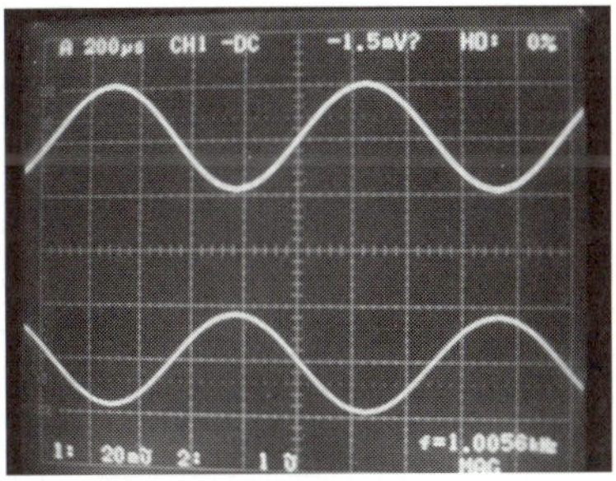

(c)　入力が v_{i1} のみのときの v_{i1}（上）と v_{o1}（下）の波形

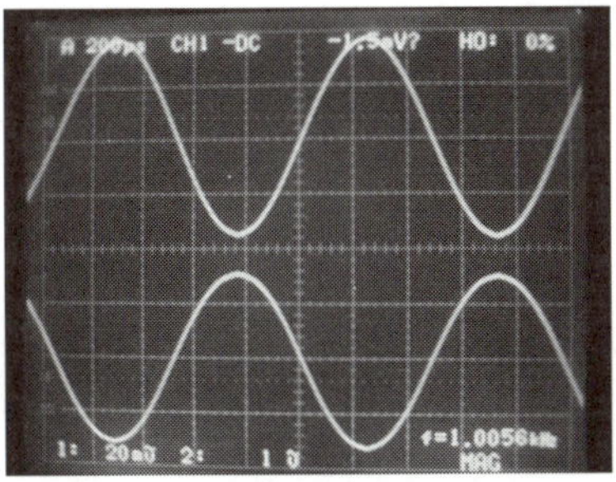

(d)　入力が v_{i2} のみのときの v_{i2}（上）と v_{o2}（下）の波形

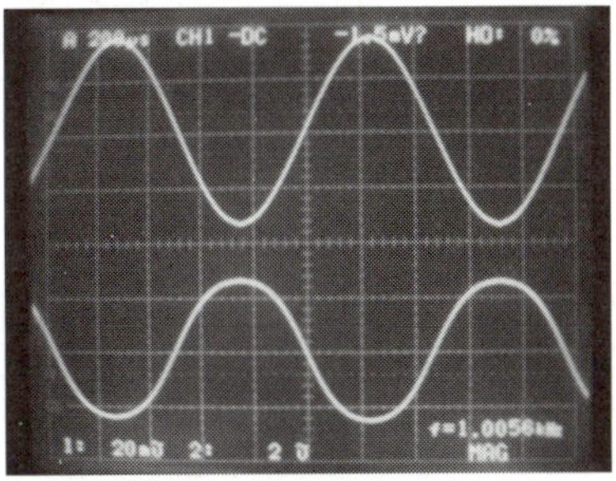

(e)　入力が v_{i1} と v_{i2} のときの（$v_{i1}-v_{i2}$）(上）と（$v_{o1}-v_{o2}$）(下）の波形

図 4.1　トランジスタによる差動増幅回路

って，出力電圧 v_{o1} は v_{i1} に比例した大きさで，たがいに逆位相とな

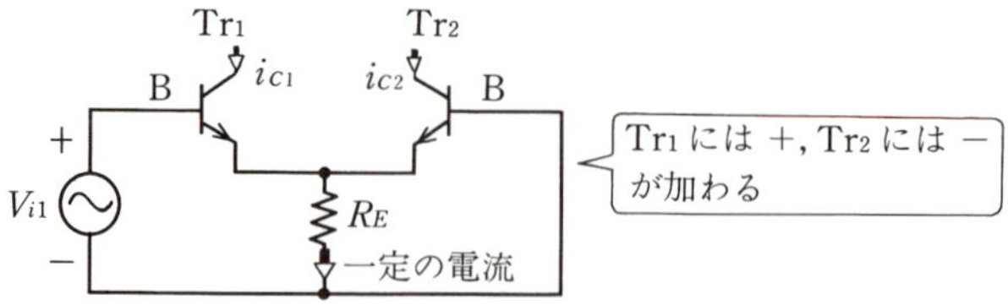

(a)

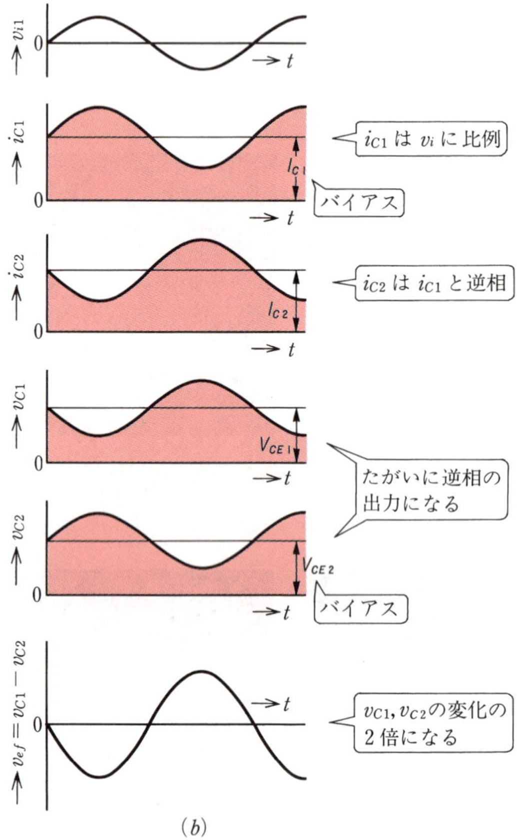

(b)

図 4.2　片方の入力が加わったとき

る（図 4.1(c)）。また v_{o2} は v_{i1} と同位相となる。

入力が v_{i2} のみのときも同様の動作をする（図 4.1(d)）。

3　**v_{i1}，v_{i2} の二つの入力が加わったとき**　図 4.3 のように，

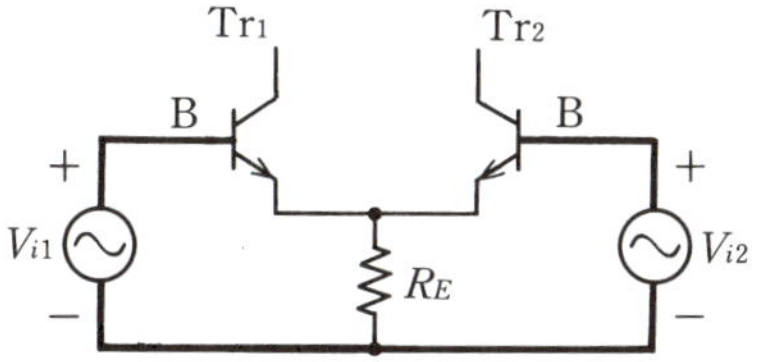

図 4.3　両方の入力が加わったとき

二つの電圧の差は両トランジスタのベースに加わる。このとき出力 v_{o1}, v_{o2} は，それぞれ v_{i1}, v_{i2} に比例した大きさで，それぞれ v_{i1}, v_{i2} と逆位相になる。したがって出力の差 $(v_{o1}-v_{o2})$ は入力の差（$v_{i1}-v_{i2}$）に比例した大きさで，入力の差の波形と逆位相になる（図 4.1(*e*)）。

4.1.2　バイアスと増幅度

1　バ イ ア ス　図 4.1（*a*）の回路のバイアスを求めてみよう。回路は対称であるから，I_C，I_B，V_{BE}，I_E は，両トランジスタともに等しい。したがって，$I_C \fallingdotseq I_E$，$E_1=E_2=E$ とすれば，図 4.4 より次式が成り立つ。

$$
\begin{aligned}
E &= R_1 I_B + V_{BE1} + 2\,R_E I_C \\
&= (R_1 + 2\,h_{FE} R_E)\,I_B + V_{BE1}
\end{aligned}
$$

したがって

$$
I_B = \frac{E - V_{BE1}}{R_1 + 2\,h_{FE} R_E} \tag{4.1}
$$

$V_{BE} \fallingdotseq 0.6\,\mathrm{V}$，$h_{FE}=150$ とし，数値を入れて I_B，I_C，V_{CE} を求めるとつぎのようになる。

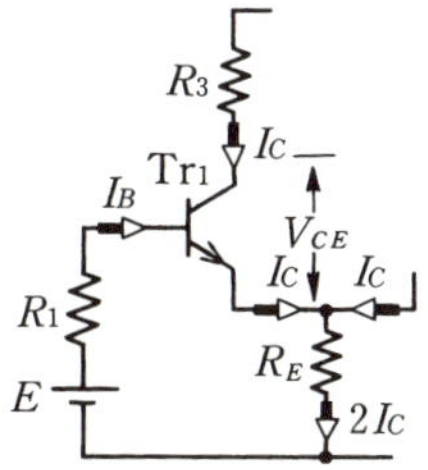

図 4.4　バイアスを求める回路

$$I_B=\frac{10-0.6}{10+2\times150\times6.8}\fallingdotseq4.59\times10^{-3}\ \text{[mA]}$$

$$I_B=4.59\ \mu\text{A}$$

I_C は

$$I_C=h_{FE}I_B=150\times4.59\times10^{-3}\fallingdotseq0.689\ \text{[mA]}$$

V_{CE} は

$$V_{CE}=2E-(R_3+2R_E)I_C$$
$$=2\times10-(4.7+2\times6.8)\times0.689\fallingdotseq7.39\ \text{[V]}$$

問 1. 図 4.1 (a) の回路で，$R_1=20\,\text{k}\Omega$，$R_1=100\,\text{k}\Omega$ のそれぞれの場合の I_C を求めなさい。

2 増　幅　度　差動増幅回路は，図 4.5 に示すように二つの入力電圧の差（$V_{i1}-V_{i2}$）を増幅する。いま $V_{i1}-V_{i2}=V_i$ として増幅度を求めてみよう。このとき V_i の電圧が両トランジスタのベースに加わることになる。また，エミッタ抵抗 R_E の両端の電圧はつねに一定であるから，交流回路を描くと，$\frac{1}{2}V_i$ が両トランジスタのベース-エミッタ間に加わるようになり，図 4.5 のようになる。

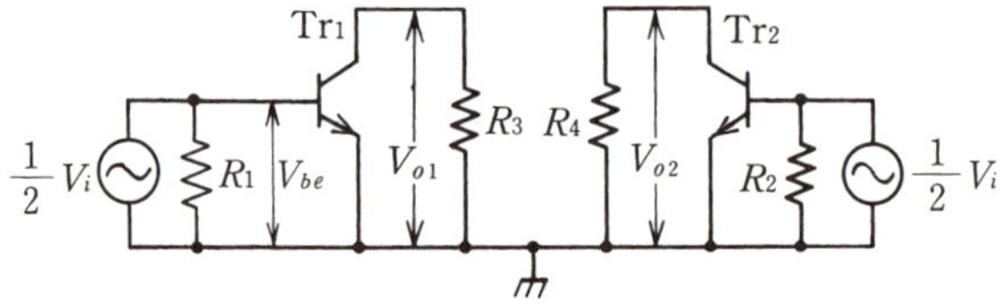

図 4.5　交流回路

したがって，一方の出力 V_{o1} または V_{o2} に対する増幅度 A_S は，エミッタ接地のときと同様に次式で求まる。

$$V_{i1}=\frac{1}{2}V_i$$

$$V_{o1}=h_{fe}\frac{R_3}{h_{ie}}V_{i1}$$

したがって

$$A_S=\frac{V_{o1}}{V_i}=\frac{1}{2}h_{fe}\frac{R_3}{h_{ie}} \tag{4.2}$$

数値を入れて A_S を求めると，つぎのようになる。

$$A_S=\frac{1}{2}\times 180\times\frac{4.7}{6.5}\fallingdotseq 65.1$$

両コレクタから出力 V_o を得るならば，そのときの増幅度 A は

$$A=2A_S \tag{4.3}$$

となる。

問 2. 図 4.6 の回路のように，二つのトランジスタのエミッタに等しい R_F の抵抗を入れたときの増幅度 A_S を求めなさい。

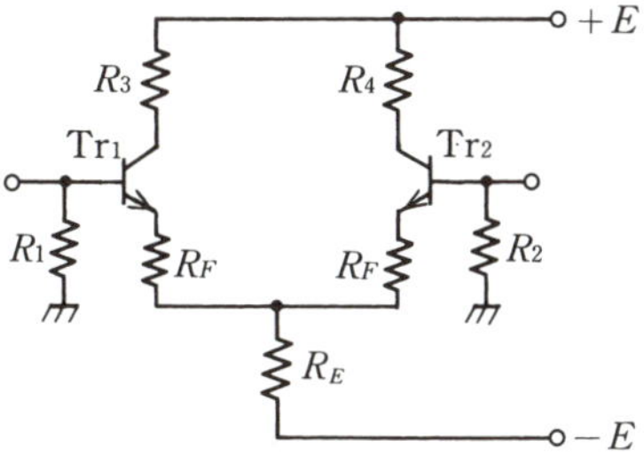

図 4.6

4.1.3　差動増幅回路の特徴

差動増幅回路は，トランジスタ 2 個の特性が等しく，また，エミッタ電流が定電流になれば，つぎのような特徴を持つ。

(*a*)　**雑音に強い**　　普通の増幅回路では図 4.7 (*a*) のように，入力に雑音が入るとその雑音も増幅されて出力に現れる。これに対して，差動増幅回路では図 (*b*) のように，雑音が両方の入力に同じように入るので，雑音成分は打ち消されて出力には現れない。

(*b*)　**広帯域増幅ができる**　　差動増幅回路では，入力，出力にコ

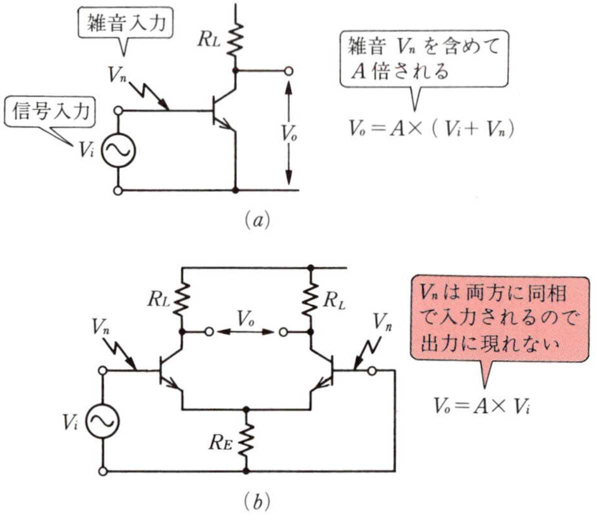

図 4.7　雑音の影響

ンデンサを必要としない。このために，直流から増幅することができ，周波数帯幅の広い増幅回路ができる。

(c)　負帰還がかけやすい　図 4.8 のように，二つの入力のうち一方を帰還入力 V_f（V_i と同相）とすれば，負帰還増幅回路を構成することができる。

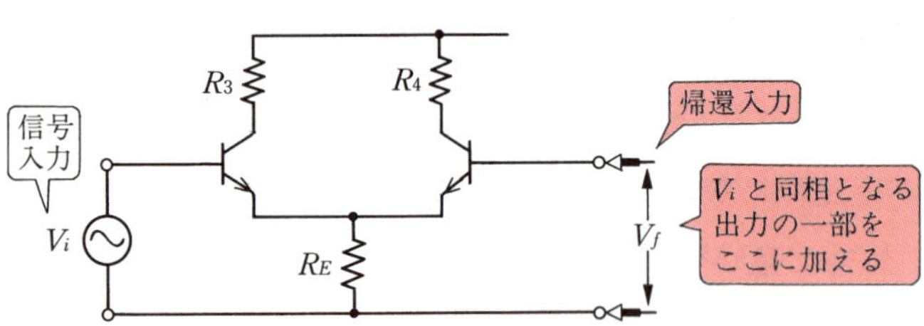

図 4.8　差動増幅回路への負帰還

このような特徴を持つので，差動増幅回路は非常に小さい入力を扱う場合に使ったり，つぎに学ぶ演算増幅回路など，集積回路の内部の回路としてよく使われる。

4.2 演算増幅器

集積化された増幅回路の代表的なものが演算増幅器である。演算増幅器はOPアンプとも呼ばれる。増幅や発振などに用いられる，用途の広い汎用増幅回路である。ここでは，演算増幅器の基本的な使い方について学ぶ。

4.2.1 演算増幅器の動作

演算増幅器（operational amplifier）はつぎのような性質を持った増幅回路をいう。

① 入力が差動入力である。

② 増幅度が非常に大きい。

③ 直流増幅である。

④ 入力インピーダンスが大きい。

⑤ 出力インピーダンスが小さい。

図4.9のように，Aは∞，Z_iは∞，Z_oは0としたものが理想的

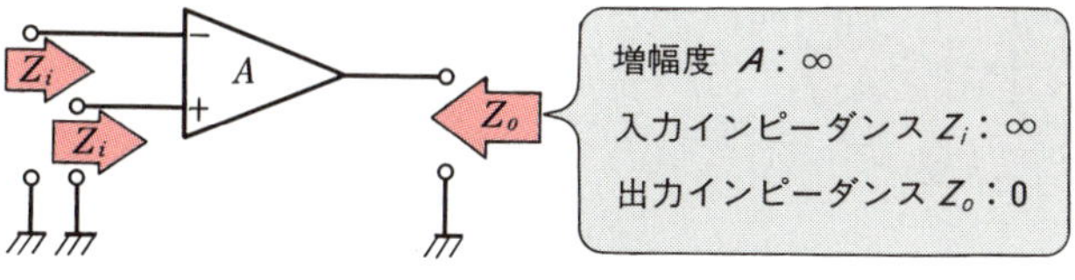

図 4.9 理想的な演算増幅器

な演算増幅器である。ただし，出力電圧は電源電圧を超えることはない。

演算増幅器は，負帰還や正帰還をかけて使うことにより，増幅回路だけでなく，入力電圧を加減算した出力を得たり，微分・積分した出力を得るなど，いろいろな電子回路に利用される。また，一般に演算増幅

(a)　IC 外 形

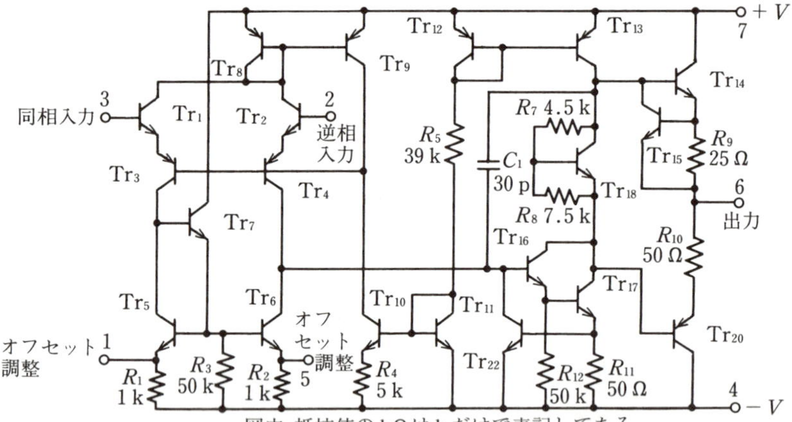

図中，抵抗値の kΩ は k だけで表記してある

(b)　回 路 図

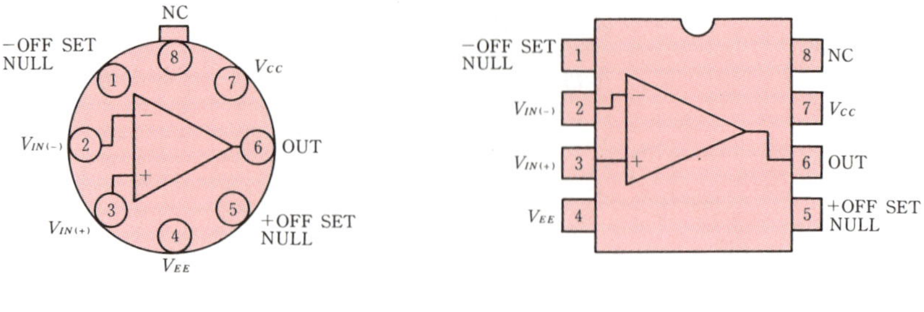

(c)　IC 上面端子図

図 4.10　演算増幅器

電　極		役　割
No.	記　号	
1	−OFF SET NULL	−オフセット調整
2	$V_{IN(-)}$	逆相入力
3	$V_{IN(+)}$	同相入力
4	V_{EE}	−電　源
5	+OFF SET NULL	+オフセット調節
6	OUT	出　力
7	V_{CC}	+電　源
8	NC	接続なし

(*d*)　IC 端子の役割

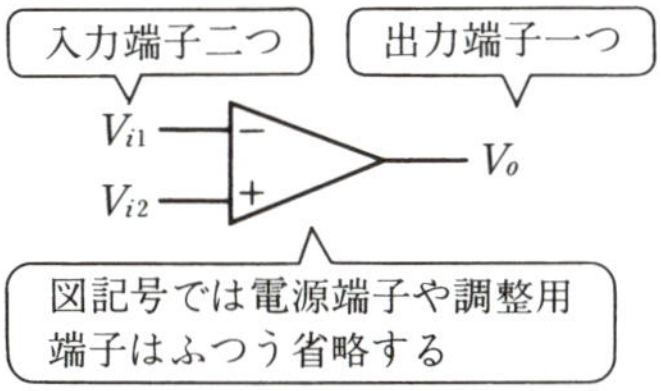

(*e*)　図　記　号

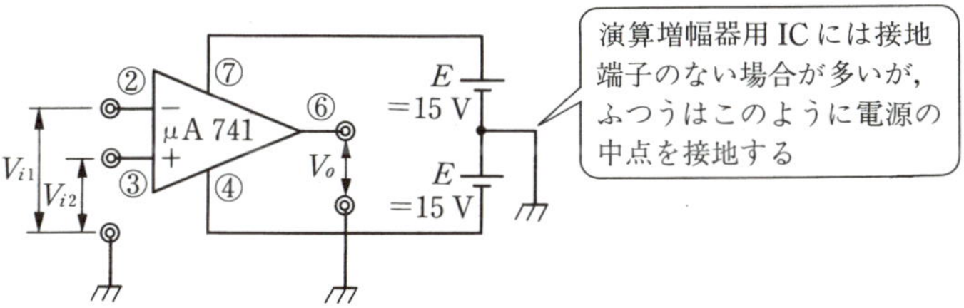

(*f*)　電圧の加え方

図 *4. 10*　演算増幅器（つづき）

器は，トランジスタなどの個別素子で作ることは少なく，図 *4. 10*(*a*) のように**集積回路** (integrated circuit，略して **IC**) となっている。

つぎに，入力と出力の関係を直流の入力で示すと，図 *4. 11* のようになる。すなわち，図 (*a*) のように−の入力端子に電圧 V_{i1} を加え

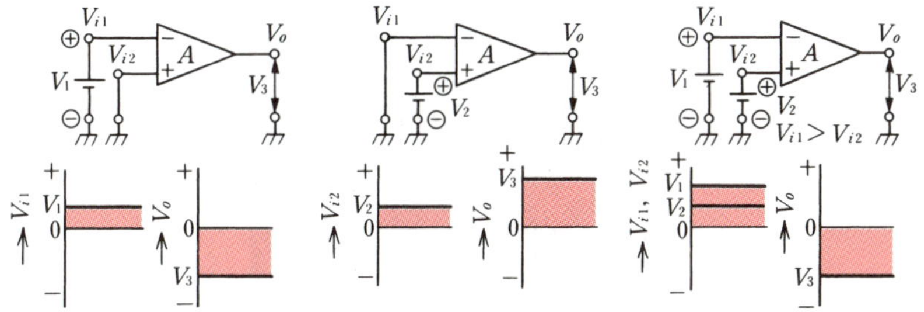

(*a*)　V_{i1} だけ加えたとき　(*b*)　V_{i2} だけ加えたとき　(*c*)　V_{i1}，V_{i2} を加えたとき

図 *4. 11*　入出力の関係

ると，出力端子にはA倍された－の電圧V_3がでる。このことから，－の入力を**逆相入力**という。また，図（b）のように＋の入力端子に電圧V_{i1}を加えると，出力端子には＋の電圧V_3がでる。このことから，＋の入力を**同相入力**という。

4.2.2　同相増幅回路としての利用

図 4.12 のように，同相入力を入力とし，R_1とR_2により出力V_oを分圧し逆相入力へ帰還すると，入出力の位相が同相の負帰還増幅回路となる。

増幅度は，負帰還のないときは非常に大きいので

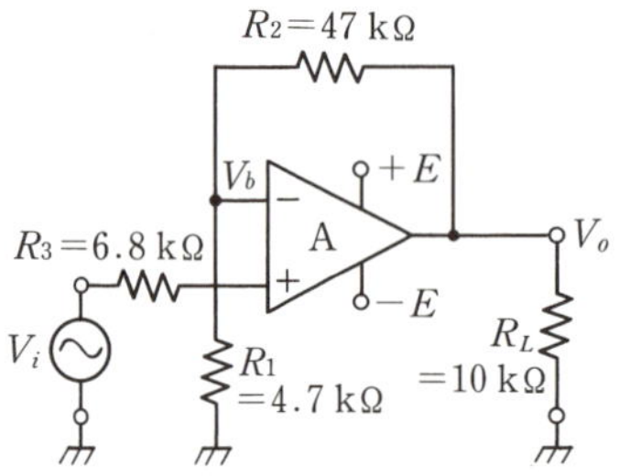

（a）回　路　図

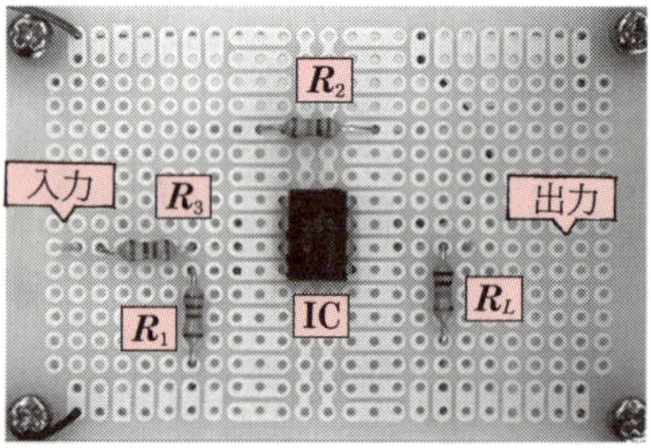

（b）製　作　例

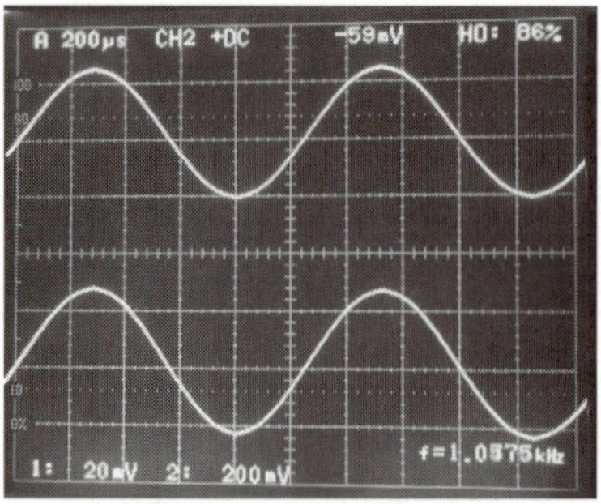

（c）入出力波形（上：入力波形，下：出力波形）

図 4.12　同相増幅回路

$$A=\frac{V_o}{V_i}=\frac{1}{\beta}$$

で求められる。また，帰還率 β は

$$\beta=\frac{V_b}{V_o}=\frac{R_1}{R_1+R_2}$$

である。したがって，増幅度は

$$A=\frac{R_1+R_2}{R_1}=1+\frac{R_2}{R_1} \qquad (4.4)$$

となる。数値を入れて計算すると

$$A=1+\frac{47}{4.7}=11$$

となる。

問 ***3.*** 増幅度を表す式（*4. 4*）を図 *4. 13* の電圧関係から求めなさい。

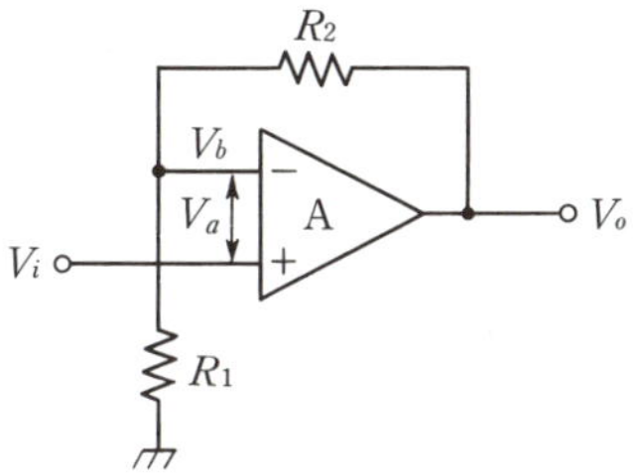

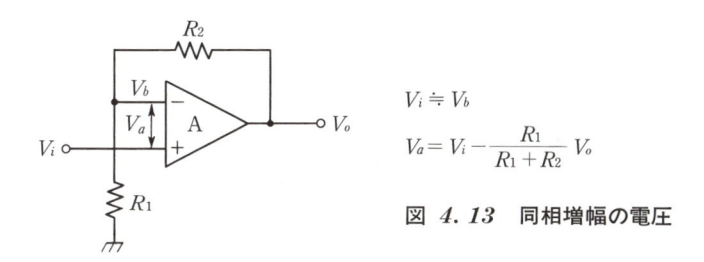

$$V_i \fallingdotseq V_b$$

$$V_a=V_i-\frac{R_1}{R_1+R_2}V_o$$

図 *4. 13* 同相増幅の電圧

4.2.3 逆相増幅回路としての利用

図 *4. 14* のように，逆相入力を入力とし，R_1 と R_2 により出力を分圧し逆相入力へ帰還すると，入出力の位相が逆位相の負帰還増幅回路となる。図(*a*)のように回路の電圧，電流を決め，入出力の位相が逆位相であることに注意すると次式が成り立つ。

$$I_1=\frac{V_i-V_{ia}}{R_1}, \qquad I_O=\frac{V_O+V_{ia}}{R_2}$$

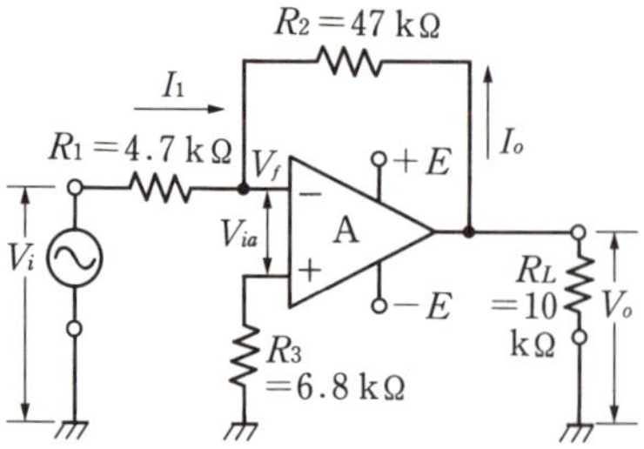

（a） 回 路 図

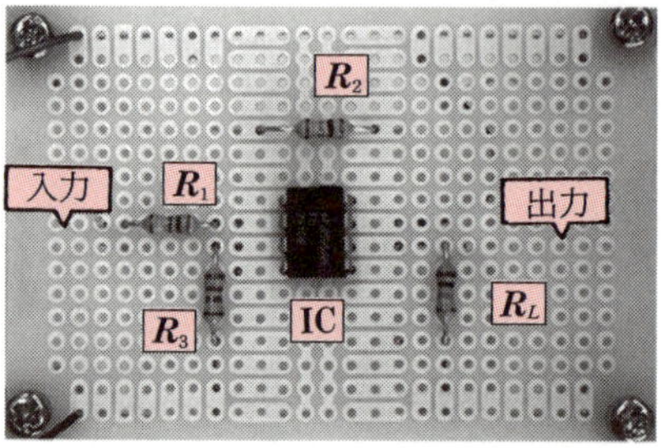

（b） 製 作 例

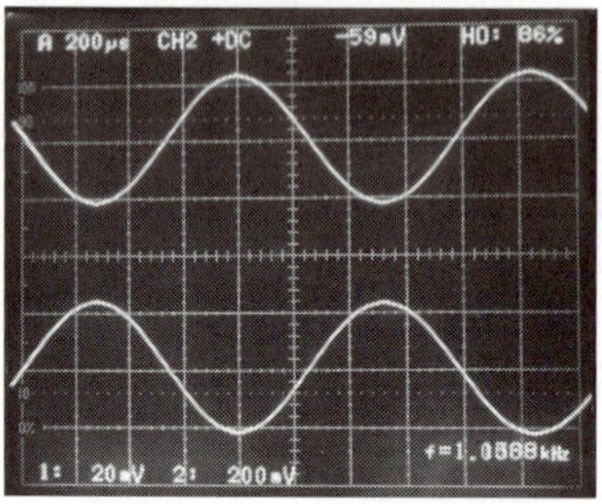

（c） 入出力波形

図 4.14 逆相増幅回路

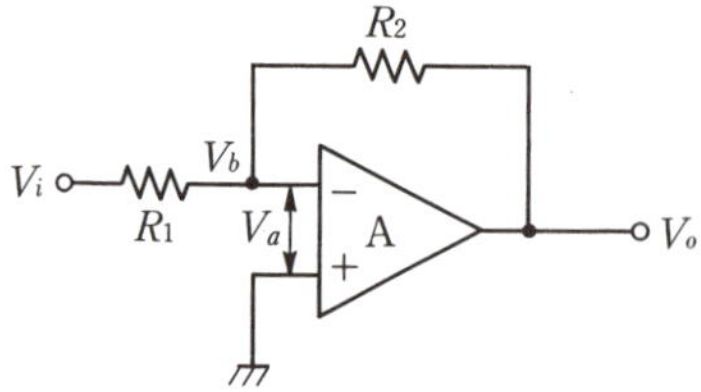

図 4.15

演算増幅器の入力インピーダンスはきわめて大きいので，I_1 と I_o の大きさは等しいとみなせる（向きは逆）。したがって

$$\frac{V_i - V_{ia}}{R_1} = \frac{V_o + V_{ia}}{R_2}$$

が成り立つ。

また，演算増幅回路の増幅度を A_o とすると，$V_{ia} = V_o / A_o$ である。これを使って上式から V_{ia} を消去すると次式となる。

$$R_2 V_i = \left(R_1 + \frac{R_2}{A_0} + \frac{R_1}{A_0} \right) V_o$$

ここで，A_o はきわめて大きいので，$R_2/A_0 = 0$，$R_1/A_0 = 0$ と考えてよい。したがって，回路の増幅度 A は，次式で表される。

$$A = \frac{V_o}{V_i} = \frac{R_2}{R_1} \qquad (4.5)$$

数値を入れて計算するとつぎのようになる。

$$A = \frac{47}{4.7} = 10$$

問 4. 増幅度を表す式（4.5）を図 4.15 の電圧関係から求めなさい。

例題 1.

図 4.16 は，図 4.12（a）の同相増幅回路の R_1をはずした回路である。この回路の増幅度 $A=\dfrac{V_o}{V_i}$ を求めなさい。

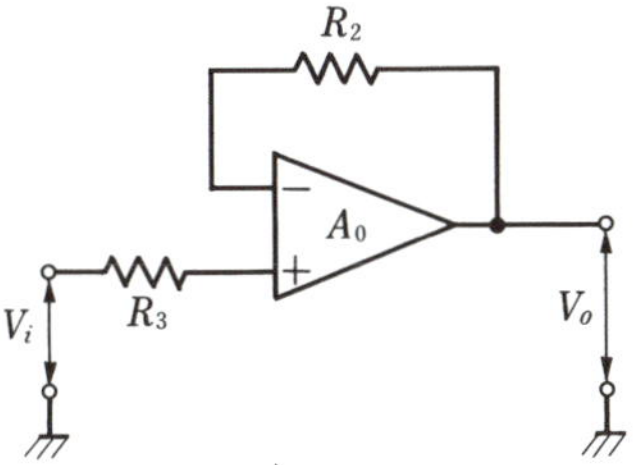

図 4.16

解答　この回路では出力電圧 V_o がすべて帰還されるので，帰還率 $\beta=\dfrac{V_f}{V_o}=1$ である。したがって，$A=\dfrac{1}{\beta}=1$ である。

問 5.　図 4.17（a），（b）の回路の増幅度はいくらか。

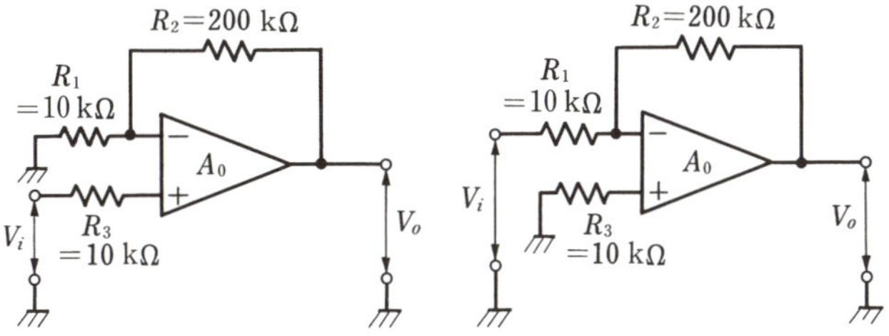

（a）　（b）

図 4.17

4 練習問題

❶ 差動増幅回路の特徴について説明しなさい。

❷　図 4.18 は同じ特性のトランジスタ Tr_1，Tr_2 で組んだ差動増幅回路である。電圧増幅度 A_S を求めなさい。

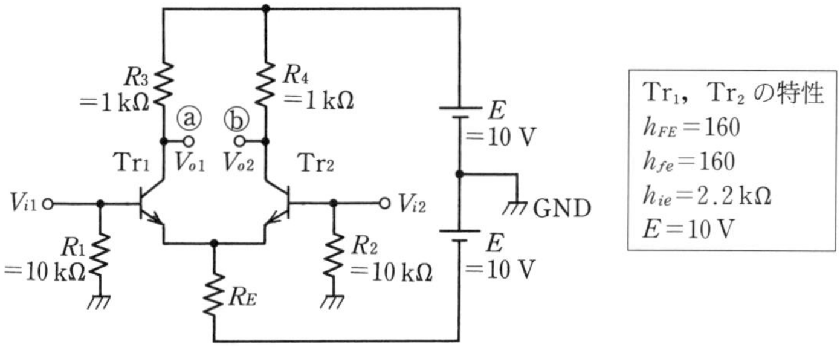

図 **4. 18**

❸　演算増幅器の特性について説明しなさい。

❹　図 4.19 の演算増幅器の電圧増幅度 A を求め，入力電圧 V_i が正弦波のとき，出力電圧 V_o の波形を描き位相の関係について説明しなさい。

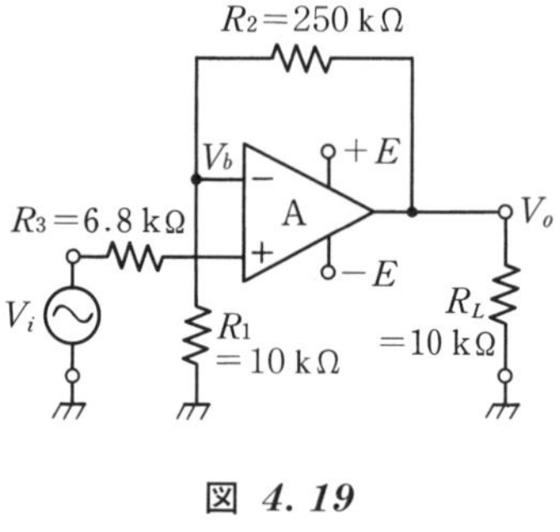

図 **4. 19**

5

電力増幅回路

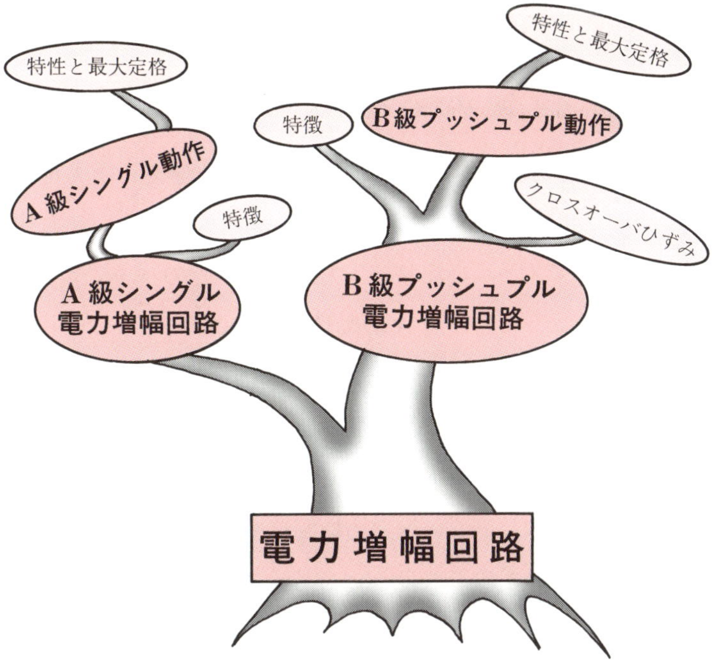

スピーカを駆動するには大きな電力が必要となる。このようにスピーカなどの負荷に供給する電力を大きく増幅する回路が，電力増幅回路である。本章では，電力増幅回路の考え方と代表的な電力増幅回路の動作や特性について学ぶ。

5.1 A級シングル電力増幅回路

A級シングル電力増幅回路は電力増幅回路の基本回路である。ここでは，A級シングル電力増幅回路の動作を調べるとともに，電力増幅回路に必要とされる最大出力電力や電源効率などの特性について学ぶ。

5.1.1 回路の動作

図 5.1 は，変成器を用いてスピーカに電力を与える電力増幅回路である。この回路で，トランジスタのコレクタ電流は，入力 $V_i=0$ のときにもバイアスとして流れ，入力が入るとそのバイアスを中心に変化する。このような動作を**A級動作**と呼ぶ。

つぎに，2章で扱った増幅回路のときと同様に，図 5.1 (*a*) の回路を，図 5.2 (*b*) のように直流回路と交流回路に分けて，その動作を考えてみよう。

1 バイアス　この電力増幅回路では，できるだけ大きな出力を得るために，つぎの二つのことを考えて，図 5.3 (*a*) のように動作点を決めている。

① 動作点は，交流負荷線を2等分している。

② 最大定格値内で可能な限り，バイアス電流を大きな値にする。

図 5.1 (*a*) の回路で動作点 K_0 の V_{CE}，I_C，すなわちバイアスは，

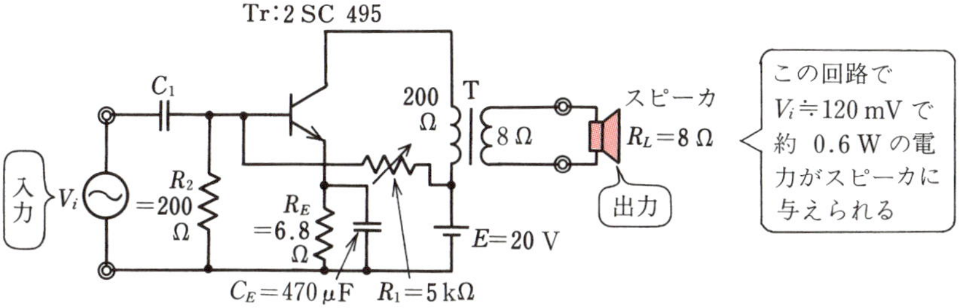

(*a*)　回　路　図

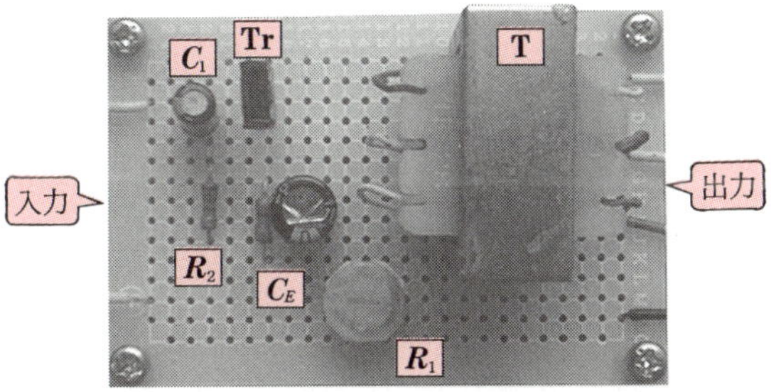

(*b*)　製　作　例

図 5. 1　A 級シングル電力増幅回路[†1]

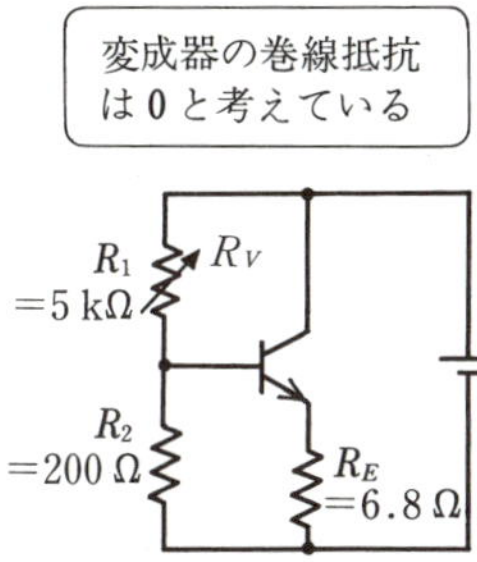

(*a*) 直流回路

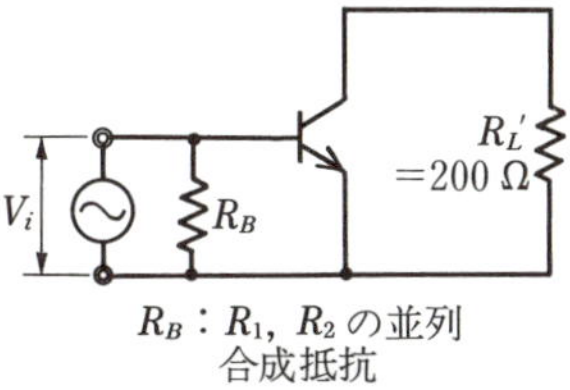

(*b*) 交流回路

図 5. 2　直流回路と交流回路

---

†1　可変抵抗器の図記号は，JIS C 0617-4：1997 に  と定められているが，本書では広く慣用されている図記号を使用する。

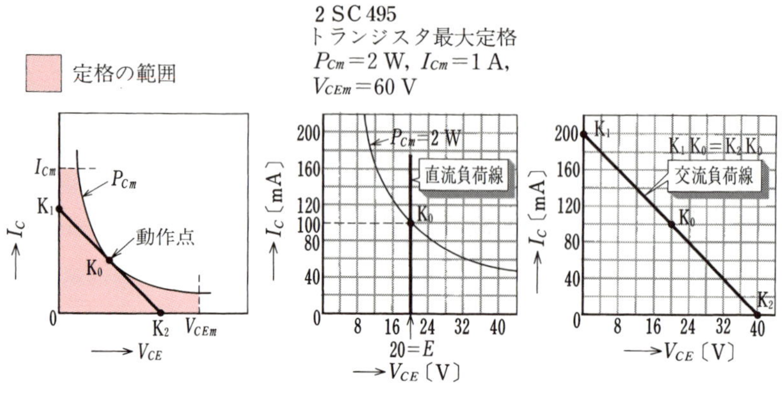

（a）　（b）　（c）

図 5.3　動作点と交流負荷線

R_E を無視すれば，図 5.3（b）のように，直流負荷線が $V_{CE}=E=20$ V の点から I_C 軸に平行に伸びる直線となるので，V_{CE} は 20 V となり，I_C は，この直流負荷線上で最大定格値を超えない範囲で最も大きな値を選んで，100 mA となるように決めてある。

交流負荷線は，最大出力を得るために動作点 K_0 を通り，その動作点で2等分されることが必要であるから，図（c）の直線となる。この交流負荷線の傾きから，交流負荷 R_L' は

$$R_L'=\frac{40}{0.2}=200\ 〔\Omega〕$$

が最も適した負荷となる。図の回路では，変成器を通して負荷（スピーカ）$R_L=8\ \Omega$ が接続されているが，この変成器によって，R_L の値を最適な交流負荷 $R_L'=200\ \Omega$ に変換している。

つぎに，変成器のインピーダンス変換について学ぶ。

2　変成器の性質　変成器は，図 5.4 のように，鉄心に二つのコイルを巻いたものである。

この変成器に，図 5.5 に示すように，一次側に V_1 の電圧を加え，

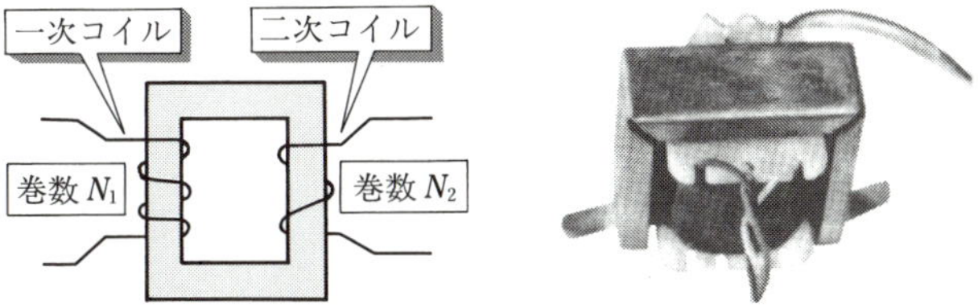

(a) 構　造　　(b) 外　形

図 5.4 変 成 器

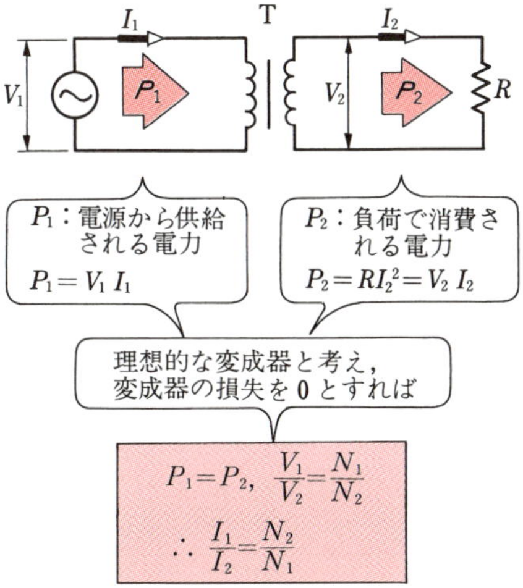

図 5.5 変成器の電圧，電流の関係

二次側に R の抵抗を接続すると，各部分の電圧，電流の間には次式が成り立つ。

$$\frac{V_1}{V_2}=\frac{N_1}{N_2} \tag{5.1}$$

$$\frac{I_1}{I_2}=\frac{N_2}{N_1} \tag{5.2}$$ †1

---

†1 理想的な変成器を考え，損失がないものとすれば，誘導電圧は巻数に比例するので $\frac{V_1}{V_2}=\frac{N_1}{N_2}$，$I_2=\frac{V_2}{R}$，二次側消費電力 V_2I_2＝一次側から送った電力 V_1I_1 が成り立つ。これらの関係から $\frac{I_1}{I_2}=\frac{N_2}{N_1}$ となる。

式 (5. 1), (5. 2), 前ページの脚注1より

$$\frac{V_1}{I_1}=\left(\frac{N_1}{N_2}\right)^2 R$$

巻数比 $\dfrac{N_1}{N_2}$ を a で表せば

$$\frac{V_1}{I_1}=a^2 R \tag{5.3}$$

となるが, 式 (5. 3) は一次側の電圧, 電流の比であるから, 一次側から見た抵抗を表している。すなわち, 図 5. 6 に示すように, 二次側に接続した R の抵抗は, 一次側に $R'=a^2R$ の抵抗を接続したのと同じ働きを持っていることになる。この作用は一般に, 二次側にインピーダンスを接続したときにも成り立つので, **インピーダンス変換作用**という。

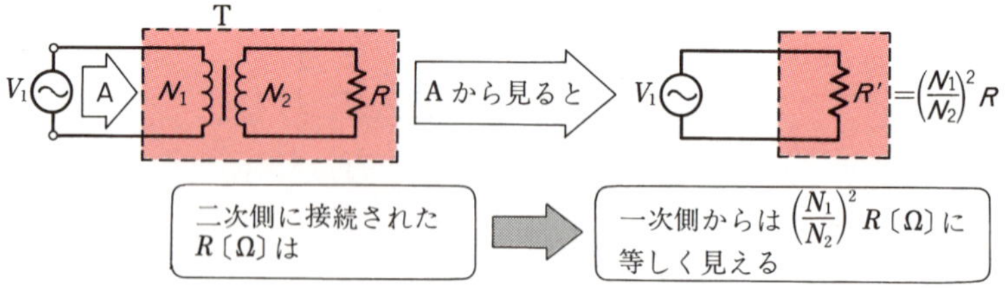

図 5. 6　インピーダンス変換作用

増幅回路に用いられる変成器はおもにこの性質を利用するので, 変成器の性能を表す場合には, 変換されるインピーダンスの比が表示される。

問 *1.*　一次 200 Ω, 二次 8 Ω と表示されている変成器の一次, 二次の巻数比 a はいくらになるか。

問 *2.*　一次 200 Ω, 二次 8 Ω と表示された変成器の二次側に 4 Ω の抵抗を接続すると, 一次側からはいくらの抵抗を接続したように見えるか。

3 交流動作 入力信号が加わると，入力信号に応じてベース電流 i_B が変化し，そのベース電流の変化に応じてコレクタ電流 i_C，コレクタ-エミッタ間電圧 v_{CE} が変化する。

いま，図 5.7（a）のように，入力電圧によってベース電流が I_{B0} を中心に I_{B1} から I_{B2} まで変化すれば，コレクタ電流およびコレクタ-エミッタ間電圧の変化は図（b）で表せる。したがって，R_L' に与えられる交流電力 P_0 は

$$P_0=\frac{I_{C1}-I_{C0}}{\sqrt{2}}\times\frac{V_{CE2}-V_{CE0}}{\sqrt{2}}$$

$$=\frac{180-100}{\sqrt{2}}\times\frac{36-20}{\sqrt{2}}=640\ 〔\mathrm{mW}〕$$

となる。この電力は，損失を考えない理想的な変成器を考えれば，すべて負荷 R_L に与えられる。

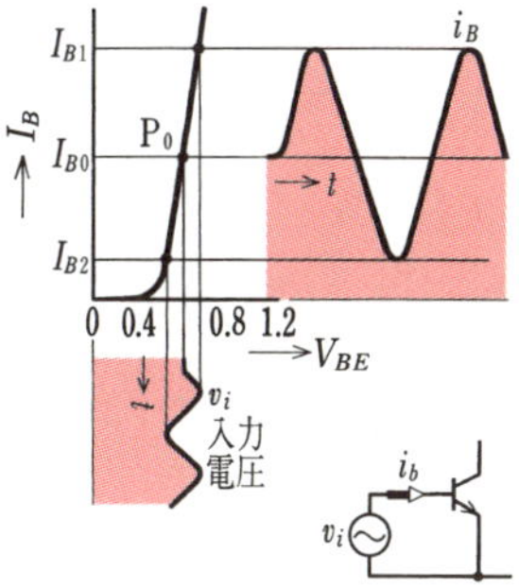

（a）入力側の変化

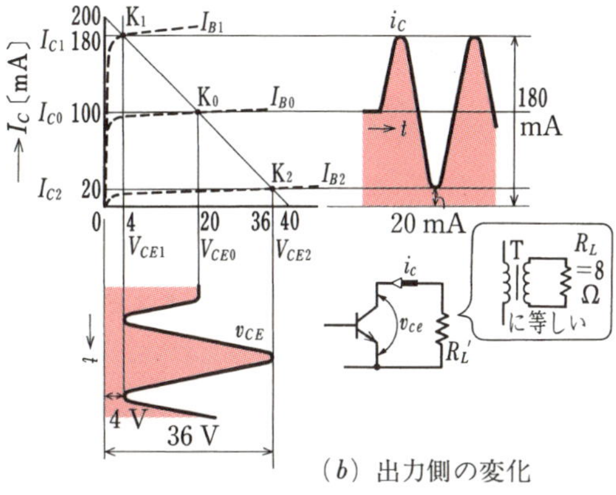

（b）出力側の変化

図 5.7 電圧，電流の変化

5.1.2 *RC* 結合回路との比較

なぜ，電力増幅回路に変成器が用いられるのかについて，*RC* 結合

回路と比べて調べてみよう。

1 負荷に与えられる電力　RC 結合回路では，図 5.8（a）のように，負荷 R_L' に与えられる電力 P_o は

$$P_o=\frac{V_{CE}}{\sqrt{2}}\cdot\frac{I_C}{\sqrt{2}}=\frac{V_{CE}I_C}{2}$$

である。交流負荷線が変成器を用いた回路と同じならば，トランジスタから負荷 R_L' に与えられる電力は，変成器を用いた回路と等しくなる。しかし，スピーカ R_L に供給される電力は，上式の電力から R で消費される電力を差し引いたものになるので，トランジスタから与えられる電力 P_o が，すべて負荷 R_L に与えられるわけではない。

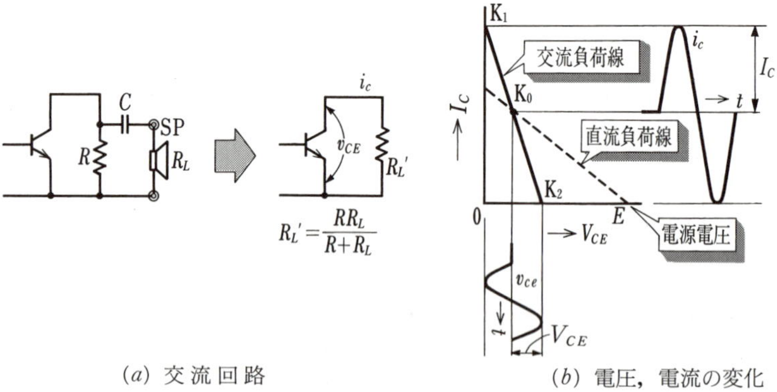

図 5.8　RC 結合でスピーカを接続したとき

問 3.　スピーカ R_L を直接トランジスタに接続すると，どのような問題が生じるか。

2 電源電圧の利用　RC 結合回路と変成器を用いた回路の直流負荷線と交流負荷線の関係を示すと，図 5.9 のようになる。

図からわかるように，変成器を用いる場合，電源電圧 E よりも大きい V_{CE} まで動作範囲とすることができるので，大きな出力を取り

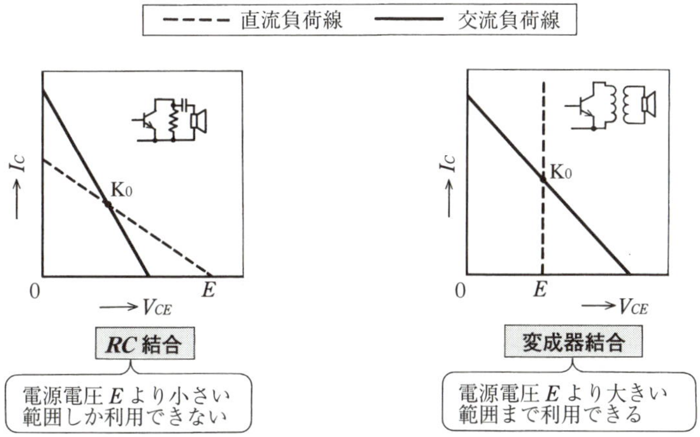

図 5.9　直流負荷線と交流負荷線

出せる利点がある。

以上は変成器を用いた利点であるが，周波数特性のよい変成器を作るには，形が大きくなるなどの欠点もある。

5.1.3　特　　性

1　最大出力電力　　まず，理想的な条件の場合の最大出力電力 P_{om} を求めてみよう。ここで，理想的な条件とはつぎのような場合である。

① 変成器の損失を無視

② R_E による損失を無視

③ 動作点は交流負荷線の中点

④ i_C，v_{CE} は交流負荷線の全範囲で利用可能

図 5.10 のように，i_C および v_{CE} の最大値は，交流負荷線の全範囲を利用した場合であるから

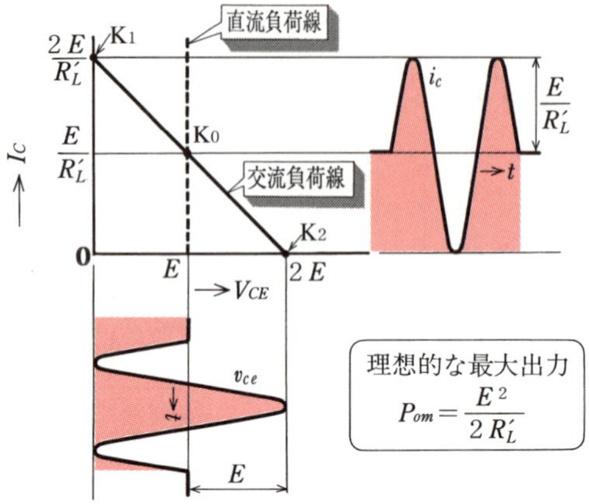

図 5.10　最大出力

$$i_{Cm}=\frac{E}{R_L{}'},\qquad v_{CEm}=E$$

である。したがって，P_{om} は

$$P_{om}=\frac{E}{\sqrt{2}\,R_L{}'}\cdot\frac{E}{\sqrt{2}}=\frac{E^2}{2\,R_L{}'}\qquad(5.4)$$

となる。すなわち，電源電圧 E と負荷 $R_L{}'$ が決まれば，理想最大出力電力は決まる。

問 4. 電源電圧 $E=10\,\mathrm{V}$，スピーカのインピーダンス $R_L=4\,\Omega$ のとき，理想最大出力電力を $P_{om}=1\,\mathrm{W}$ にするには，変成器のインピーダンスをいくらにすればよいか。

図 5.1 (*a*) の回路の場合の P_{om} を求めてみると，つぎのようになる。

$$P_{om}=\frac{20^2}{2\times200}=1\ \text{〔W〕}$$

実際の回路での最大出力電力 P_{om} は，実測例に示したように，約

600 mW となっているが，このように理想最大出力電力との差が生じるのは，図 5.11 に示すようないろいろな損失があるためである。

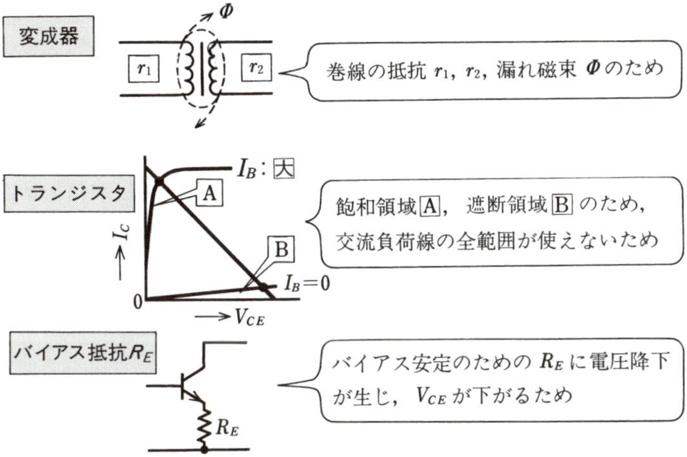

図 5.11　損　　失

2　電源効率 η　トランジスタのコレクタ回路に与えられる直流電力 P_{DC} と，理想最大出力電力 P_{om} との比のことを電源効率 η で表し，電源供給電力の利用の度合を表している。

$$\eta=\frac{P_{om}}{P_{DC}} \tag{5.5}$$

A 級シングル電力増幅回路の場合，図 5.12 に示すように，与えられる直流電力は

$$P_{DC}=E\,\frac{E}{R_L'}=\frac{E^2}{R_L'}$$

となるので

$$\eta=\frac{P_{om}}{P_{DC}}=\frac{E^2}{2\,R_L'}\div\frac{E^2}{R_L'}=0.5 \tag{5.6}$$

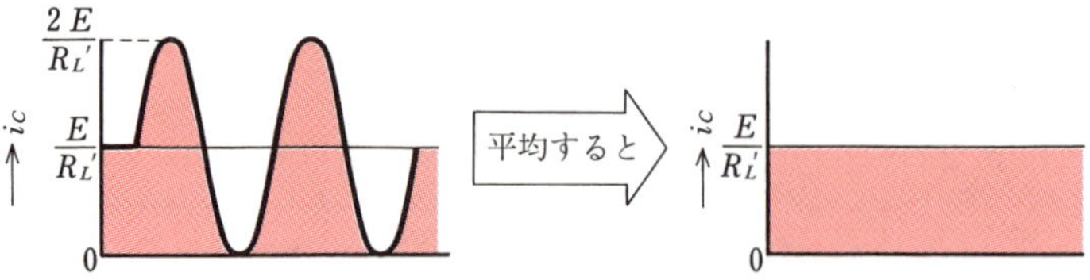

図 5.12　直流電流

となる。すなわち，理想最大出力時でも 50 %の効率しか得られない。

問 5.　A 級シングル電力増幅回路では，理想最大出力時でも電源効率が 50 %である。残りの 50 %の電力はどこで消費されるか。

5.1.4　トランジスタの最大定格

1　コレクタ損 P_C　　コレクタ損 P_C は，入力電圧がないときに $I_C=\dfrac{E}{R_L{}'}$，$V_{CE}=E$ が加わるので，このときが最大である。したがって理想最大出力電力 P_{om} を得るのに必要なトランジスタの最大コレクタ損 P_{Cm} は

$$P_{Cm}=\frac{E^2}{R_L{}'}=2\,P_{om} \tag{5.7}$$

である。

2　I_C と V_{CE}　　I_C，V_{CE} の最大値 I_{Cm}，V_{CEm} は，図 5.10 からわかるように

$$I_{Cm}=\frac{2\,E}{R_L{}'},\qquad V_{CEm}=2\,E \tag{5.8}$$

である。

問 6.　図 5.1 の回路に用いられるトランジスタの最大定格は，どのような値のものであればよいか。

5.1.5　A 級シングル電力増幅回路の特徴

いままで調べてきたなかから，特徴をまとめるとつぎのようになる。

① 電源効率が最大でも 50 %にしかならない。

② 理想最大出力電力の 2 倍のコレクタ損のトランジスタを用いなければならない。

これらのために，現在ではこの回路は，比較的小さい電力増幅回路だけに用いられ，大電力増幅回路には，つぎに学ぶ B 級プッシュプル方式がよく用いられる。

5.2 B級プッシュプル電力増幅回路

二つのトランジスタを交互に動作させ損失の少ない電力増幅回路がB級プッシュプル電力増幅回路である。ここでは，プッシュプル動作を調べるとともに，この回路の特性について学ぶ。

5.2.1 回路の動作

図 5.13 はB級プッシュプル電力増幅回路の例である。この回路では，出力電力を得るためのトランジスタ Tr_4，Tr_5 のバイアスが，動作原理の上で $I_C=0$ であり，入力信号が入力されて初めてコレクタ電流が流れる。この動作を **B級動作** という。また，出力トランジスタ Tr_4，Tr_5 は，入力信号の半周期ずつを受け持って増幅する。これを **プッシュプル**（pushpull）**動作** という。

1 Tr_1，Tr_2 の動作　図 5.13 の回路の Tr_1，Tr_2 の部分を書き出したのが，図 5.14（*a*）の回路である。この回路で，R_{L1} は Tr_3 の入力抵抗であり，R_B は C_2 のために，直流に対しては R_4，交流に対しては R_5 に等しくなる。この回路はトランジスタに pnp 形を使っているので，電圧や電流の向きが逆になっているが，4 章で学んだ差動増幅回路である。したがって，ここでは入力電圧 V_i が増幅されて，R_2 両端に出力される。

また R_2 の電圧は，　$V_i=0$ のときに，Tr_3 のベースバイアス（約

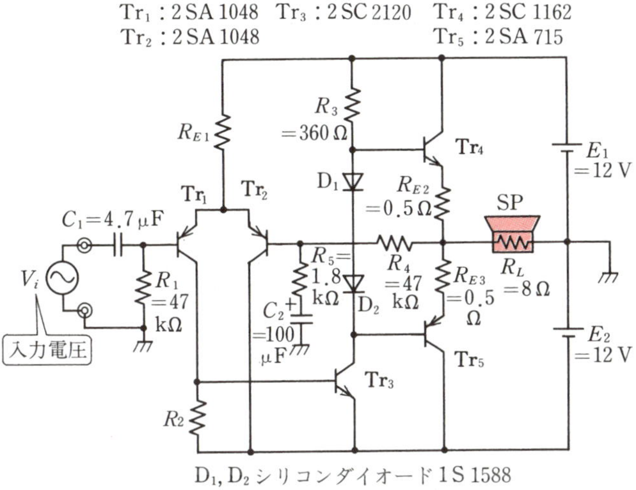

(*a*)　回　路　図

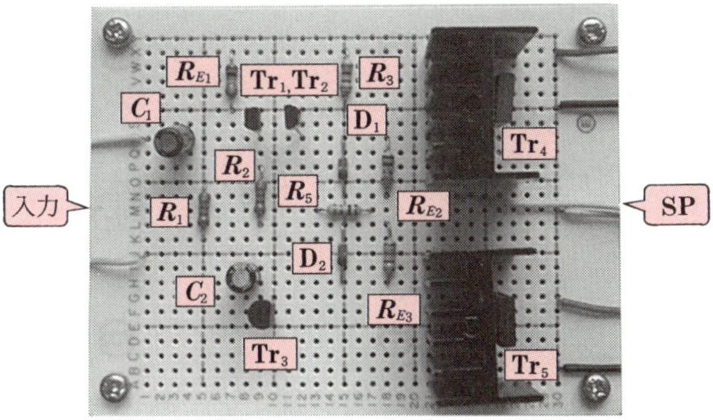

(*b*)　製　作　例

図 5.13　B 級プッシュプル電力増幅回路

0.6 V）になるようにしてあるので，入力 V_i が加わったときの出力電圧の変化は，図（*b*）のように 0.6 V を中心に起きる。

2　**Tr₃ の動作**　　図 5.15 の回路は，基本増幅回路で学んだ回路である。出力になるコレクタ電圧は，$V_i=0$ のときに，E_2〔V〕になるように決めてある。したがって，入力されたときの出力電圧 v_{C3} の変化は，図（*b*）のようになる。

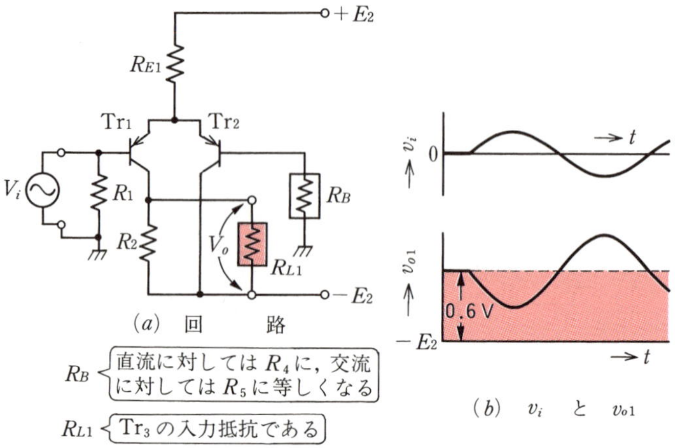

図 5.14　Tr₁，Tr₂ の回路

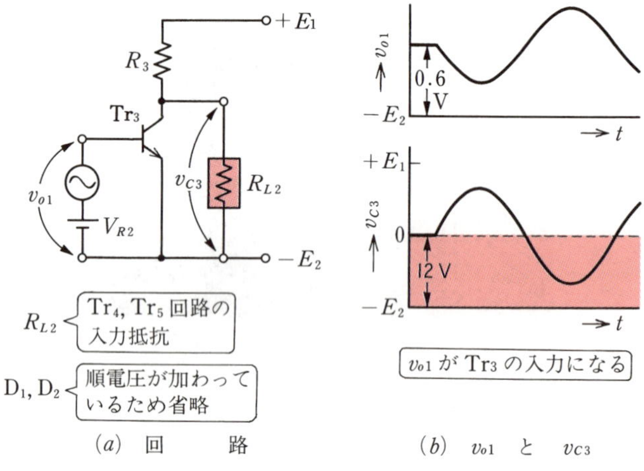

図 5.15　Tr₃ の回路

3　Tr₄，Tr₅ の動作　　Tr₃ の出力は，図 5.16 (*a*) のように変化するので，この電圧を図 (*b*) の回路で表し，さらに R_{E2}，R_{E3} を無視すれば，回路は図 (*c*) のように簡略化して表すことができる。この図で動作を考えてみよう。

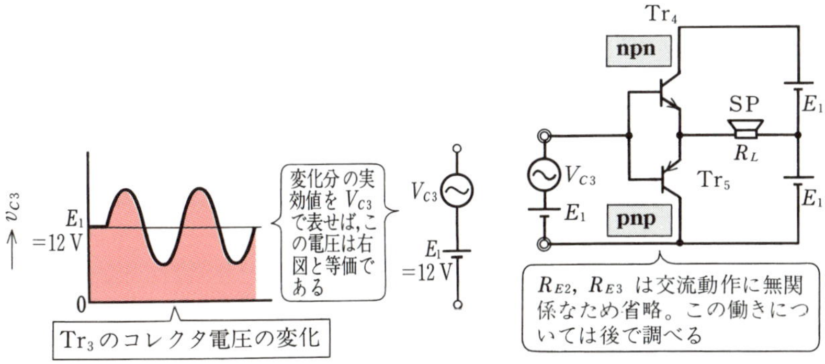

（*a*）　v_{C3} の変化　　（*b*）　　（*c*）

図 5.16　Tr₄，Tr₅ の回路

（*a*）　信号がないとき　　信号がないときには，図 5.17（*a*）のように，両トランジスタのベース-エミッタ間に電圧が加わらないので，スピーカ R_L に電流は流れない。

（*b*）　信号が入り，$v_{C3}>E_1$ のとき　　このときには，Tr_5 は，ベース-エミッタ間電圧が逆電圧となるために，遮断状態となり，電流は流れない。Tr_4 は，ベース-エミッタ間電圧が順電圧になるために，能動状態になり，加わった入力の大きさに応じてコレクタ電流 i_{C4} がスピーカ R_L を通じて流れる。

（*c*）　$v_{C3}<E_1$ のとき　　このときには，反対に Tr_5 が能動状態になり，入力に応じたコレクタ電流 i_{C5} がスピーカ R_L に流れる。

すなわち，この回路では，無入力時には電流は流れず，入力が加わると，その半周期ずつに Tr_4，Tr_5 が交互に動作し，負荷のスピーカ R_L に電流を流す。

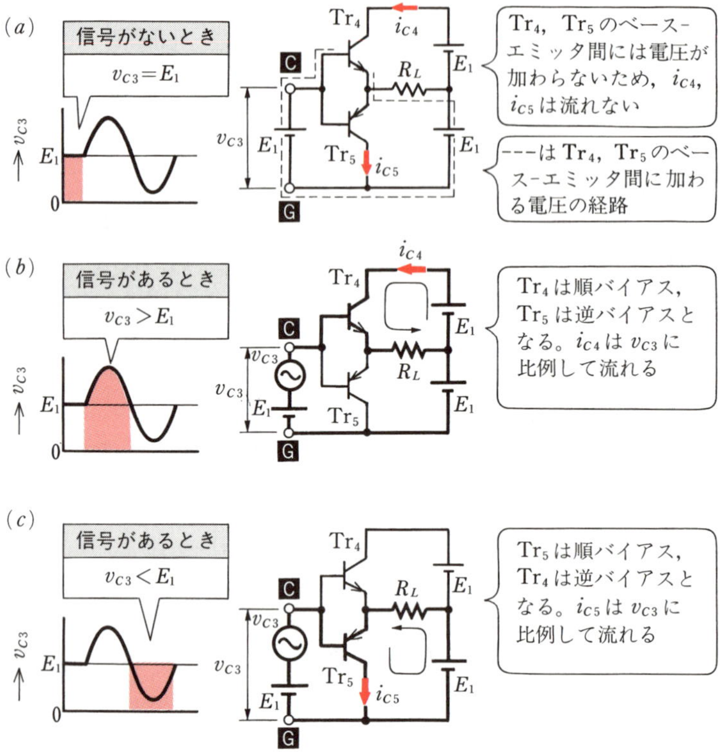

図 5.17　出力回路の動作

5.2.2　特　　　性

1　最大出力電力　Tr_4，Tr_5 からスピーカに供給する最大の出力電力を調べてみよう。片側の Tr_4 の回路だけを描き出すと図 5.18 (*a*) になるが，この回路は，前に学んだエミッタホロワ増幅回路であり，コレクタ電流 i_C とコレクタ-エミッタ間電圧 v_{CE} は，$R_L=8$ Ω の負荷によって決まる負荷線に沿って変化するから，図 (*b*) の直線 K_0K_1 上の値となる。

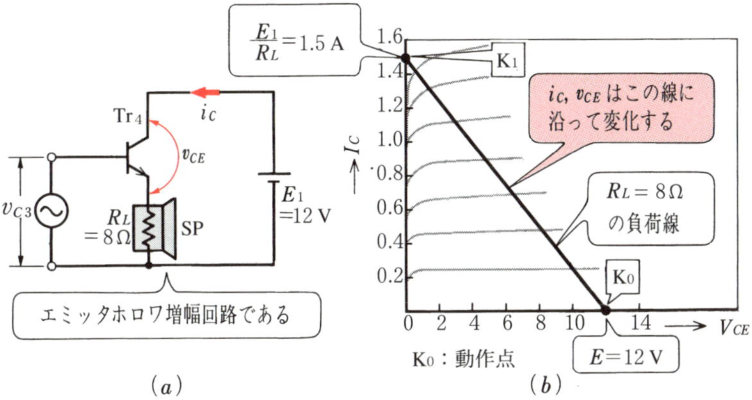

図 5.18　Tr_4 の回路

問 7. 図 5.13 において，Tr_5 回路だけを描き出し，エミッタホロワ増幅回路になっていることを確かめなさい。

したがって，トランジスタの特性の全部の範囲が利用できると考えれば，最大出力電力 P_{om} は，コレクタ電流 I_C とコレクタ-エミッタ間電圧 V_{CE} の変化が図 5.19 のようになったときであり，次式のようになる。

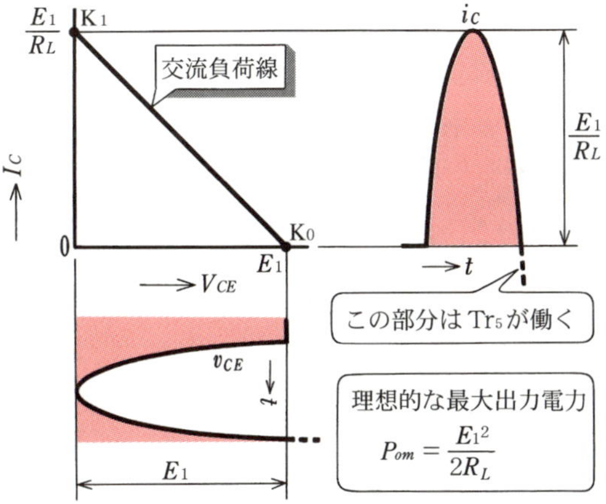

図 5.19　理想最大出力

$$P_{om}=\frac{E_1}{R_L}\cdot\frac{1}{\sqrt{2}}\times E_1\frac{1}{\sqrt{2}}=\frac{E_1{}^2}{2R_L}\ \text{〔W〕} \tag{5.9}$$

数値を入れて計算すれば

$$P_{om}=\frac{12^2}{2\times 8}=9\ \text{〔W〕}$$

式 (5.9) から求められる最大出力電力は，トランジスタの特性が全範囲で用いられる場合であるから，理想的な最大出力電力である。

2 電源効率 η B級プッシュプル増幅回路の両トランジスタには，図5.19のように，正弦波形の半周期の形のコレクタ電流 i_C が交互に流れる。この電流は直流電源から供給されるので，電源からの電流は図5.20 (a) のようになる。i_C の最大値を $\frac{E_1}{R_L}$ とすると，平均した電流は図 (b) のように $\frac{2}{\pi}\cdot\frac{E_1}{R_L}$ となる。

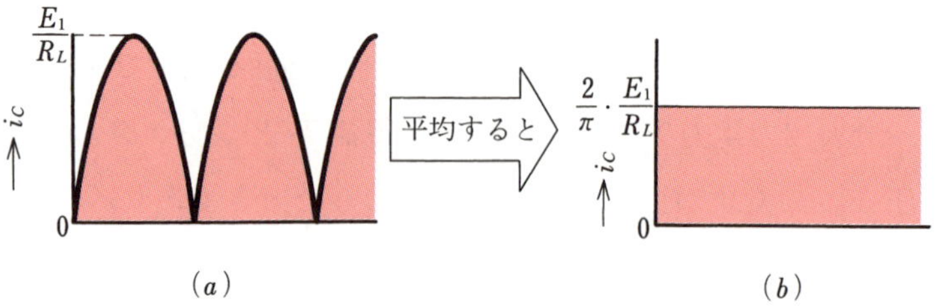

図 5.20 直流電流

したがって，理想最大出力のとき電源効率 η はつぎのようになる。

$$\eta=\frac{\text{理想最大出力電力 } P_{om}}{\text{最大出力時の直流出力 } P_{DC}}$$

$$P_{om}=\frac{E_1{}^2}{2R_L}$$

$$P_{DC}=E_1\frac{2}{\pi}\cdot\frac{E_1}{R_L}=\frac{2E_1{}^2}{\pi R_L}$$

$$\therefore\quad \eta=\frac{E_1{}^2}{2R_L}\cdot\frac{\pi R_L}{2E_1{}^2}=\frac{\pi}{4}\fallingdotseq 0.785 \tag{5.10}$$

すなわち，理想最大出力時の電源効率は78.5％となる。

5.2.3　クロスオーバひずみ

いままで，図 5.13 の回路の動作を考えるときに，ダイオード D_1, D_2 を無視して考えたが，つぎにこのD_1，D_2 の役割を調べてみよう。

図 5.13 の回路で D_1，D_2 の両端を短絡して入力信号を加え，出力波形を観測すると図 5.21 のような波形が見られる。

この波形は明らかにひずんだ波形である。その原因は，図 5.22 に

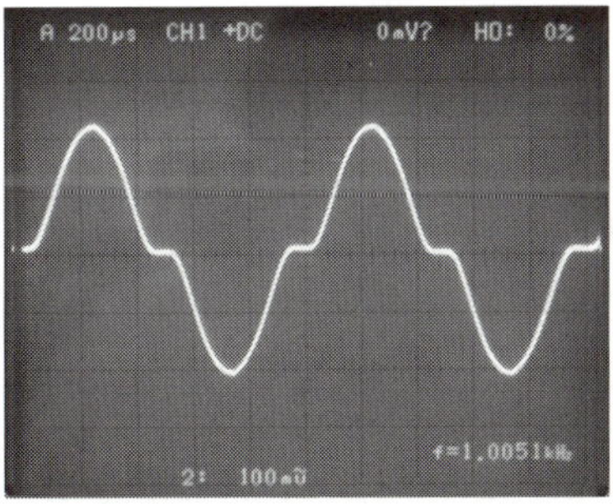

図 5.21　D_1，D_2 を短絡したときの出力波形

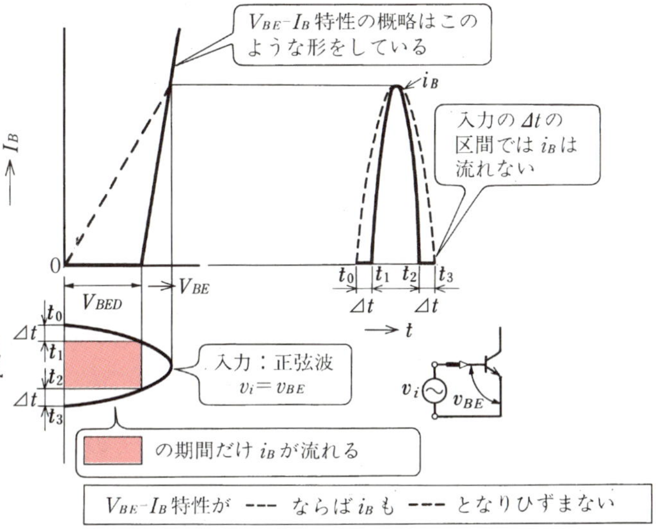

図 5.22　ひずみの原因

示すように，トランジスタの入力特性（V_{BE}-I_B 特性）が，小さな電圧に対して電流をほとんど流さないので，入力電圧の小さいときにベース電流，コレクタ電流が流れないために起きる。このひずみは，プッシュプル動作で交互に働くトランジスタの切り換え時に生じるので，**クロスオーバひずみ**という。これを防ぐには，図 5.23 のように，無信号のときに Tr_4，Tr_5 のベース-エミッタ間にあらかじめ，V_{BED} に等しいバイアス電圧 E_D を与えておけばよい。

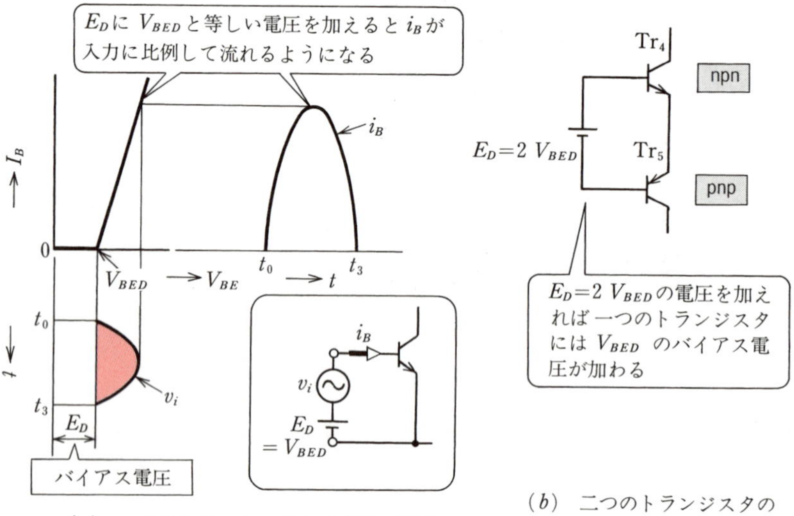

（a）一つのトランジスタのバイアス電圧　（b）二つのトランジスタのバイアス電圧

図 5.23　バイアス電圧

しかし，この電圧を固定した電圧で与えると，ベース-エミッタ間電圧は固定され，大きな電圧，電流まで用いる電力増幅回路としては，熱暴走を起こしやすいバイアス回路となる。そのために，図 5.24 のように，普通は E_D のかわりにダイオード両端の電圧を利用する。

このようにすれば，一つのトランジスタに必要な V_{BED} は，一つの

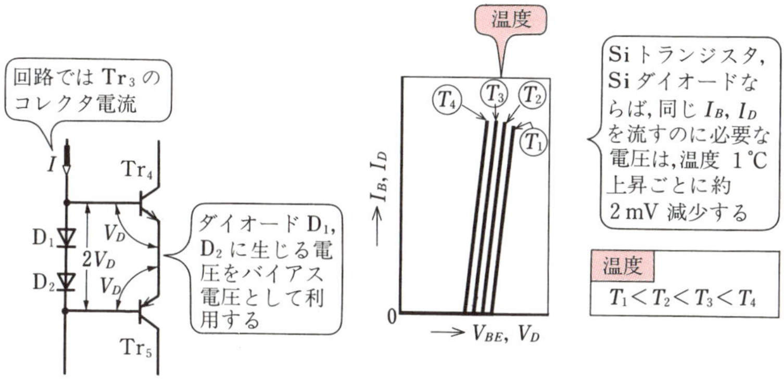

図 5.24　ダイオードによるバイアス

ダイオードの電圧 V_D とほぼ等しく，また，温度変化によってトランジスタに必要な V_{BED} が変化しても，同じようにダイオード両端の電圧 V_D も変化するので，安定したバイアス回路になる。

5.2.4　出力トランジスタの最大定格

理想最大出力電力 P_{om} をB級プッシュプル電力増幅回路で出力するとき，どれくらいの最大定格のトランジスタを用いればよいかを調べてみよう。

1　最大コレクタ電流 I_{Cm}　　コレクタ電流は，図5.19からわかるように，$\dfrac{E_1}{R_L}$ 以上は流れないので

$$I_{Cm} > \frac{E_1}{R_L}$$

のトランジスタでよい。

2　最大コレクタ-エミッタ間電圧 V_{CEm}　　コレクタ-エミッタ間電圧は，例えばTr₄が遮断状態のとき，図5.25のように，Tr₅の v_{CE5} は零まで下がるので，そのときにTr₄の v_{CE4} は $2E_1$ になる。したがって，必要な V_{CEm} はつぎのようになる。

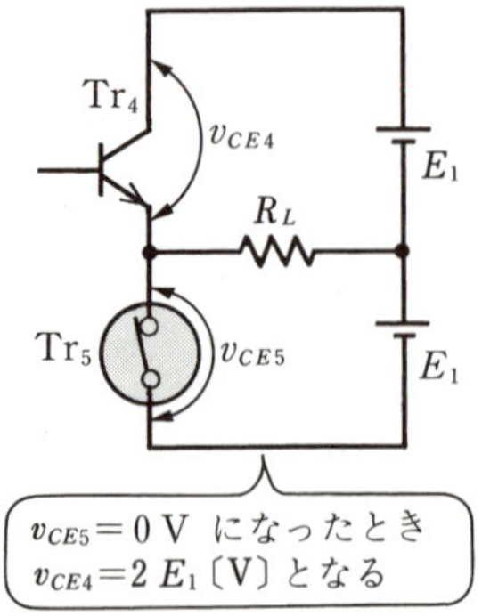

図 5.25　v_{CE} の最大値

$$V_{CEm}>2E_1$$

3　許容コレクタ損 P_{Cm}　与えられた直流電力 P_{DC} と出力電力 P_o との差が，トランジスタで消費される電力，すなわちコレクタ損 P_C となる。

いま，図 5.26 に示すように，出力電圧，出力電流が理想最大出力時の m 倍である場合の直流電力を P_{DC}，出力電力を P_o として，トランジスタ 1 個あたりのコレクタ損 $P_C=\dfrac{P_{DC}-P_o}{2}$ を求めると，つぎのようになる。

$$P_{DC}=\frac{2}{\pi}E_1I_{Cm}m=\frac{2mE_1{}^2}{\pi R_L}$$

$$P_o=\frac{mV_{CEm}}{\sqrt{2}}\cdot\frac{mI_{Cm}}{\sqrt{2}}=\frac{m^2E_1{}^2}{2R_L}$$

$$\therefore\quad P_C=\frac{P_{DC}-P_o}{2}=\frac{1}{2}\left(\frac{2mE_1{}^2}{\pi R_L}-\frac{m^2E_1{}^2}{2R_L}\right)$$

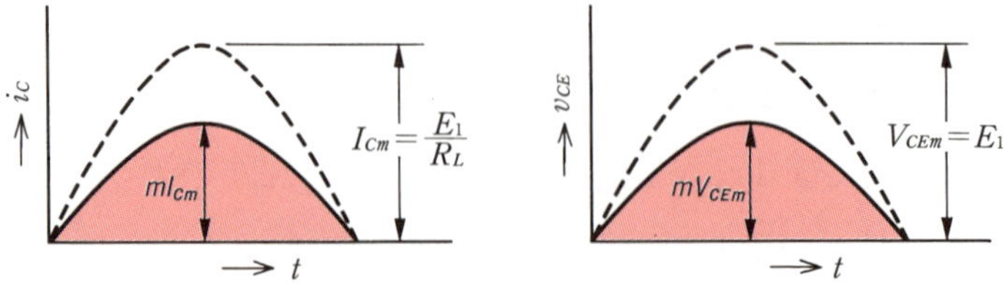

図 5.26　コレクタの電流と電圧

$$=\frac{4m-\pi m^2}{2\pi}P_{om} \tag{5.11}$$

ただし，$P_{om}=\dfrac{E_1{}^2}{2R_L}$ である。P_{om} は理想最大出力電力を示す。

式（5.11）において，P_C が最大になるのは，$(4m-\pi m^2)$ が最大になるときである。それは $4m-\pi m^2$ を m で微分した $4-2\pi m$ が 0 となるとき，つまり $m=\dfrac{4}{2\pi}\fallingdotseq 0.637$ になるときである。

したがって，そのときのコレクタ損を P_{Cm} とすれば

$$P_{Cm}=\frac{\left(4\dfrac{4}{2\pi}-\pi\dfrac{16}{4\pi^2}\right)P_{om}}{2\pi}$$

$$=\frac{2}{\pi^2}P_{om}\fallingdotseq 0.203P_{om} \tag{5.12}$$

となる。

以上の結果から，使用するトランジスタのコレクタ損は

$$P_{Cm}>0.203P_{om}$$

であればよいことになる。

このときの出力電力 P_o は，$m\fallingdotseq 0.637$ であるから

$$P_o=m^2P_{om}\fallingdotseq 0.406P_{om} \tag{5.13}$$

となる。すなわち，P_o が理想最大出力電力 P_{om} の 40.6％の出力のとき，コレクタ損は P_{om} の 0.203 倍の大きさとなり，最大となる。

問 8. 理想最大出力時のトランジスタ1個あたりのコレクタ損はいくらになるか。

問 9. 負荷抵抗 4 Ω で，最大出力 5 W の増幅回路を作るとき，必要な電源電圧を E_1 および使用するトランジスタの最大定格 I_{Cm}，V_{CEm}，P_{Cm} はいくらのものにすればよいか。

5.2.5 B級プッシュプル電力増幅回路の特徴

いままで調べてきたことから，特徴をまとめるとつぎのようになる。

① 電源効率は，最大出力のときに 78.5％になる。

② 理想最大出力電力の 0.203 倍のコレクタ損のトランジスタを用いればよい。

このために，大きな出力の電力増幅回路では，このB級プッシュプル方式がよく用いられる。

5 練習問題

❶ 図 5.27 の回路において，つぎの問に答えなさい。ただし，変成器やトランジスタによる損失は無視する。

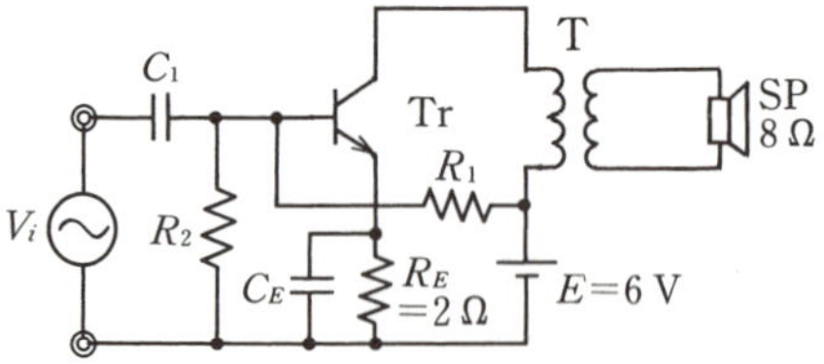

トランジスタの定格
$I_{Cm}=0.8$ A
$V_{CEm}=40$ V
$P_{Cm}=1.8$ W
$h_{FE}=110$

図 5.27

(a) $E=6$V とするとき，最大出力電力を得るには，バイアス I_C をいくらにすればよいか。ただし，R_E は無視して考えてよい。

また，このバイアスにするには，R_1，R_2 をいくらにすればよいか。ただし，$V_{BE}=0.6$V，R_1，R_2 にはバイアスベース電流の 20 倍の電流を流すものとする。

(*b*)　最大出力電力を得るための変成器 T のインピーダンス比を求めなさい。

(*c*)　(*a*)，(*b*) のように，定数を決めたときの理想最大出力電力はいくらか。

❷　図 *5. 13* の B 級プッシュプル電力増幅回路で，負荷として 8 Ω を使用し，30 W の理想最大出力電力を得るには，電源電圧をいくらにすればよいか。また，その回路に用いる出力用トランジスタの最大定格を求めなさい。

❸　図 *5. 28* の A 級電力増幅回路の電源効率を求めなさい。トランジスタの I_C は 200 mA を動作点とし，無ひずみ最大出力とする。

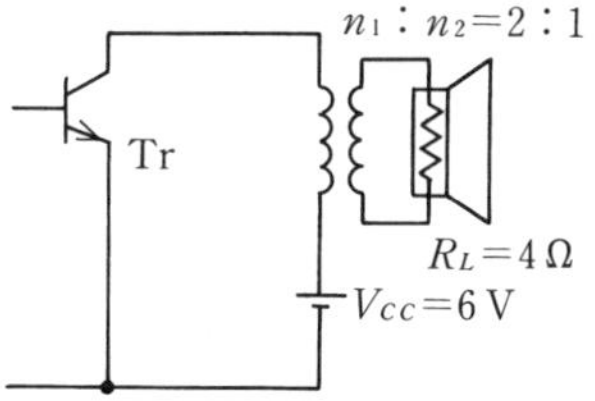

図　5. 28

❹　図 *5. 29* の B 級プッシュプル電力増幅回路の負荷線がある。この回路の無ひずみ最大出力電力と電源効率を求めなさい。

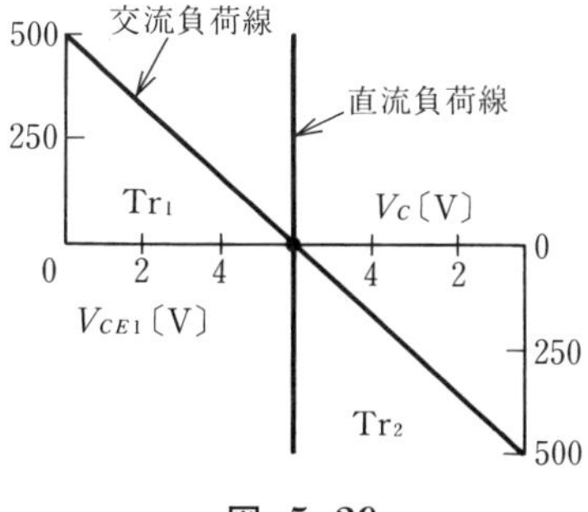

図　5. 29

6 低周波増幅回路の設計

増幅回路の設計とは，回路仕様を決め，部品を選択し，回路定数を決定することである。本章では，マイクロホンなどから得られる音声周波数の信号を増幅して，スピーカを鳴らす低周波電力増幅回路を例にして，仕様書の作り方から回路定数の決定まで，設計の手順について学ぶ。

6.1 設計回路と設計仕様

マイクロホンやピックアップなどから供給された小信号をスピーカで鳴らすためには，小信号を大きな電力に増幅する必要がある。ここでは，そのような増幅を行う $P_{om}=20$ W 級の電力増幅回路を設計する。

1 設計回路　図 *6.1* の B 級プッシュプル電力増幅回路とする。

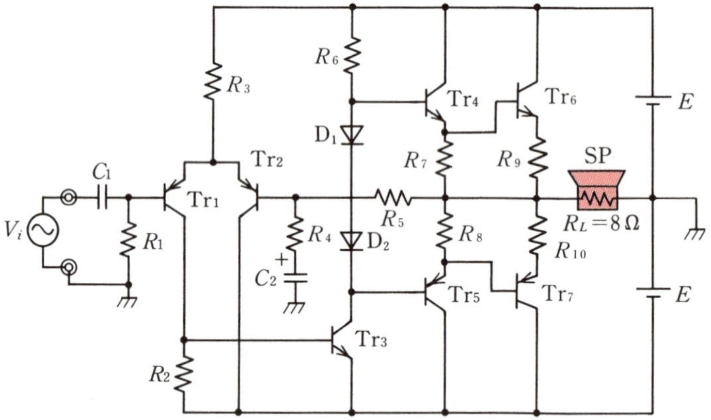

図 *6.1*　B 級プッシュプル電力増幅回路

2 設計仕様

最大出力電力　$P_{om}=20$ W，　最大入力電圧　$V_{im}=1$ V

負　荷　抵　抗　$R_L=8\ \Omega$，　低域遮断周波数　$f_L=20$ Hz 以下

6.2 設　計　手　順

増幅回路を設計する場合，まず設計仕様を作成する。それは目的とする特性と求めるものをはっきりさせるためである。ここでは，一つの設計仕様を例にして，設計仕様の作成法から設計の手順について学ぶ。

設計で求めるもの

- **電　源　電　圧**　(E)
- **トランジスタの定格**　($\mathrm{Tr_1}$，$\mathrm{Tr_2}$，$\mathrm{Tr_3}$，$\mathrm{Tr_4}$，$\mathrm{Tr_5}$，$\mathrm{Tr_6}$，$\mathrm{Tr_7}$)
- **抵　　抗　　値**　(R_1，R_2，R_3，R_4，R_5，R_6，R_7，R_8，R_9，R_{10})
- **コンデンサの値**　(C_1，C_2)
- **ダイオードの定格**　($\mathrm{D_1}$，$\mathrm{D_2}$)

1　電源電圧 E　　E は最大出力電力 P_{om} 負荷抵抗（スピーカ）R_L から求める。理想な状態を考えれば，E と P_{om} の間には次式の関係がある。

$$E=\sqrt{2P_{om}R_L}\ \text{〔V〕}$$

したがって

$$E=\sqrt{2\times20\times8}\fallingdotseq18\ \text{〔V〕}$$

実際には損失があるので，必要な電源電圧はこれよりも 3〜5V 大きくしなければならない。ここでは，$E=22\,\mathrm{V}$ にしたときの理想最

大出力電力は $P_{om}=\dfrac{E^2}{2R_L}=\dfrac{22^2}{16}\fallingdotseq 30$〔W〕である。

2 パワートランジスタ Tr_6，Tr_7　I_{Cm}，V_{CmE} は理想的な状態において，つぎの関係がある。

$$I_{Cm}=\frac{E}{R_L}=\frac{22}{8}=2.75\ \text{〔A〕},\quad V_{CmE}=2E=44\ \text{〔V〕}$$

また，P_{Cm} は，B 級プッシュプルの理想最大出力電力 P_{om} との間に

$$P_{Cm}\fallingdotseq 0.203\,P_{om}=0.203\times 30=6.09\ \text{〔W〕}$$[†1]

という関係があることから，Tr_6，Tr_7 は，$P_C=30$ W 以上，最大コレクタ電圧 $V_{CEO}=50$ V，最大コレクタ電流 $I_C=3.5$ A 以上になる。

$P_C=30$ W，$V_{CEO}=100$ V，$I_C=5$ A，$h_{FE}=100$ のコンプリメンタリ（相補対称）のトランジスタである 2 SD 1407 と 2 SB 1016 を使用する。

3 ドライバトランジスタ Tr_4，Tr_5　トランジスタ Tr_6 のコレクタ損と R_9 がないものとして，正弦波交流信号が流れたときの I_C を求めると，図 6.2 のように

$$I_C=\left(\frac{V_{CC}}{R_L}\right)^2\cdot\frac{1}{\pi}=\left(\frac{22}{8}\right)^2\cdot\frac{1}{\pi}\fallingdotseq 2.4\ \text{〔A〕}$$

となる。

つぎに，$h_{FE}=20$ とし I_B を求める。

$$I_B=\frac{I_C}{h_{FE}}=\frac{2.4}{20}=120\ \text{〔mA〕}$$

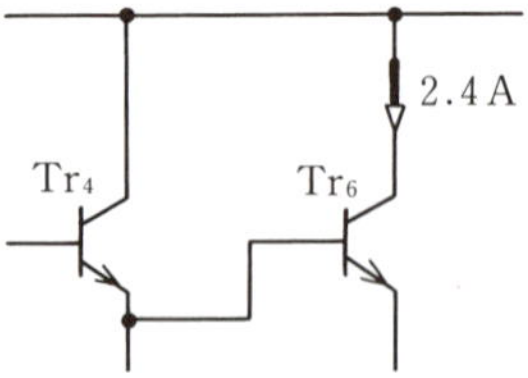

図 6.2

†1 トランジスタの P_{Cm} は，周囲温度や放熱板の使用により変化する。

$$P_C=\frac{\mathrm{Tr_6}\text{の損失}}{h_{FE}}=\frac{6}{20}=300\ \text{〔mW〕}$$

以上のことから，パワー段と同じ 50 V 以上で，定格の大きいものとして，$P_C=15$ W，$V_{CEO}=120$ V，$I_C=1$ A のコンプリメンタリのトランジスタである 2 SC 3421 と 2 SA 1358 を使用する。

4　保護用抵抗 R_7，R_8　この抵抗はパワー段のトランジスタ $\mathrm{Tr_6}$，$\mathrm{Tr_7}$ の保護抵抗で，30 mA 程度の電流を流しておく。ドライバトランジスタ $\mathrm{Tr_4}$ の h_{FE} は 40～240 なので，特性上バイアス電流は小さくても 2 mA（図 *6.3*）とする。

$$R_7=\frac{0.6}{2\times10^{-3}}=300\ \text{〔Ω〕},\qquad R_7=R_8$$

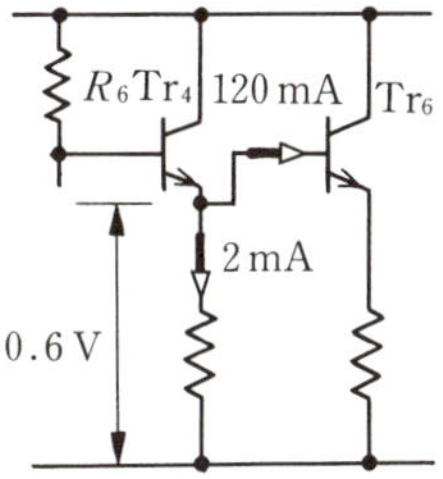

図 6.3

5　プリドライババイアス抵抗 R_6　パワートランジスタ $\mathrm{Tr_6}$ の h_{FE} を 20，$\mathrm{Tr_4}$ の h_{FE} を 100 としたとき，$I_B=\dfrac{122}{100}=1.22$ mA となる。そこで，ここではプリドライバ電流をその 3 倍以上流すこととし，4 mA とすると，$R_6=\dfrac{22}{4\times10^{-3}}=5.5$〔kΩ〕となる。ここでは，$R_6$ として 5.6 kΩ を使用することにする。

6　プリドライバトランジスタ $\mathrm{Tr_3}$　$\mathrm{Tr_3}$ は A 級増幅のため，入力信号がないとき，コレクタ損 $P_C=V_{CE}I_C$ は最大になる。P_C を計算すると

$$P_C=22\times4\times10^{-3}=88\ \text{〔mW〕}$$

となる。ここでは余裕をもたせて，最大定格が $P_C=200\,\mathrm{mW}$，$V_{CEO}=50\,\mathrm{V}$，$I_C=20\,\mathrm{mA}$ 以上であるトランジスタ 2 SC 3423 を使用する。

7 入力差動増幅用トランジスタ $\mathbf{Tr_1}$，$\mathbf{Tr_2}$ 初段の入力電圧は 1 V まで入力される。またトランジスタの電流変化が大きいため，0.1〜0.5 mA 程度のトランジスタとして，2 SA 1015 を使用する。

8 各抵抗 $\boldsymbol{R_1}$，$\boldsymbol{R_2}$，$\boldsymbol{R_3}$，$\boldsymbol{R_5}$ 初段の動作電流を 0.3 mA とすると，R_3 に流れる電流は 0.6 mA である。R_3 の電圧も片側の電圧に等しいとすると

$$R_3=\frac{\frac{V_{CC}}{2}}{0.6}=\frac{22}{0.6}=36.7\ 〔\mathrm{k\Omega}〕$$

である。ここでは，R_3 として 39 kΩ を使う。R_2 は $\mathrm{Tr_3}$ の V_{BE} の電圧と考えて $R_2=\dfrac{0.6}{0.3}=2$〔kΩ〕である。R_1 は入力抵抗になるため，$R_1=47\,\mathrm{k\Omega}$ とする。$\mathrm{Tr_1}$ と $\mathrm{Tr_5}$ を動作させるために $R_1=R_5$ とする。

9 帰還抵抗 $\boldsymbol{R_4}$ 増幅度は余裕をもって 20 倍とする。したがって，$R_4=\dfrac{47\times10^3}{20}=2.35\,\mathrm{k\Omega}$ となる。ここでは，2.2 kΩ を使う。

10 増幅度 $\boldsymbol{A_V}$ $A_V=\dfrac{h_{FE}R_C}{2(r_1+R_g)}$ の式より初段の h_{FE} を 300 として，入力抵抗は 47 kΩ とする。

$$A_{V1}=\frac{300\times670}{2(47\times10^3+2.35\times10^3)}=2.04$$

$$G_V=20\log_{10}2.04=6.19\ 〔\mathrm{dB}〕$$

$$A_{V2}=\frac{200\times4.2\times10^3}{1.5\times10^3}=560$$

$$G_{V2}=55.0\,\mathrm{dB}\ （全体では\ 61.2\,\mathrm{dB}）$$

11 バイアス回路 図 6.4 の a-b 間の電圧は等しくなくてはならない。

$$V=2.4-0.6-0.6=1.2\ 〔\mathrm{V}〕$$

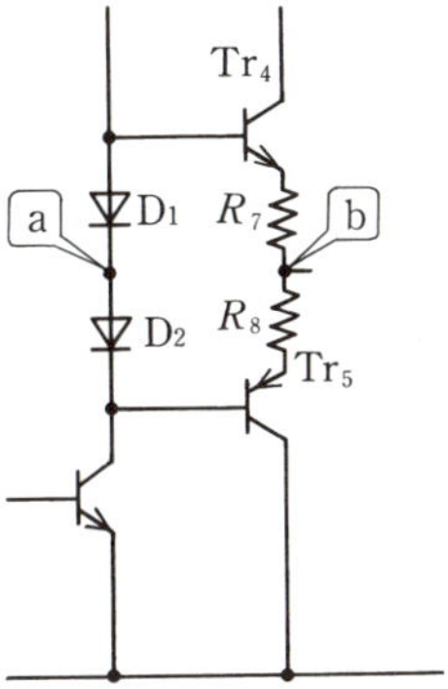

図 6.4

シリコンダイオードを2本直列に用いればダイオードの両端電圧は約1.2Vとなり，また温度補償もできる。ここでは，D_1，D_2として1S1588を用いる。

12　各コンデンサ C_1，C_2　C_1は，低域でC_1のリアクタンスR_1より十分に小さくなる。

$$\frac{1}{2\pi f_L C_1} \ll R_1$$

$$\therefore \quad C_1 \gg \frac{1}{2\pi f_L R_1} = \frac{1}{2\pi \times 20 \times 47 \times 10^3} = 0.169 \times 10^{-6} \text{〔F〕}$$

$$= 0.169 \text{〔}\mu\text{F〕}$$

ここでは，計算値の10倍以上をとって$C_1 = 2.2\,\mu$F とする。

C_2は，低域でC_2のリアクタンスR_4より十分小さくなるようにする。

$$C_2 \gg \frac{1}{2\pi f_L R_4} = \frac{1}{2\pi \times 20 \times 2.2 \times 10^3} = 3.6 \times 10^{-6} \text{〔F〕}$$

$$= 3.6 \text{〔}\mu\text{F〕}$$

ここでは，計算値の10倍以上をとって$C_2 = 68\,\mu$F とする。

13　全体の回路図　図6.5（a）の抵抗値は，市販されている抵抗値とした。

完成した回路の製作例を図（b）に示す。

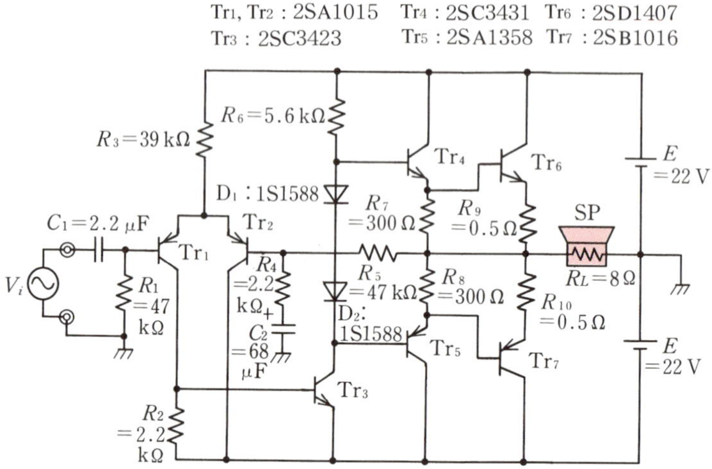

(a)　回　路　図

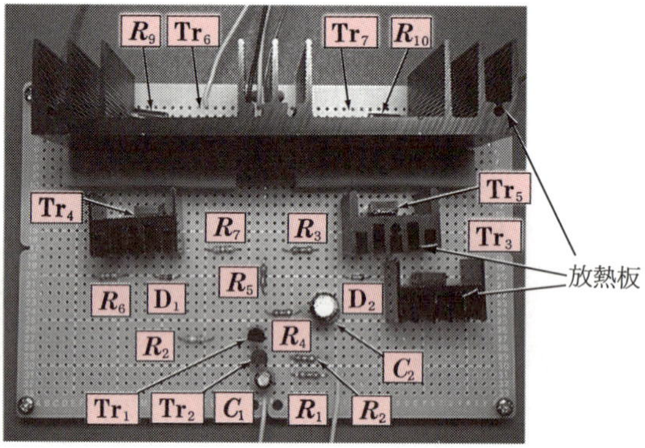

(b)　製　作　例

図 6.5　完成したB級プッシュプル電力増幅回路

6.3 特性測定

設計し，製作が終われば，設計仕様どおりの特性が得られるかどうか，実際に特性を測定する。ここでは，入出力特性，周波数特性の求め方について学ぶ。

6.3.1 入出力特性

入力の信号を1kHzにして入力電圧 V_i を増加させたとき，出力電圧 V_o の特性を表すと図6.6（a）のようになる。これが入出力特性である。

図（b）は，上の波形が入力波形で，下の波形が出力波形である。

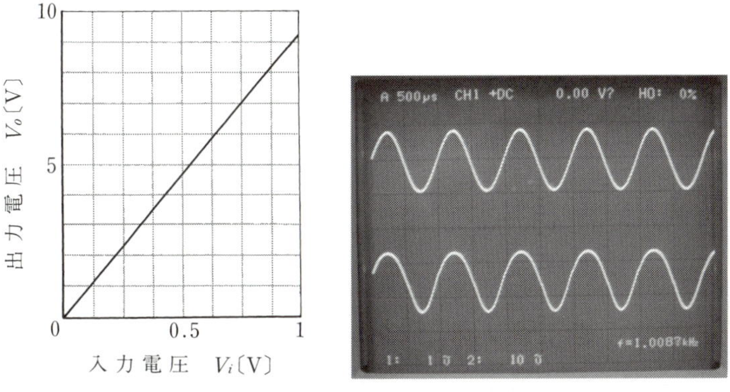

（a）特性図　　（b）入出力波形

図 6.6　入出力特性

出力波形のひずみ率は 5.5 %となった。

6.3.2　周波数特性

入力電圧 V_i を一定に保ち，周波数 f を変えたときの出力電圧 V_o を求めたグラフを表すと，図 6.7 のようになる。これが周波数特性である。

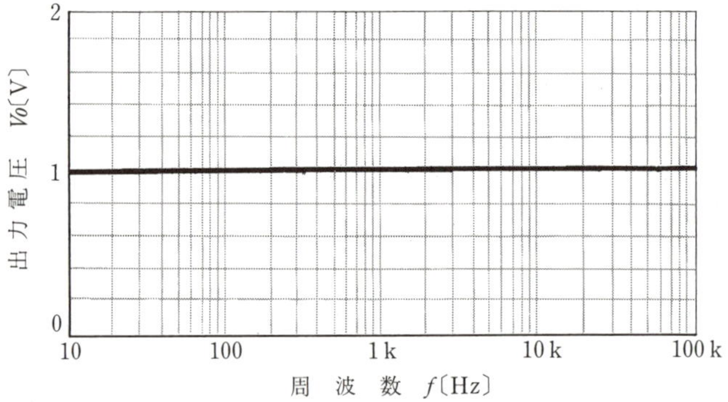

図 6.7　周波数特性

7

高周波増幅回路

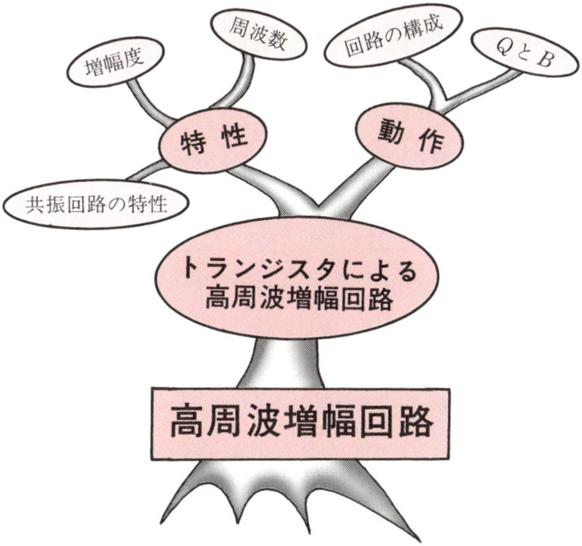

テレビジョン受像機やラジオ受信機では，高周波の帯域幅を持つ信号を増幅する必要がある。このような増幅回路を高周波増幅回路という。これまでの増幅回路と違い，入出力に共振回路が使われる。本章では，ラジオ受信機の中間周波増幅回路を例にして，その動作や特性の求め方を学ぶ。

7.1.1 回路の動作

ラジオ受信機では，アンテナで受けた多くの放送局の周波数信号の中から，希望する放送局の周波数の信号を選択し，すぐに 455 kHz の周波数の電圧に変換している。この変換された中心周波数 455 kHz の信号を増幅するのが**中間周波増幅回路**で，図 7. 1 の回路はその一例である。

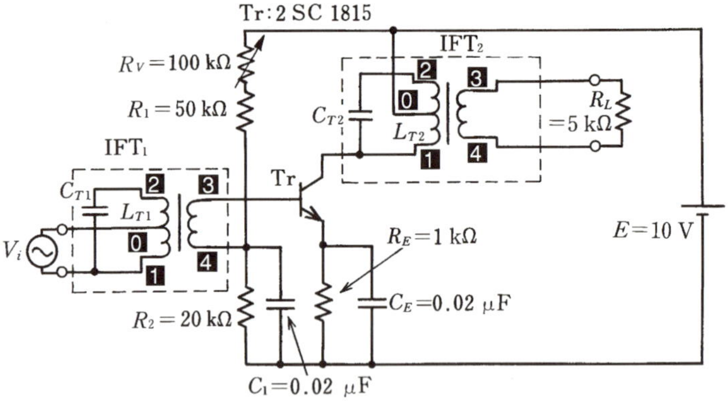

IFT 仕様

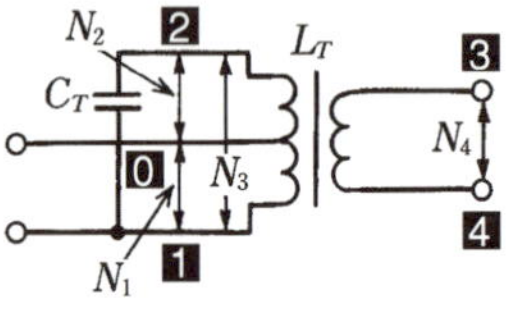

IFT 仕様		
	IFT_1	IFT_2
N_1	30	50
N_2	130	110
N_3	160	160
N_4	20	20
Q_0	80	80
C_T	200 pF	200 pF
L_T	0.6 mH	0.6 mH

2 SC 1815 の h パラメータ

h_{ie}	2.2 kΩ
h_{re}	5×10^{-5}
h_{fe}	160
h_{oe}	9 μS

図 7. 1　中間周波増幅回路

いままで学んできた増幅回路と同じように，直流回路と交流回路に分けることによって，バイアスの加わり方や，入力から出力への交流の伝わり方などがわかる。

直流回路は，R_V，R_1，R_2，R_E によって電流帰還バイアス回路が作られている。

交流回路は図 7.2 の回路となる。

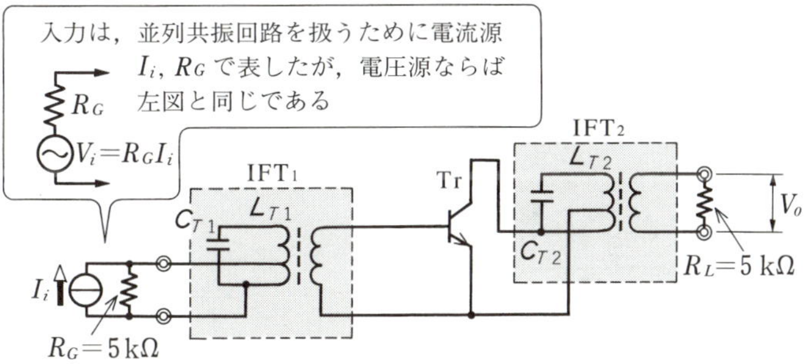

図 7.2 交流回路

入力信号は，図 7.3 に示すように変成器 $\mathrm{IFT_1}$ によって周波数選択を受けたあと，Tr で増幅される。増幅された信号は，$\mathrm{IFT_2}$ によって再び周波数選択を受け，負荷 R_L に加わる。ここで，$\mathrm{IFT_1}$ と $\mathrm{IFT_2}$ は 455 kHz に共振させてあるので，455 kHz を中心としたある範囲の周波数の信号だけが，選択的に増幅されることになる。h パラメータを用いた交流回路を図 7.4 に示す。

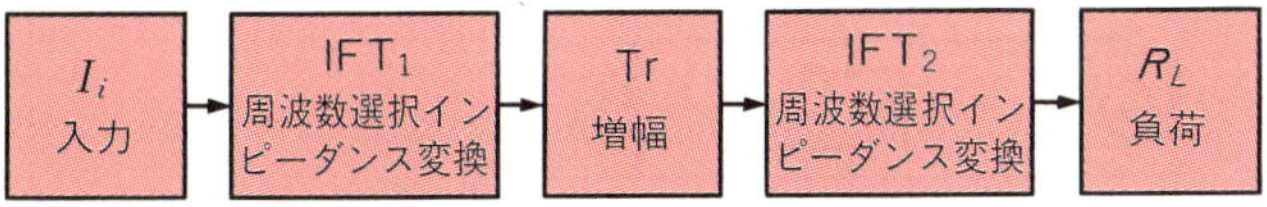

図 7.3 信号の流れ

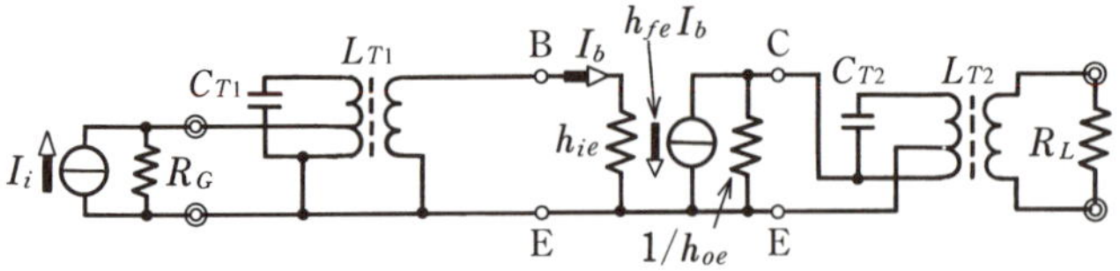

図 7.4　交流回路

7.1.2　周波数特性

周波数特性は，入力側の変成器IFT_1の回路と，出力側の変成器IFT_2の回路によって決まるが，まずIFT_1による特性について調べ

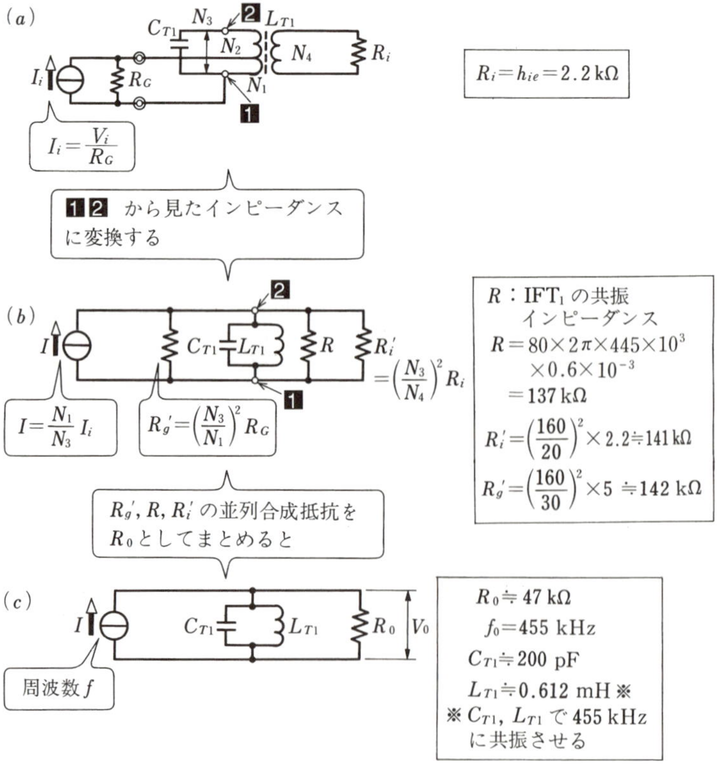

図 7.5　入力側の回路

てみよう。

交流回路から入力側の回路を描き出すと図 7.5（a）となる。さらに，入力信号源の抵抗 R_G とトランジスタの入力抵抗 R_i を，変成器の❶ ❷ 端子を基準にしてインピーダンス変換すると，図（b）となる。この並列抵抗を一つに合成して表すと図（c）のようになる。ただし，図（b）における R は $\mathrm{IFT_1}$ の共振インピーダンスである。

すなわち，L や C に純粋なものはありえないので，一般に並列共振回路は共振のときでもインピーダンスは無限大にならず，図 7.6 のような等価回路で与えられる。この R を共振インピーダンスという。また，ω_0 を共振角周波数としたときの $\dfrac{R}{\omega_0 L}$ は Q_0 で表し，この Q_0 は，共振回路の特性を表すものとして用いられる。

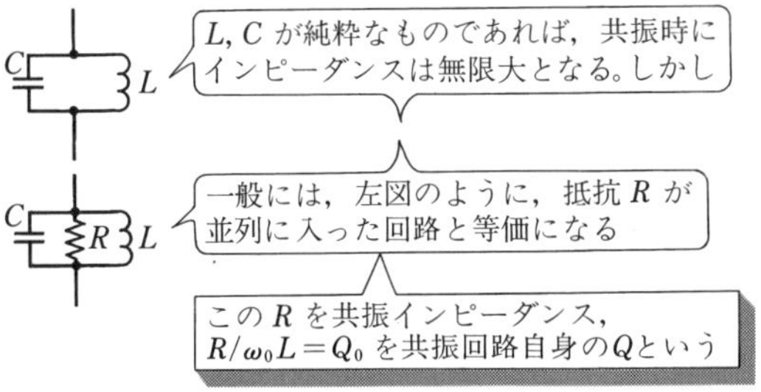
C
L
L, C が純粋なものであれば，共振時にインピーダンスは無限大となる。しかし
C
R
L
一般には，左図のように，抵抗 R が並列に入った回路と等価になる
この R を共振インピーダンス，R/ω₀L＝Q₀ を共振回路自身のQという

図 7.6　並列共振回路

したがって，入力側回路の周波数特性は，図 7.5（c）において，各周波数 f における R_0 両端の電圧 V によって求められる。

RLC 並列回路のアドミタンス Y は次式となる。

$$Y=\frac{1}{R}+j\omega C-j\frac{1}{\omega L}$$

$$=\frac{1}{R}\left\{1+j\left(\omega RC-\frac{R}{\omega L}\right)\right\} \qquad (7.1)$$

共振周波数を f_0，共振角周波数を ω_0 とすれば，$\omega_0{}^2LC=1$ であるから，Y は

$$Y=\frac{1}{R}\left\{1+j\left(\frac{\omega}{\omega_0}\cdot\frac{R}{\omega_0 L}-\frac{\omega_0}{\omega}\cdot\frac{R}{\omega_0 L}\right)\right\} \tag{7.2}$$

となる。$\dfrac{R}{\omega_0 L}=Q_r$ であるから，式（7.2）を整理すると

$$Y=\frac{1}{R}\left\{1+jQ_r\left(\frac{\omega}{\omega_0}-\frac{\omega_0}{\omega}\right)\right\} \tag{7.3}$$

ω が ω_0 に近いところでは，つぎの近似式が成り立つ。

$$\frac{\omega}{\omega_0}-\frac{\omega_0}{\omega}=\frac{\omega^2-\omega_0{}^2}{\omega_0\omega}=\frac{(\omega+\omega_0)(\omega-\omega_0)}{\omega_0\omega}\fallingdotseq\frac{2(\omega-\omega_0)}{\omega_0} \tag{7.4}$$

また各周波数 f，共振周波数 f_0 を用いて表すとつぎのようになる。

$$\frac{2(\omega-\omega_0)}{\omega_0}=\frac{2(f-f_0)}{f_0} \tag{7.5}$$

したがって，式（7.3）は次式となる。

$$Y=\frac{1}{R}\left\{1+jQ_r\frac{2(f-f_0)}{f_0}\right\}=\frac{1}{R}(1+jkQ_r) \tag{7.6}$$

ただし，$k=\dfrac{2(\omega-\omega_0)}{\omega_0}=\dfrac{2(f-f_0)}{f_0}$ である。よって Y は次式となる。

$$Y=\frac{\sqrt{1+(kQ_r)^2}}{R} \tag{7.7}$$

したがって，電圧 V は共振時における R_0 の両端の電圧を V_0 とすると，次式のようになる。

$$V=\frac{I}{Y}=\frac{R_0 I}{\sqrt{1+(kQ_r)^2}}=\frac{1}{\sqrt{1+(kQ_r)^2}}V_0 \tag{7.8}$$

$$Q_r=\frac{R_0}{\omega_0 L_{T1}} \tag{7.9}$$

以上のように並列共振回路では，V は直接図 7.5(c) から求めるのではなく，式（7.8）で概略値を求めることができる。また，帯域

幅 B も次式によって概略値を求めることができる。

$$B=\frac{f_0}{Q_r} \qquad (7.10)$$

したがって，図 7.5 の周波数特性は，式（7.8）を用いて各周波数における電圧 V を求めればよい。その結果は図 7.7 のようになる。

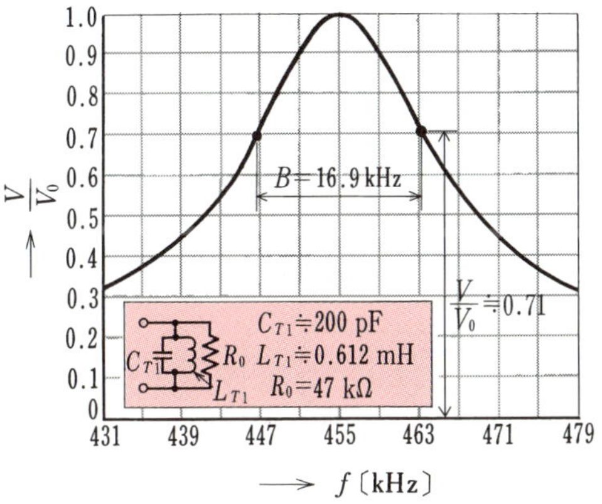

図 7.7　入力側の周波数特性

帯域幅 B は，式（7.10）から f_0 と Q_r を求めると，つぎのようになる[†1]。

$$f_0=455\ \text{kHz}$$

$$Q_r=\frac{R_0}{\omega_0 L_{T1}}\fallingdotseq 26.9$$

$$B=\frac{f_0}{Q_r}=\frac{455}{26.9}\fallingdotseq 16.9\ \text{〔kHz〕}$$

入力側と同様にして，出力側の周波数特性を求めてみる。出力側の回路は図 7.8 のようになる。

---

†1　この帯域幅は，図 7.7 の $V=\dfrac{V_0}{\sqrt{2}}$ になる周波数の間隔にもなる。

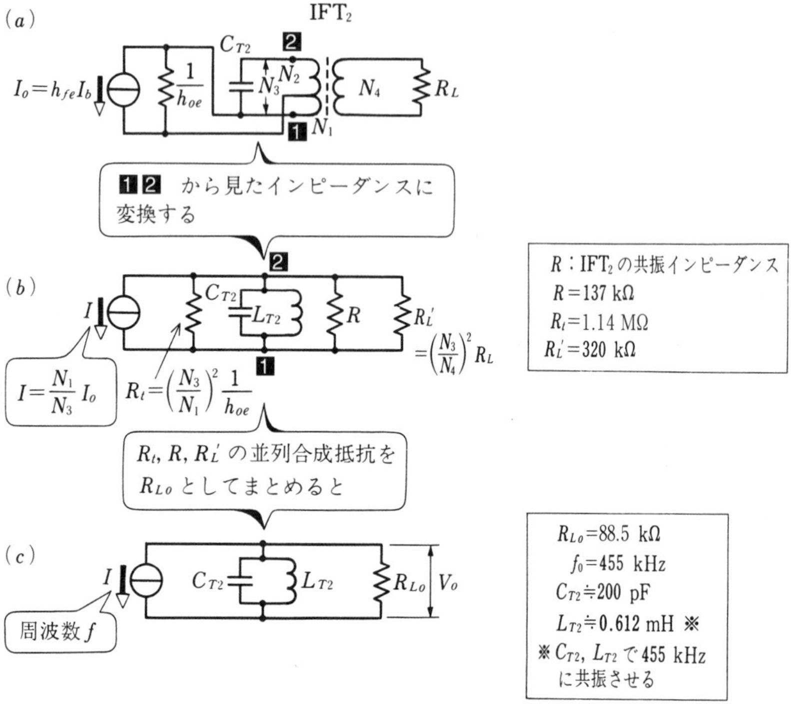

図 7.8　出力側の回路

式（7.8），（7.9），（7.10）を用いて帯域幅 B を求めると，つぎのようになる。

$$f_0 = 455\ \mathrm{kHz}$$

$$Q_r = \frac{R_{L0}}{\omega_0 L_{T2}} \fallingdotseq 50.6$$

$$B = \frac{f_0}{Q_r} = \frac{455}{50.6} \fallingdotseq 8.99\ 〔\mathrm{kHz}〕$$

図 7.9 はその特性図である。

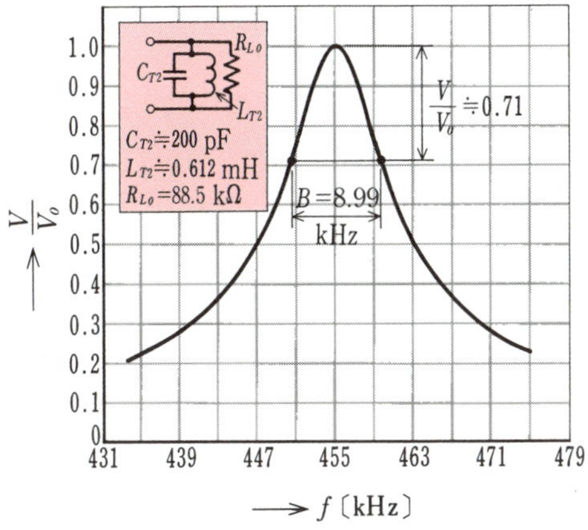

図 7. 9　出力側の周波数特性

例題 1.

図 *7. 10* の回路において，共振周波数 f_0，帯域幅 B，共振時における R_0 の両端の電圧 V_0 はいくらか。

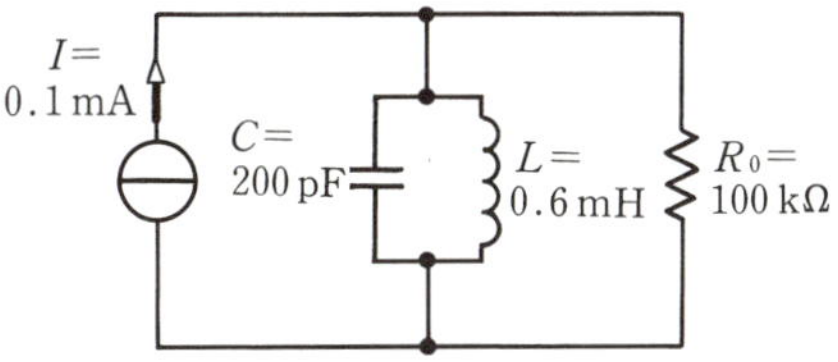

図 7. 10

解答　共振周波数 f_0 は，$f_0=\dfrac{1}{2\pi\sqrt{LC}}$ で求める。

$$f_0=\frac{1}{2\pi\sqrt{LC}}=\frac{1}{2\pi\sqrt{0.6\times10^{-3}\times200\times10^{-12}}}\fallingdotseq459\times10^3\ \text{〔Hz〕}$$

回路の帯域幅 B は，まず Q_r を式（*7. 9*）から求めると

$$Q_r=\frac{R_0}{\omega_0 L_{T1}}=\frac{100\times10^3}{2\pi\times459\times10^3\times0.6\times10^{-3}}=57.8$$

つぎに，式（*7. 10*）を用いて帯域幅 B を求める。

$$B=\frac{f_0}{Q_r}=\frac{459\times10^3}{57.8}=7.94\ 〔\mathrm{kHz}〕$$

R_0 の両端の電圧 V_0 はつぎのように求められる。

$$V_0=R_0\times I=100\times10^3\times0.1\times10^{-3}=10\ 〔\mathrm{V}〕$$

7.1.3　増　幅　度

高周波増幅回路では，変成器によってインピーダンス変換をして，効率よく交流分を増幅し，また必要な帯域幅を得るようにする。

高周波増幅回路の電力増幅度を求めるため，共振時における各インピーダンスを，トランジスタを基準に変換した交流回路で考えると，図 7.11 のようになる。

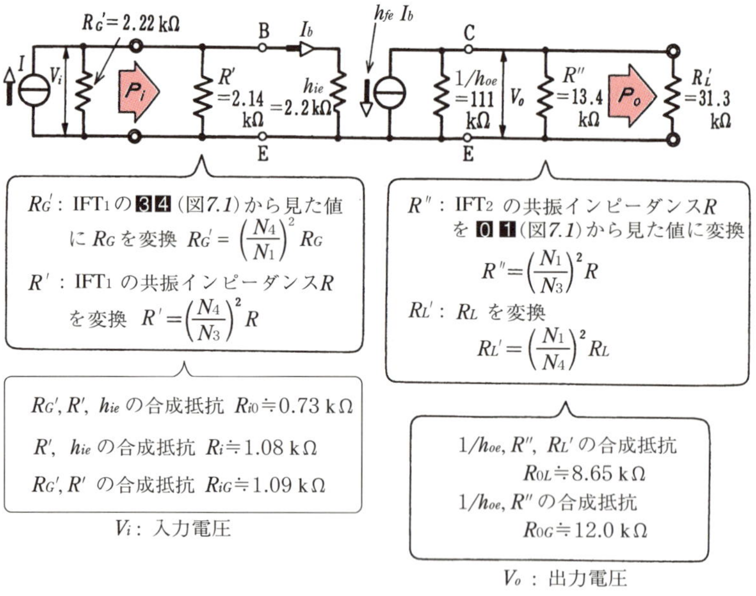

図 7.11　増幅度を求めるための回路

電力増幅度 A_P は

$$A_P=\frac{負荷で消費される電力}{入力電力}$$

図 7. 11 においては

$$A_P=\frac{P_o}{P_i}$$

である。

図の R_G'，R'，h_{ie} の合成抵抗を R_{i0} とすると

$$V_i=R_{i0}I\fallingdotseq 0.73\times 10^3 I$$

$$P_i=\frac{{V_i}^2}{R_i}=\frac{(0.73\times 10^3 I)^2}{1.08\times 10^3}\fallingdotseq 0.493\times 10^3 I^2$$

$$I_b=\frac{R_{iG}}{h_{ie}+R_{iG}}I\fallingdotseq 0.331\,I$$

$$V_o=h_{fe}I_bR_{0L}=160\times 0.331\,I\times 8.65\times 10^3\fallingdotseq 458\times 10^3 I$$

$$P_o=\frac{{V_o}^2}{R_L'}=\frac{(458\times 10^3 I)^2}{31.3\times 10^3}\fallingdotseq 6.7\times 10^6 I^2$$

したがって

$$A_P=\frac{P_o}{P_i}=\frac{6.7\times 10^6 I^2}{0.493\times 10^3 I^2}\fallingdotseq 13\,600$$

となる。

7 練　習　問　題

❶ 高周波増幅回路の役割について説明しなさい。

❷ 図 7. 12 の回路の共振周波数 f_0 が 458 kHz であった。回路の Q_r を求めなさい。

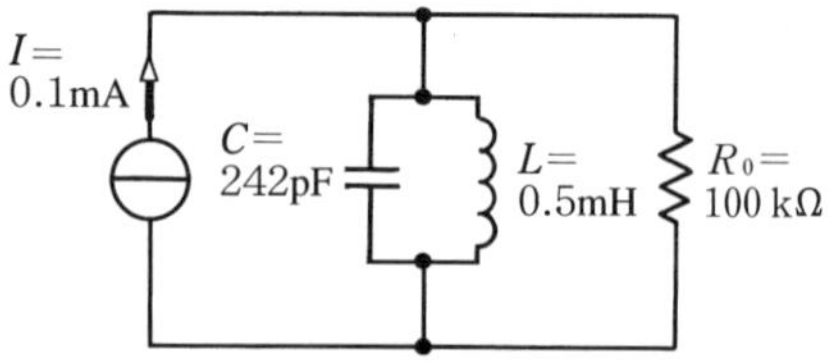

図 7.12

❸ 共振周波数 f_0 が 455 kHz の共振回路で，回路の Q_r が 54.5 であった。この回路の周波数帯域幅 B を求めなさい。

❹ 図 7.13 の回路で，共振周波数 f_0，インダクタンス L の共振時の両端の電圧 V_0，回路の Q_r および周波数帯域幅 B を求めなさい。

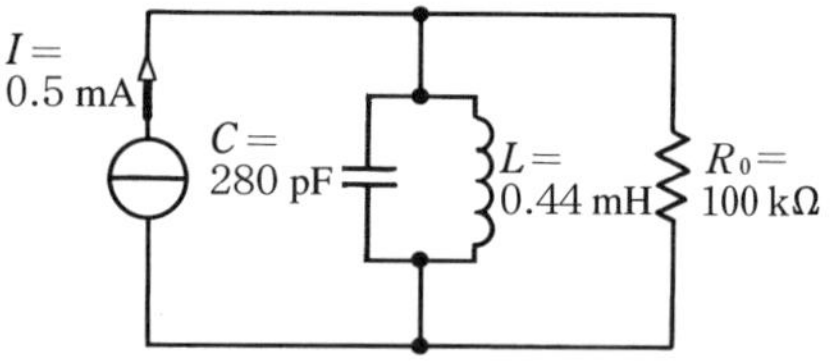

図 7.13

8 発 振 回 路

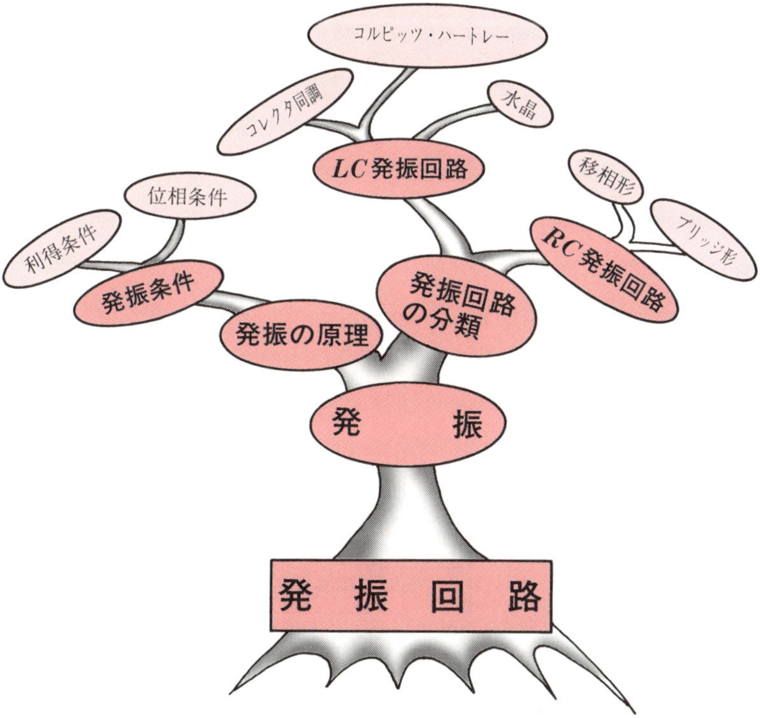

正弦波信号を作る回路を発振回路という。発振は増幅回路に正帰還を使って行われる。本章では，正帰還による発振の原理から，LC を使った LC 発振回路と RC を使った RC 発振回路の回路構成や動作について学ぶ。

8.1 発　振

発振させる回路は数多くある。いずれの回路でも原理は，増幅回路の出力信号の一部をある条件の下で入力に戻すことである。ここでは，増幅回路が発振するための二つの条件について学ぶ。

8.1.1 発振の原理

1　回路の構成と発振条件　図 *8.1* のように，増幅回路の出力を，帰還回路を通して入力に戻すと，つぎの二つの条件が成り立つときに発振する。

①　増幅回路の増幅度を A，帰還回路の帰還率を β とするとき，

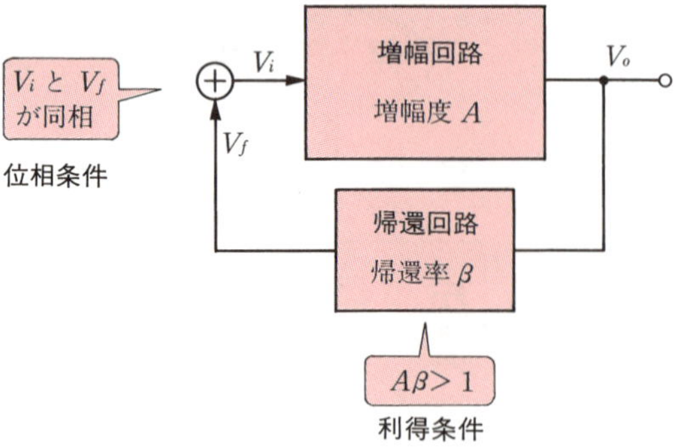

図 *8.1*　発振回路の条件

$A\beta > 1$ であること。➡ **利得条件**

② 増幅回路の入力 V_i と帰還回路の出力 V_f が同相である。すなわち，正帰還であること。➡ **位相条件**

2 発振の成長　発振条件が成り立つと，図 8.2 に示すような過程を経て，一定の周波数と大きさの正弦波交流が発振する。

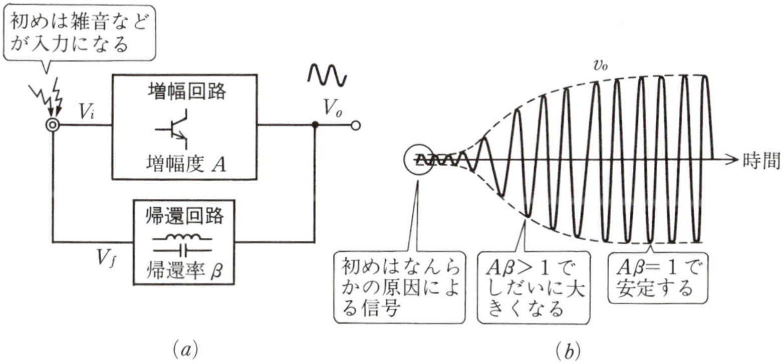

図 8.2　発振の成長

すなわち

① 初めは，電源を入れたときの過渡電流や雑音などによって，増幅回路の入力にいろいろな周波数成分の信号が加わる。

② 加わった信号成分の中で，位相条件にあった周波数成分の信号が $A\beta > 1$ の利得条件によって増幅され，しだいに入力，出力ともに大きくなる。

③ 入力が大きくなると，増幅回路で学んだように，出力は飽和し，増幅度 A は小さくなる。このために，$A\beta = 1$ の状態で，出力が安定する。

これを**発振の成長**という。

8.1.2　発振回路の分類

発振回路は，位相条件をどのような回路によって作るかにより，大きくつぎの二つに分類される。

① コイル L とコンデンサ C によって作る。➜ ***LC* 発振回路**

② 抵抗 R とコンデンサ C によって作る。➜ ***RC* 発振回路**

また，L や C の代わりに水晶振動子を使ったものは，発振周波数が安定するため，基準周波数の発振回路によく用いられる。

図 8.3 はこの分類をまとめたものである。この水晶振動子を使ったものは，特に**水晶発振回路**といわれる。

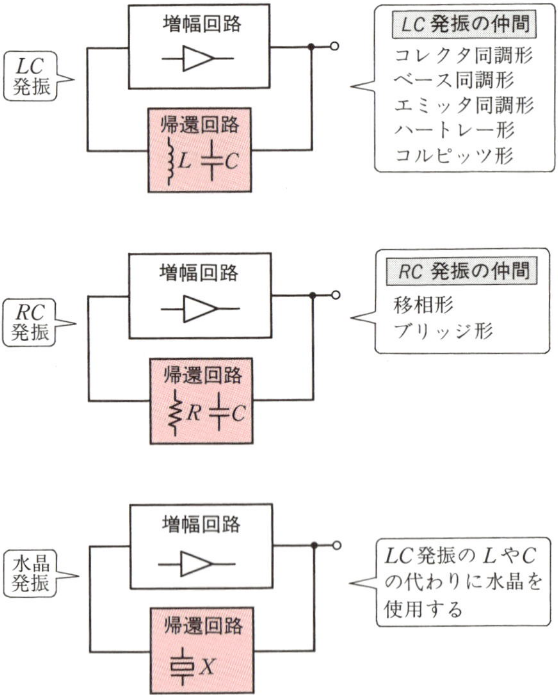

図 8.3　発振回路の分類

8.2 LC 発振回路

LC 発振回路は，帰還回路を L と C で作る回路である。ここでは，LC 発振回路の発振条件について学ぶとともに，いろいろな LC 発振回路の回路構成や動作，それに特性について学ぶ。

8.2.1 コレクタ同調形発振回路

図 8.4 は，増幅回路をトランジスタによって構成し，帰還回路を，コレクタ側に共振回路を入れた変成器で構成した発振回路であり，**コレクタ同調形発振回路**と呼ばれる。

1 直流動作　直流回路を描くと図 8.5 (*a*) となる。この回路は，電流帰還バイアス回路であり，増幅が可能なようにバイアスを決めておく。

2 交流動作　交流回路を描くと図 (*b*) となる。図からわかるように，変成器の L_1 に生じた出力電圧の一部が，変成器の作用によって L_2 に出力され，これが帰還電圧になる。

3 発振条件　位相条件は，L_1 と C_3 の共振周波数の信号に対してだけ成り立つ。なぜなら，図 8.6 のように，共振周波数 f_r のときに，$\dot{V}_{L1}$ と $\dot{V}_{L2}$ が同相になるからである。したがって，発振周波数 f は L_1 と C_3 の共振周波数に等しく，次式となる。

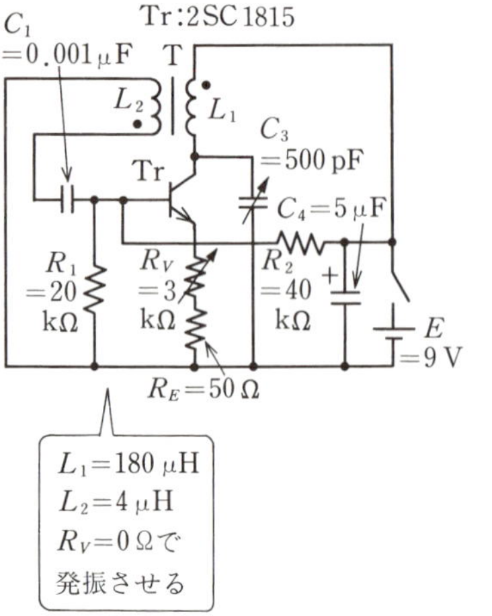

(*a*)　回　路　図

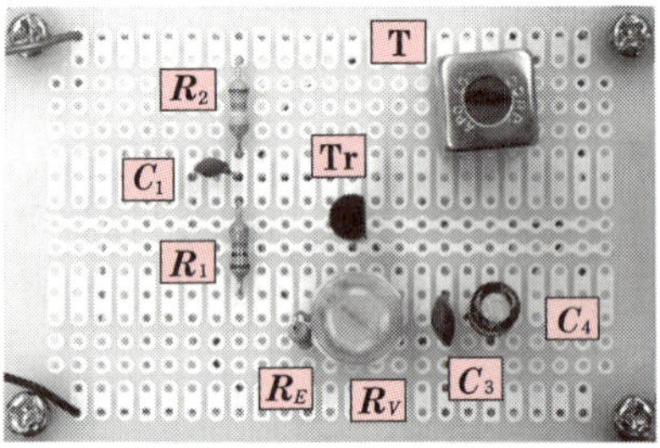

(*b*)　製　作　例

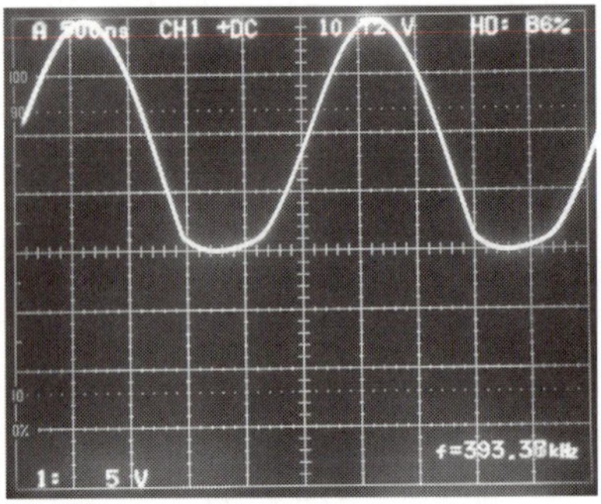

$R_V=0\,\Omega$ の場合

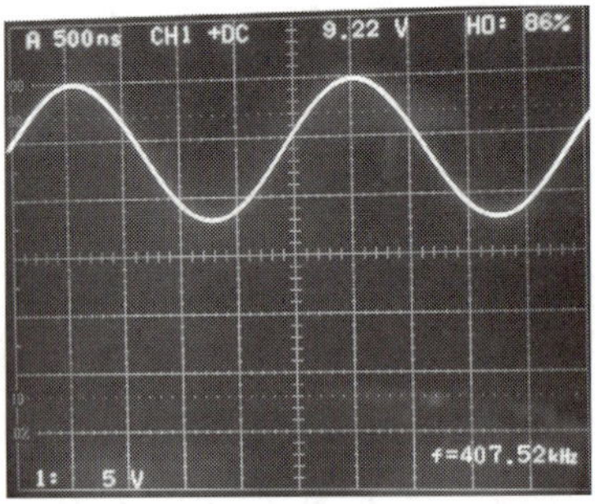

$R_V=3$kΩ の場合

(*c*)　出力波形

図 8.4　コレクタ同調形発振回路

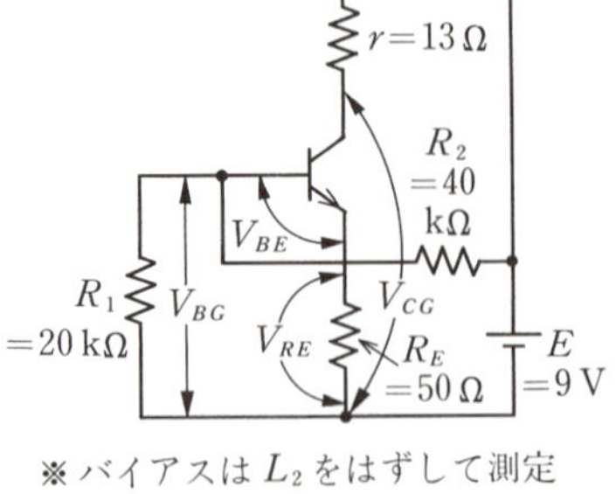

※バイアスは L_2 をはずして測定

(*a*)　直流回路

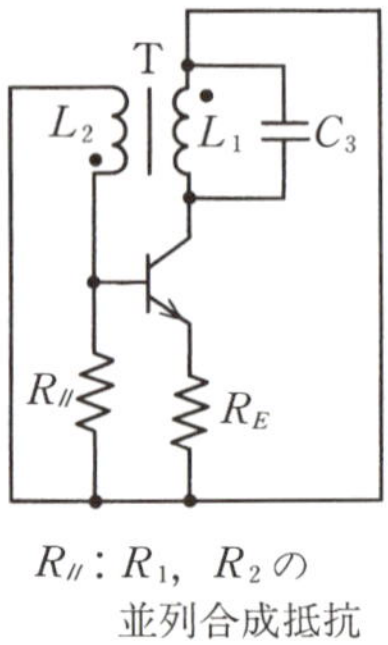

$R_{/\!/}$：R_1，R_2 の並列合成抵抗

(*b*)　交流回路

図 8.5

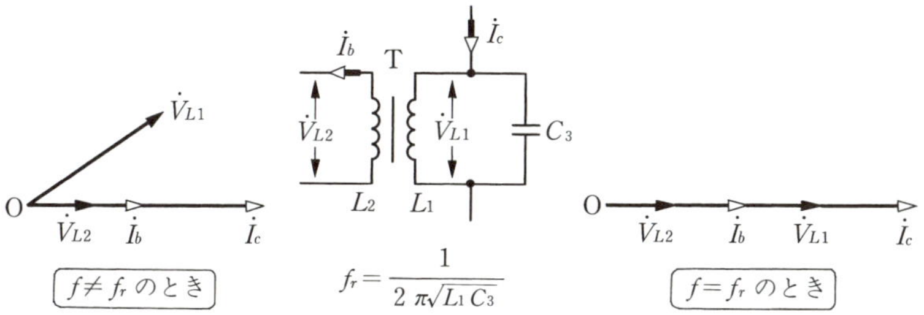

図 8.6 V_{L1} と V_{L2} の位相

$$f = \frac{1}{2\pi\sqrt{L_1 C_3}} \text{〔Hz〕} \qquad (8.1)$$

帰還率 β はおもに変成器の巻数比で決まるので，増幅回路の増幅度 A を巻数比よりも十分大きくして，利得条件を成り立たせる。

問 1. 図 8.4 の回路で，$R_V = 0$ のとき発振波形が完全な正弦波にならない理由を説明しなさい。

問 2. 図 8.4 の回路で，R_V を増やすと発振が止まるが，その止まる直前では，不安定な発振であるが波形は完全な正弦波に近くなる。この理由を説明しなさい。

4 ベース同調形発振回路，エミッタ同調形発振回路　図 8.7 のように，変成器により帰還回路を構成するが，トランジスタのベース側やエミッタ側に共振回路を作ることによっても，発振回路を作ることができる。これらの回路の発振周波数は，共振回路の共振周波数であり，必要な増幅度は，変成器の構造やトランジスタの定数によって決まる。

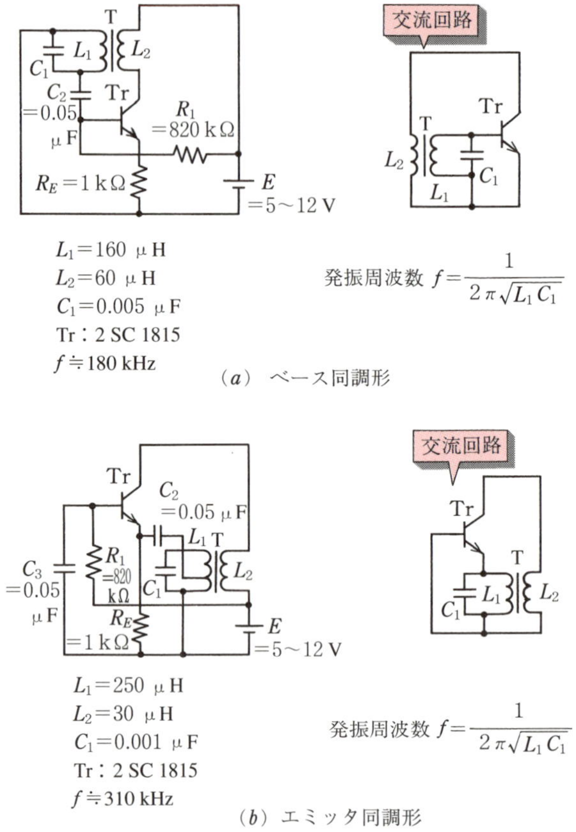

図 8.7　ベース同調形，エミッタ同調形発振回路

8.2.2　コルピッツ発振回路，ハートレー発振回路

図 8.8(*a*)は，コルピッツ発振回路の例である。交流回路を描いて交流動作を調べてみよう。

1　交 流 動 作　交流回路を描くと図（*d*）になる。この回路からわかるように，**コルピッツ発振回路**は，共振回路の電圧をコンデ

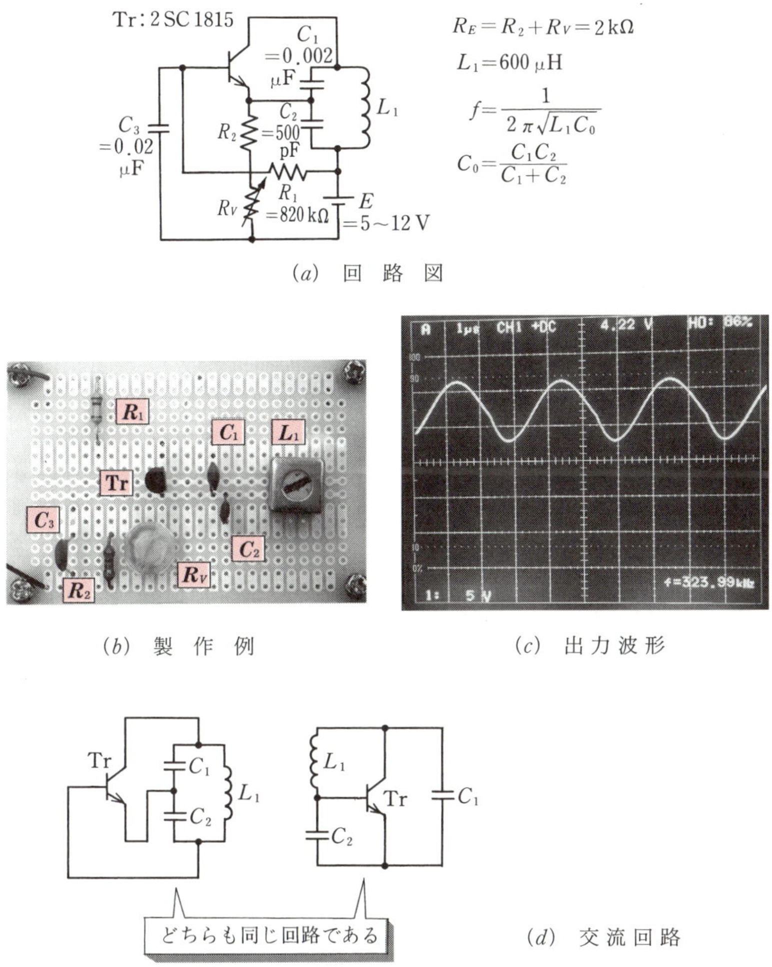

(a) 回 路 図

(b) 製 作 例

(c) 出力波形

(d) 交 流 回 路

図 8.8 コルピッツ発振回路

ンサ C_1，C_2 で分割し，帰還電圧にした回路である。

2 発 振 条 件 交流回路をトランジスタ Tr による増幅回路と L，C_1，C_2 による帰還回路に分けると，図 8.9(a) のようになる。さらに帰還回路を描き出すと，図(b) のようになる。

(a) 位相条件 図 (b) において，L と C_1，C_2 が共振してい

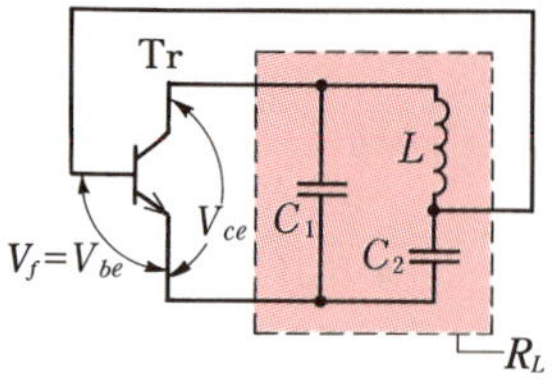

(a) 交流回路

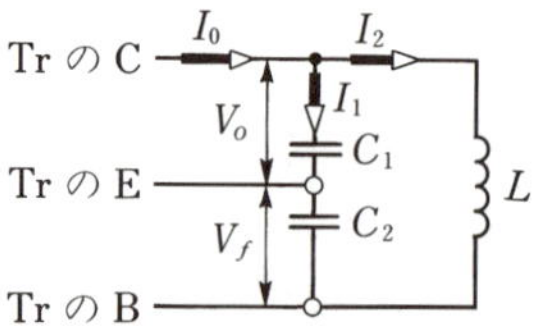

(b) 帰還回路

図 8.9 帰還回路

るとき

- V_0 と I_0 は同相。
- I_2 は I_0 より位相が 90° 遅れる。
- V_f は I_2 より位相が 90° 遅れる。

したがって，V_0 と V_f は共振周波数の交流に対しては 180° の位相差となるので，位相条件が成り立つ。

発振周波数 f は共振回路の共振周波数となるので

$$f = \frac{1}{2\pi\sqrt{LC_0}} \ \text{〔Hz〕}, \quad C_0 = \frac{C_1 C_2}{C_1 + C_2} \ \text{〔F〕} \qquad (8.2)$$

で求められる。

(b)　利得条件　図 (b) において，I_0 は共振回路の循環電流 I_1，I_2 と比べてずっと小さく，共振回路の中には I_1，I_2 だけが流れていると考える。このとき共振状態の共振電圧が C_1 と C_2 で分割されて帰還電圧となるので，帰還率 β は $\dfrac{C_1}{C_2}$ となる。よって，$A\beta > 1$ より，利得条件として Tr による必要な電圧増幅度 A は $\dfrac{C_2}{C_1}$ 以上となる。ここで，共振回路全体が Tr の負荷 R_L となり，電圧増幅されている。

3　ハートレー発振回路　図 8.10 のように，共振回路の電圧をコイル二つで分割し，帰還電圧にする発振回路が**ハートレー発振回路**である。動作は，コルピッツ発振回路と同じように考えることができるので，発振周波数 f は次式で求められる。

$$f = \frac{1}{2\pi\sqrt{L_0 C}} \ \text{〔Hz〕}, \quad L_0 = L_1 + L_2 + 2M \ \text{〔H〕} \qquad (8.3)$$

（M は L_1-L_2 間の相互インダクタンス）

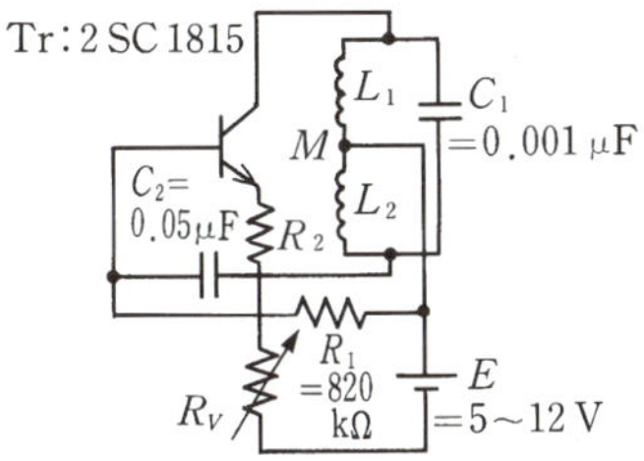

$R_E = R_V + R_2 = 2\,\mathrm{k\Omega}$

$L_1 = 260\,\mu\mathrm{H}$

$L_2 = 70\,\mu\mathrm{H}$

$M = 135\,\mu\mathrm{H}$

$$f = \frac{1}{2\pi\sqrt{L_0 C_1}}$$

$L_0 = L_1 + L_2 + 2M$

(*a*)　回　路　図

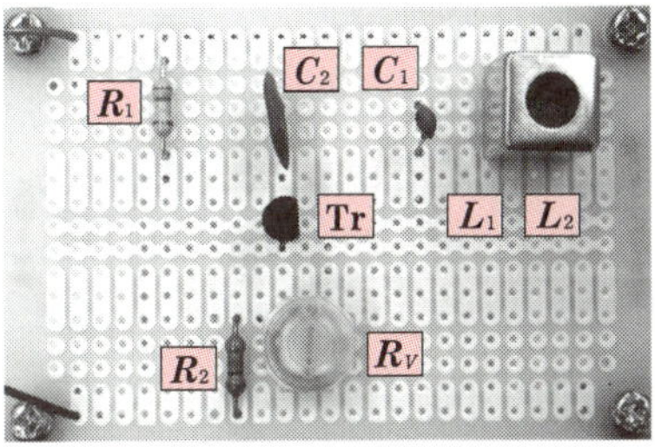

(*b*)　製　作　例

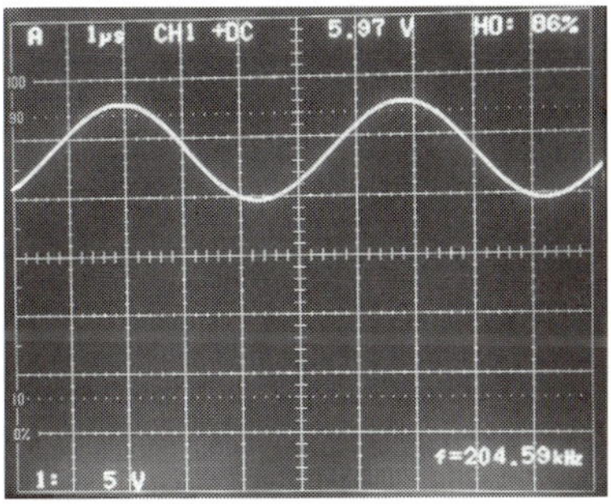

(*c*)　出力波形

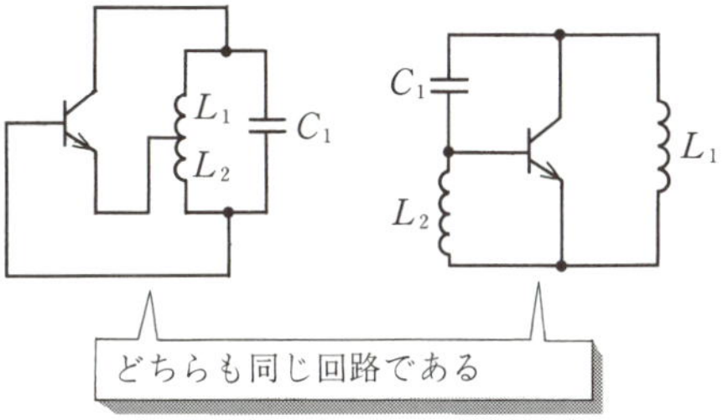

(*d*)　交流回路

図 8.10　ハートレー発振回路

8.2.3　水晶発振回路

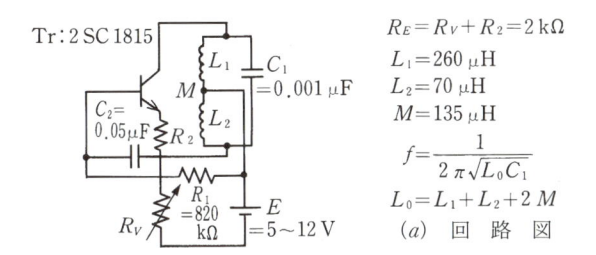

発振回路の発振周波数は安定していることが望ましい。特に，時計などの基準時間を作る発振回路や，放送局をはじめとする無線局で用いられる発振回路での周波数は安定していなければならない。このよ

うな高い安定度を必要とする発振回路には，水晶振動子を用いた水晶発振回路がよく用いられる。

1　水晶振動子　水晶は石英結晶の一種である。この水晶から薄い水晶片を作り，その両面に金属電極を付けたものを**水晶振動子**という。図 8. 11（*a*）は外部カバー，図（*b*）は外部カバーをはずした内部の様子であり，図（*c*）は図記号である。

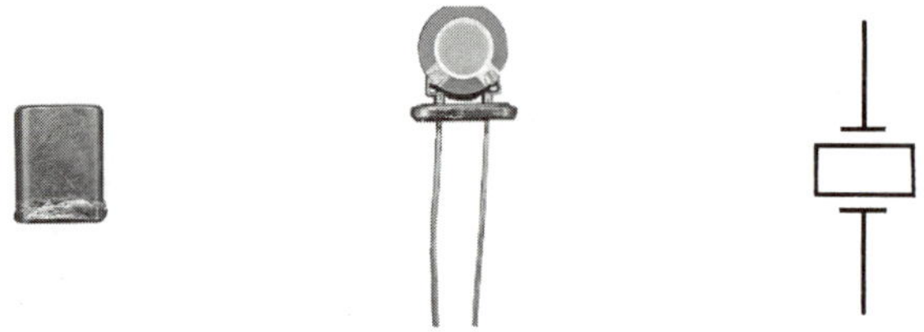

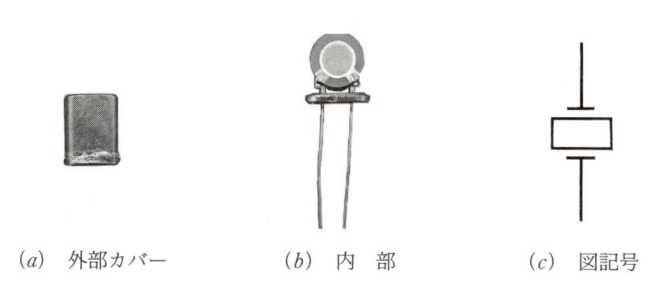

（*a*）　外部カバー　　（*b*）　内　部　　（*c*）　図記号

図 8. 11　水 晶 振 動 子

この振動子は，電極に電圧を加えると，機械的なひずみを生じ，電圧を取り去ると，弾性振動が続くとともに，その振動に合わせて電極に電荷が現れる性質があり，電気的に図 8. 12 に示す共振回路と同じ性質になる。

この回路のリアクタンス特性を調べると，図 8. 13 のようになり，L_0，C_0 だけの直列共振周波数 $f_0 = \dfrac{1}{2\pi\sqrt{L_0C_0}}$ と，電極間容量 C_p を含めた並列共振周波数 f_p が非常に接近しており，この間でだけ誘導性になる。しかも，f_0 は振動子の構造によって非常に精度を高く決めることができる。

したがって，水晶振動子を *LC* 発振回路の *L* の代わりに利用すれば，周波数のきわめて安定した発振回路を作ることができる。

2　*LC* 発振回路への利用　水晶振動子は，ハートレー発振回路，コルピッツ発振回路のコイル*L*の代わりに用いられることが多

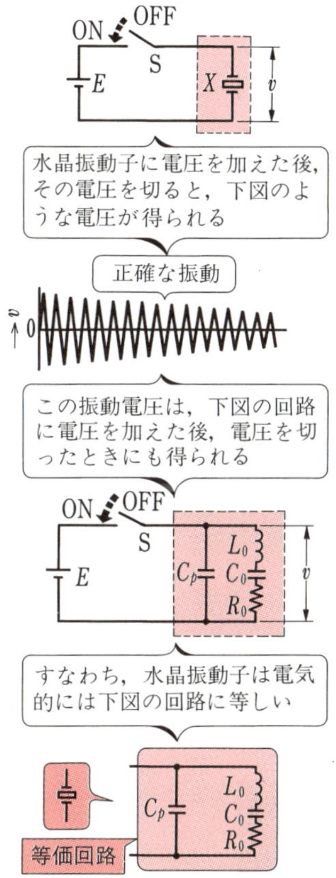

図 8.12 振動子の等価回路

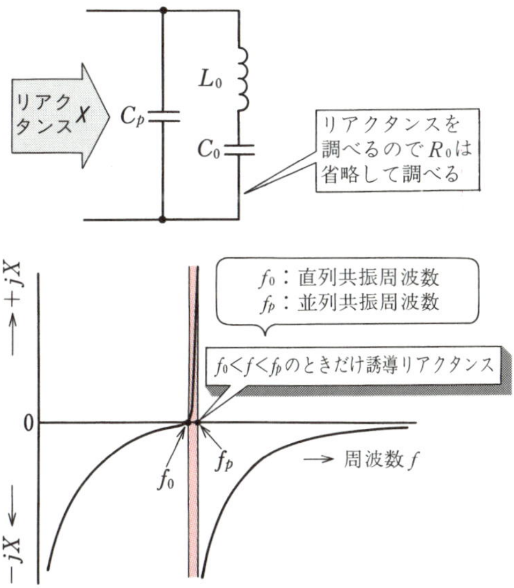

図 8.13 水晶振動子のリアクタンス特性

い。

(a) ハートレー発振回路への利用　図 8.14 (a) は，ハートレー発振回路のコイルの代わりに水晶振動子を利用した回路である。交流回路を描くと図 (b) のようになるため，L_1，C_2 による並列共振回路のリアクタンスが誘導性であるときにハートレー発振回路になるので，L_1，C_2 による共振周波数は，水晶振動子の固有周波数 f_0 より少し高く選ばなければならない。また図 (c) は回路の製作例，図

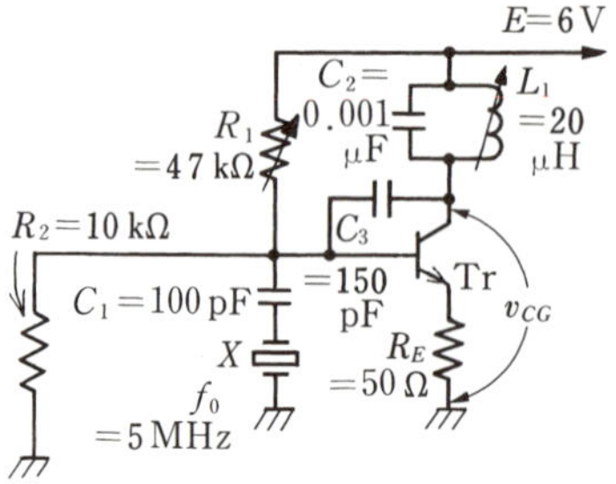

(*a*)　回　路　図

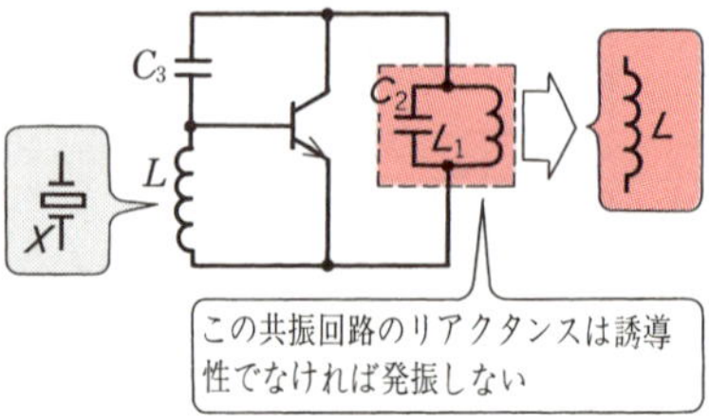

(*b*)　交 流 回 路

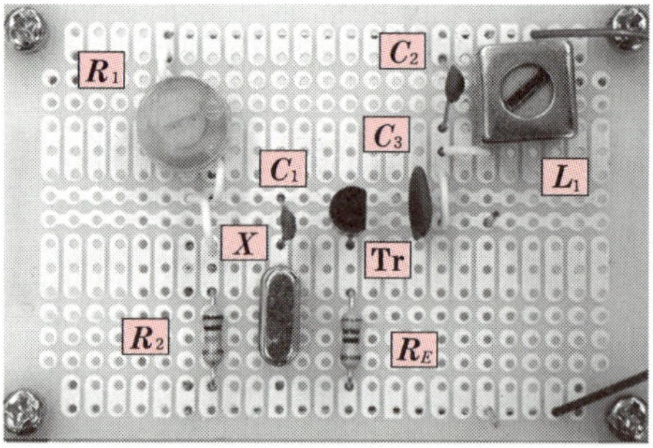

(*c*)　製　作　例

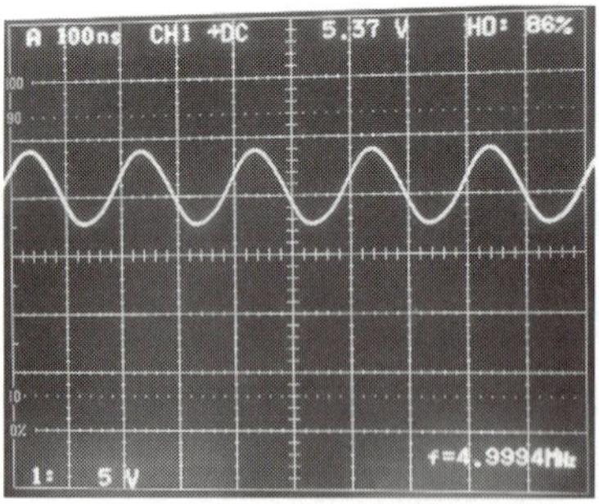

(*d*)　出 力 波 形

図 8. 14　ハートレー発振回路への利用

(*d*) は出力波形をオシロスコープで観測したものである。

(*b*)　コルピッツ発振回路への利用　　図 8. 15 (*a*), (*b*) は，コルピッツ発振回路に水晶振動子を利用した回路図と回路製作例である。この回路では，L_1，C_2 による共振回路のリアクタンスは容量性でなければならないので，L_1，C_2 による共振周波数は，水晶振動子の固有周波数 f_0 より少し低く選ばなければならない。また図 (c)はオシロスコープで観測した出力波形，図 (d)は交流回路である。

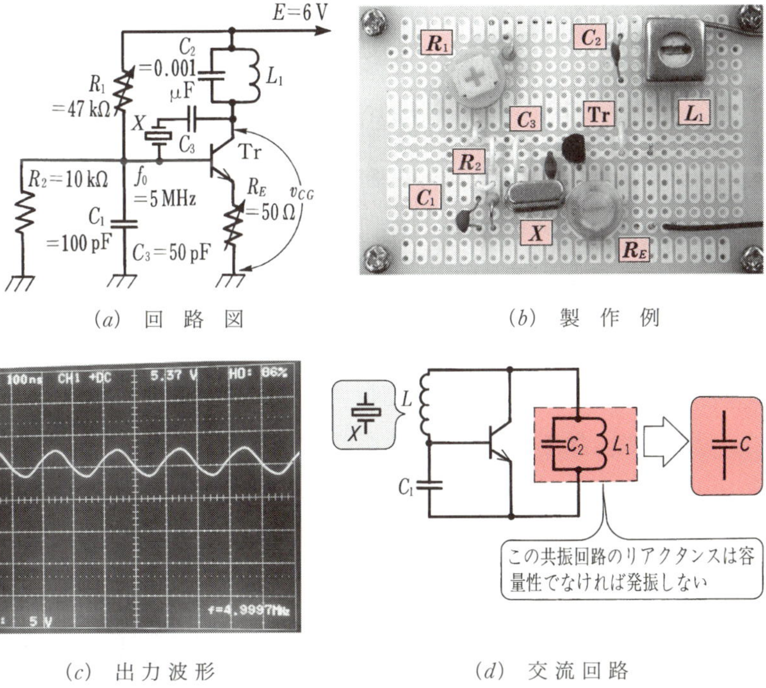

(a) 回路図　(b) 製作例

(c) 出力波形　(d) 交流回路

図 8.15 コルピッツ発振回路への利用

8.3 RC 発振回路

RC 発振回路は，帰還回路を *R* と *C* で作る回路である。ここでは，*RC* 発振回路の発振条件について学ぶとともに，いろいろな *RC* 発振回路の回路構成や動作，特性について学ぶ。

8.3.1 移相形発振回路

図 8. 16（*a*）はこの回路例である。

1 回路の動作　図において Tr_1，Tr_2，Tr_3 で構成される部分は増幅回路である。Tr_1，Tr_3 がエミッタホロワになっているので，増幅回路全体では入出力の位相差が 180° となる増幅回路である。

R, *C* で構成される部分だけ取り出すと図 8. 17（*a*）の回路となり，これが帰還回路となる。この帰還回路だけの V_o と V_i との位相は，$\boxed{V_i}\to\boxed{V_1}\to\boxed{V_2}\to\boxed{V_o}$ となるに従って位相が進み，その大きさは周波数が高くなるほど小さくなる。図（*b*）はその位相を表した図であり，ある特定の周波数 f_0 で，V_i と V_o の位相差が 180° になる。

したがって，帰還回路の出力を増幅回路の入力へ接続すれば，f_0 の交流に対して発振条件が成り立つので，発振周波数 f_0 の発振回路になる。

2 発振条件

（*a*）位相条件　位相条件は，帰還回路での入力と出力の位相差

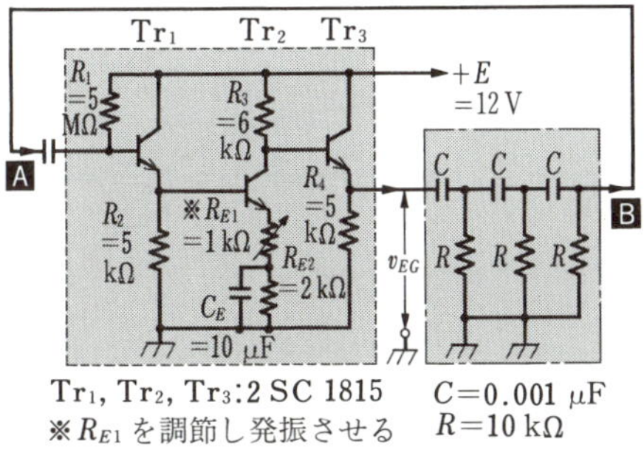

(a) 回　路　図

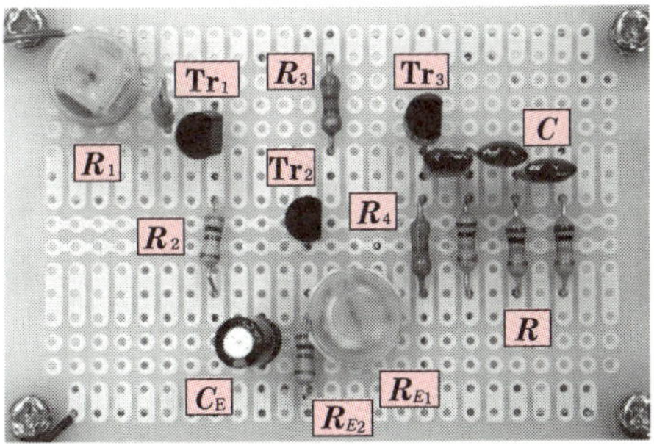

(b) 製　作　例

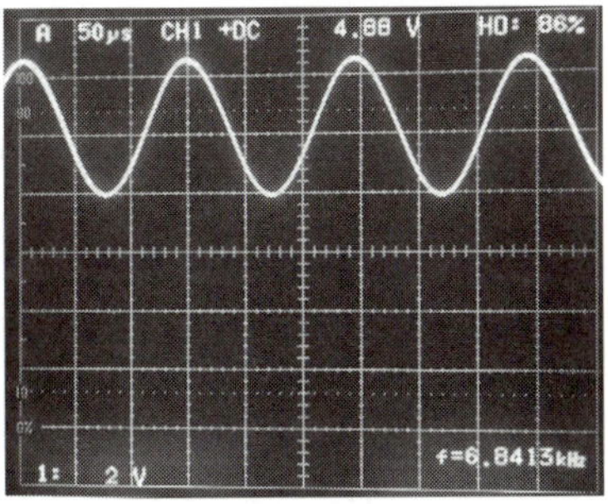

(c) 出力波形

図 8.16 移相形 RC 発振回路

が 180° になる周波数で成り立つ。その周波数 f_0 は，増幅回路の入力インピーダンスが非常に大きく，出力インピーダンスが非常に小さく，そ

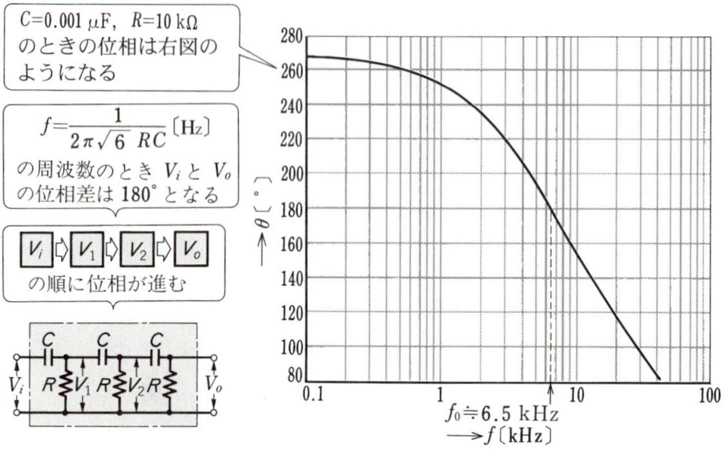

(a)　帰還回路　　　(b)　位相特性

図 8.17　帰還回路の位相特性

れぞれが帰還回路に影響を与えないとすれば，次式で求められる。

$$f_0 = \frac{1}{2\pi\sqrt{6}\,RC}\quad〔\mathrm{Hz}〕 \tag{8.4}$$

したがって，図 8.16（a）の回路の発振周波数を計算で求めると

$$f_0 = \frac{1}{2\pi\times\sqrt{6}\times10\times10^3\times0.001\times10^{-6}} \fallingdotseq 6\,500\ 〔\mathrm{Hz}〕$$

となる。

問 3.　図 8.16（a）の回路で，発振周波数を 2 kHz にするには，C をいくらにすればよいか。ただし，$R=18\,\mathrm{k\Omega}$ とする。

（b）　利得条件　発振周波数の正弦波に対して，図 8.17 の帰還回路の $\dfrac{出力}{入力}=\dfrac{V_o}{V_i}$ を求めると，理論上 $\dfrac{1}{29}$ になる。したがって，増幅回路の増幅度は，29 倍よりも十分大きいことが必要である。

8.3.2 ブリッジ形 *RC* 発振回路

図 8.18（*a*）は，演算増幅器を用いたブリッジ形 *RC* 発振回路図，図（*b*）は回路製作例，図（*c*）は出力 v_{OG} の波形である。

回路の動作　図において，演算増幅器，R_1，R_V，R_2 で構成される部分は，入出力間の位相差が 0 で，R_1，R_V，R_2 によって負帰還が行われている増幅回路である。

R，*C* で構成される部分は帰還回路であり，その部分だけを取り出すと図 8.19（*a*）のようになる。この帰還回路での V_i と V_o の位相特性を求めると図（*b*）のようになり

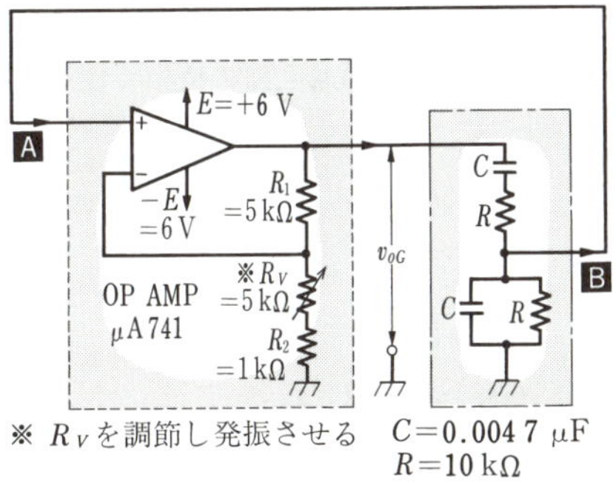

（*a*）回路図

（*a*）回路図

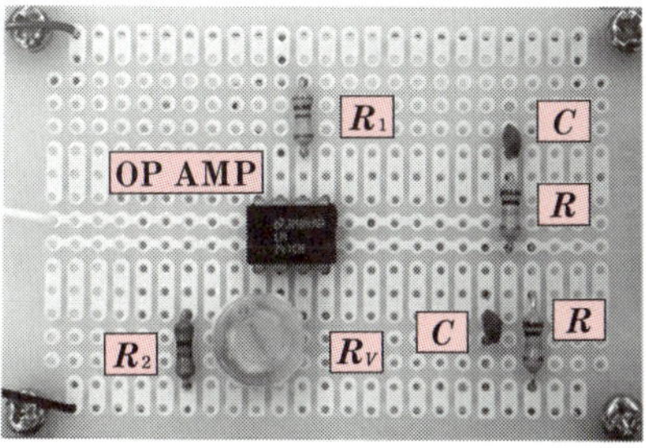

（*b*）製作例

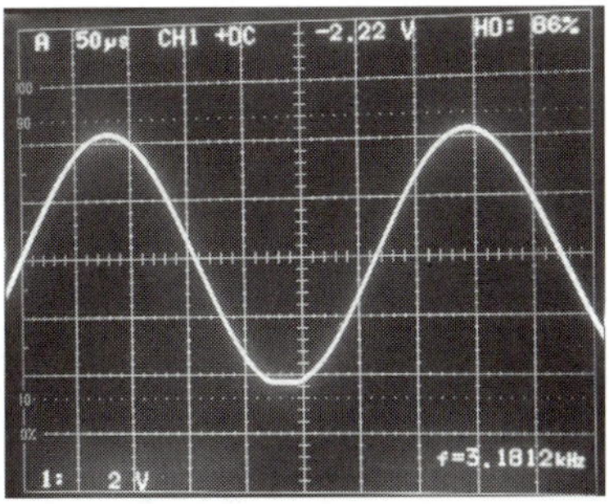

（*c*）出力波形

図 8.18　ブリッジ形 *RC* 発振回路

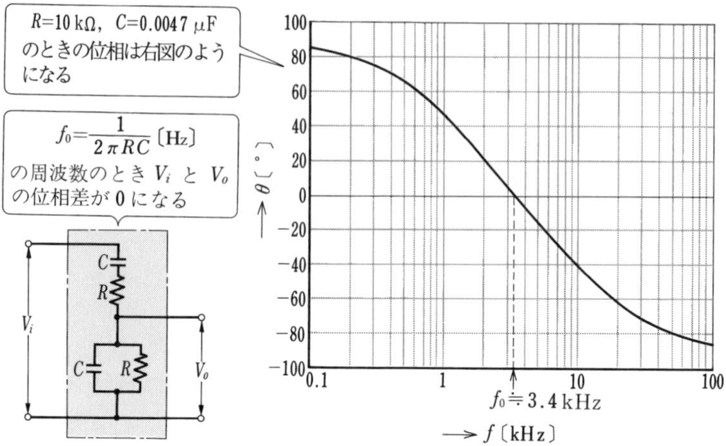

$R=10\,\text{k}\Omega$, $C=0.0047\,\mu\text{F}$ のときの位相は右図のようになる

$f_0 = \dfrac{1}{2\pi RC}$〔Hz〕の周波数のとき V_i と V_o の位相差が 0 になる

（a）帰還回路　　（b）位相特性

図 8.19　帰還回路の位相特性

$$f_0 = \frac{1}{2\pi RC}\quad〔\mathrm{Hz}〕 \tag{8. 5}$$

の周波数で V_i と V_o は同位相になる†1。

したがって，回路全体としては f_0 の交流に対してだけ発振条件が成り立つので，発振周波数 f_0 の発振回路になる。また，発振周波数において，図（a）では，帰還率 $\beta=\dfrac{V_o}{V_i}=\dfrac{1}{3}$ となるので，増幅回路で必要な増幅度 A は 3 倍以上になる。

---

†1　任意の周波数における位相 θ は次式で表せる。

$$\theta=\tan^{-1}\frac{X_C{}^2-R^2}{3RX_C},\quad X_C=\frac{1}{\omega C}$$

8 練習問題

❶ 発振回路の位相条件，利得条件とはどのような条件か。簡単に説明しなさい。

❷ 図 8.20 に示した発振回路の交流回路を示し，その発振回路名および発振周波数を求めなさい。

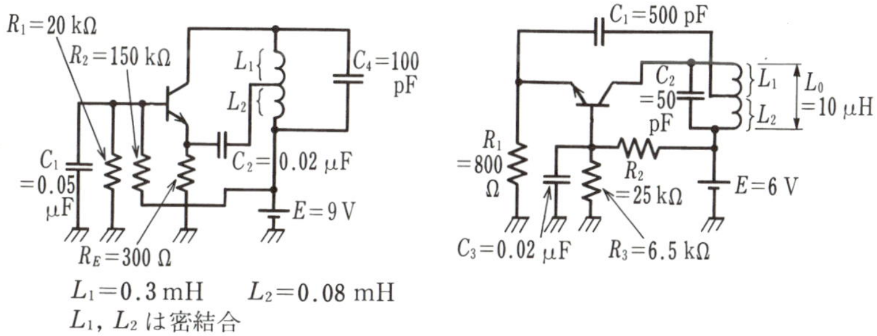

図 8.20

❸ *LC* 発振回路と *RC* 発振回路の相違点を説明しなさい。

❹ *RC* 発振回路の代表的な種類を二つ示し，説明しなさい。

9 変調，復調回路

音声などの信号は直接電波にすることはできない。これらの信号を電波とするには，搬送波と呼ばれる高周波信号に混合させればよい。このことを変調といい，逆を復調という。本章では，変調，復調の例として，**AM** と **FM** の変調，復調回路の考え方と動作について学ぶ。

9.1 変調と復調

音声信号を伝送に都合のよい信号に変えるのが変調であり，その逆が復調である。ここでは，変調と復調の役割を調べるとともに，変調，復調の種類とそれらの特徴について学ぶ。

9.1.1 変調，復調の役割

搬送波と音声信号などの信号を混合することを**変調**（modulation）といい，その反対に，混合した信号からもとの信号を取り出すことを**復調**（demodulation）という。

変調は，ラジオ放送，テレビジョン放送，電話などの通信の分野で広く利用されているが，いまラジオ放送の場合を例にして変調の役割を調べてみる。

ラジオ放送では，スタジオなどで得られる音声信号を，電波を利用して遠方へ伝えなければならないが，音声信号のように低周波でその中心周波数に比べて帯域幅の広い交流を，そのまま増幅してアンテナから電波として発射することは，効率も悪く，実用的でない。一般に，効率よく電波を発射するには

1　周波数が高いこと（特別な場合を除いて数百 kHz 以上）

2　帯域幅が中心周波数と比べて小さいこと

が必要である。

このためにラジオ放送では，図 9.1(*b*) のように，電波として発射しやすい高周波の振幅を，伝送したい低周波の音声信号の大きさに応じて変化させ，すなわち変調を行ってから電波を発射している。このとき用いる高周波は，音声の**信号波**を運搬する役割を持っているので，**搬送波**（carrier wave）という。

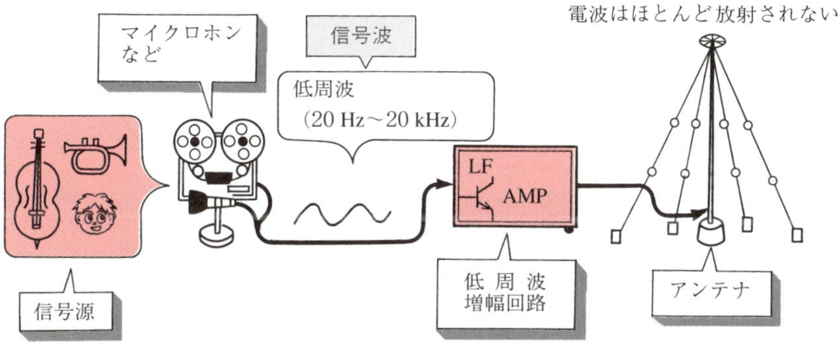

（*a*） この方法では実用にならない

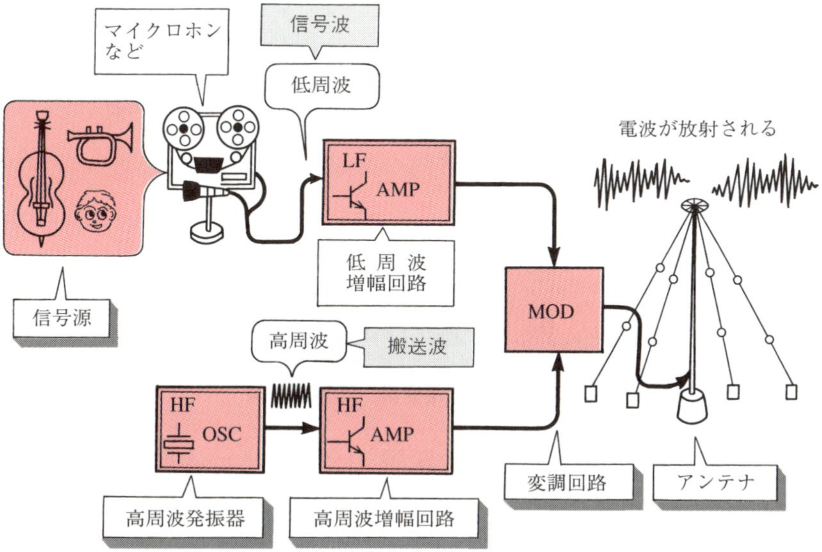

（*b*） 電波として発射させるには，このように搬送波と信号波を混合する

図 9.1 変調の役割

9.1.2 変調の種類

1 振幅変調　**振幅変調**（amplitude modulation，略して **AM**）は，図 9.2（*a*）に示すように，搬送波の振幅を信号波の大きさで変える変調方式である。AM ラジオ放送やテレビジョンの映像の放送はこの変調で行われている。

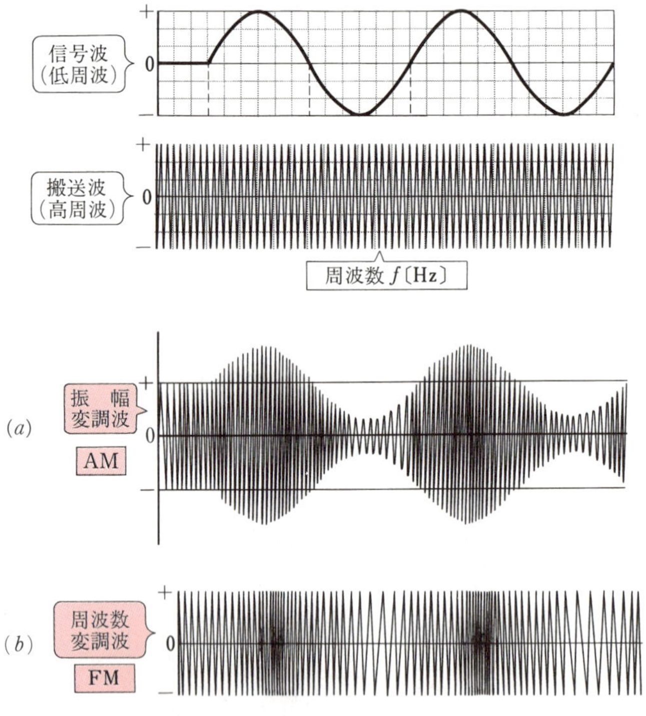

図 9.2　振幅変調，周波数変調

2 周波数変調　**周波数変調**（frequency modulation，略して **FM**）は，図（*b*）に示すように，搬送波の周波数を信号波の大きさで変える変調方式である。FM ラジオ放送やテレビジョンの音声の放送はこの変調で行われている。

3 位相変調　**位相変調**（phase modulation）は，搬送波の位相を信号の大きさで変える変調方式である。業務用の無線通信に使われるほかに，位相変調は簡単な回路によって周波数変調に変えられるので，周波数変調の一部としても使われる。

4 パルス変調　**パルス変調**（pulse modulation）は，図 9.3 のように，パルスの振幅やパルスの幅などを，信号波の大きさで変える変調方式である。単独で使われるよりも，振幅変調や周波数変調と組み合わせて使われることが多い。

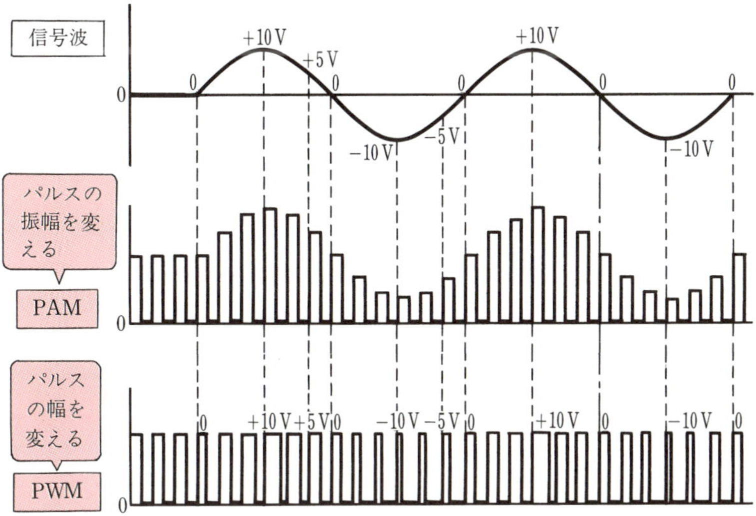

図 9.3 パルス変調

9.2 振幅変調，復調回路

振幅変調は，変調の基本となるものであり，AM ラジオ放送や他の変調と組み合わせてさまざまなところで使われている。ここでは，振幅変調の特徴や代表的な変調，復調回路の動作について学ぶ。

9.2.1 振幅変調波の特徴

1 周波数成分　搬送波の振幅が信号波の大きさに応じて変化しているので，変調波は単一の正弦波ではなく，いくつかの正弦波の合成として表すことができる。

いま，搬送波 v_c を

$$v_c = V_{cm} \sin \omega_c t \tag{9.1}$$

〔V_{cm}：搬送波の最大値，$\omega_c = 2\pi f_c$（f_c：搬送波の周波数）〕

信号波 v_s を

$$v_s = V_{sm} \cos \omega_s t \tag{9.2}$$

〔V_{sm}：信号波の最大値，$\omega_s = 2\pi f_s$（f_s：信号波の周波数）〕

で表すとき，振幅変調波 v_{AM} の周波数成分がどのようになるかを調べてみよう。

振幅変調波 v_{AM} は，v_c の振幅を v_s の大きさに応じて変化させるのであるから，式（9. 1）の V_{cm} の代わりに $V_{cm} + v_s$ とすればよい。

したがって

$$v_{AM} = (V_{cm} + V_{sm}\cos\omega_s t)\sin\omega_c t \qquad (9.3)$$

となる。式（9.3）を展開して整理すると

$$v_{AM} = V_{cm}\sin\omega_c t + \frac{1}{2}V_{sm}\sin(\omega_c + \omega_s)t + \frac{1}{2}V_{sm}\sin(\omega_c - \omega_s)t \qquad (9.4)$$

となる。

式（9.4）から，周波数 f_c の搬送波を周波数 f_s の信号波で振幅変調した波形は，f_c，f_c+f_s（**上側波帯**《じょうそくはたい》という），f_c-f_s（**下側波帯**《かそくはたい》という）の三つの周波数成分の正弦波を合成したものになることがわかる。

また，この含まれる成分を図 9.4 のような図で表すとき，この図を**周波数スペクトル図**という。

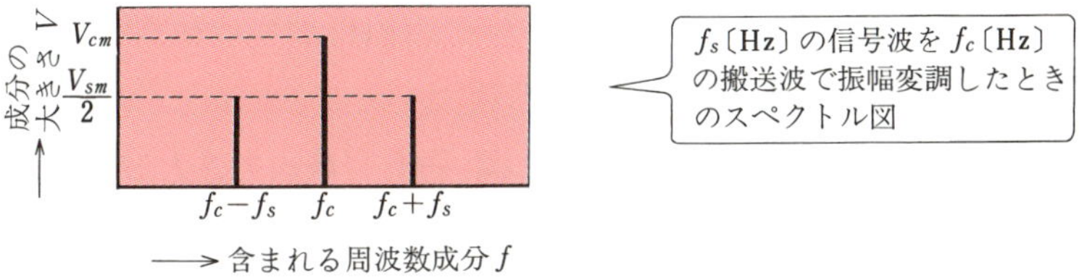

図 9.4　周波数スペクトル図

信号波が単一の正弦波の場合の周波数成分は，図のように，飛び飛びの成分になる。しかし，一般に信号波はある周波数の幅を持っているので，上側波，下側波の周波数成分を表す場合にも，図 9.5 のように周波数幅で示さなければならない[†1]。この周波数の幅を**占有帯域幅**といい，振幅変調の場合，信号波の最大周波数を f_{sm} とすれば

†1　上側波帯，下側波帯を表わす形状は，信号波の周波数成分や大きさによって変わる。

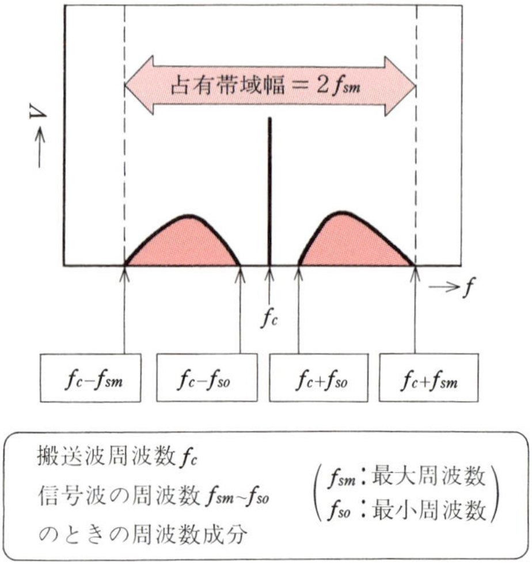

図 9.5　占有帯域幅

$2f_{sm}$ となる。

問 1.　音声の周波数幅は 20 Hz から 20 kHz といわれている。この音声を振幅変調とすると，占有帯域幅はいくら必要か。

問 2.　日本の AM ラジオ放送では，占有帯域幅を最大 15 kHz にしている。この場合，信号波の最大周波数はいくらか。

2　変　調　度　振幅変調回路で，変調後の波形が図 9.6 の

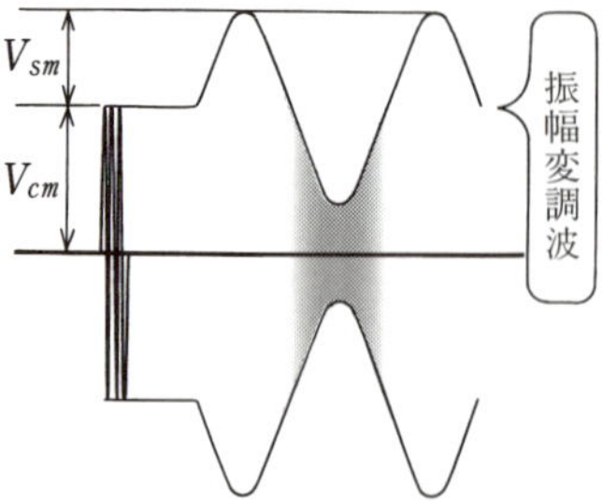

図 9.6　変　調　度

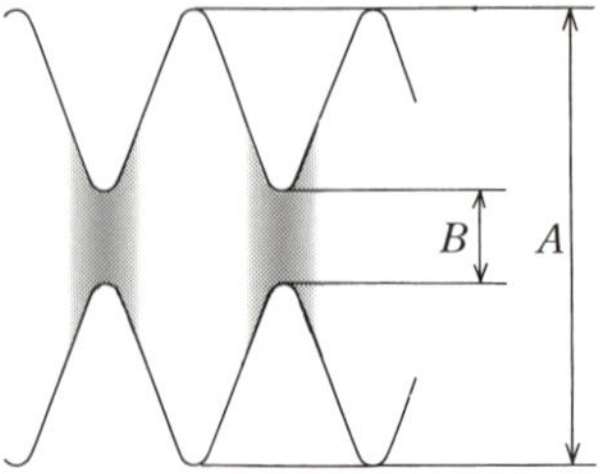

図 9.7

ようになったとき，この変調の度合いを表すのに次式の変調度 m が用いられる。

$$(\text{変調度})\quad m=\frac{V_{sm}}{V_{cm}}\times 100\ 〔\%〕 \qquad (9.5)$$

通常 $m<1$ で用いられるが，$m>1$ の場合には過変調と呼ばれ，一時的に出力が零になる。

問 3. 図 *9.7* のように，振幅変調波の山の部分の大きさと谷の部分の大きさを A，B とすると，変調度 m は次式で与えられることを説明しなさい。

$$m=\frac{A-B}{A+B}\times 100\ 〔\%〕$$

問 4. 変調度 $m=100\ \%$ の波形はどのような波形か。

9.2.2 振幅変調回路

図 *9.8* は，振幅変調回路の例である。この回路では，搬送波として $f_c=50\ \text{kHz}$ の高周波を入力し，信号波として音声周波数の低周波を入力すると，負荷 R_L の両端に振幅変調波が得られる。

回路の動作　図（*a*）の回路の動作を調べてみよう。

1 信号波が加わらないとき　図 *9.8*（*a*）の回路は，信号波の回路を除くと図 *9.9*（*a*）の回路と同じになり，出力側だけに同調回路を持った高周波増幅回路となる。したがって，i_C は図（*b*）に示すように，K_1 を動作点として交流負荷線 AB に従って変化するが，この回路を変調回路として動作させるには，入力を十分大きくし，i_C を飽和させておく必要がある。

2 信号波が加わったとき　信号波が加わると，図 *9.10*（*a*）に示すように，回路は電源電圧 E に信号波の電圧 v_s が直列に加わっ

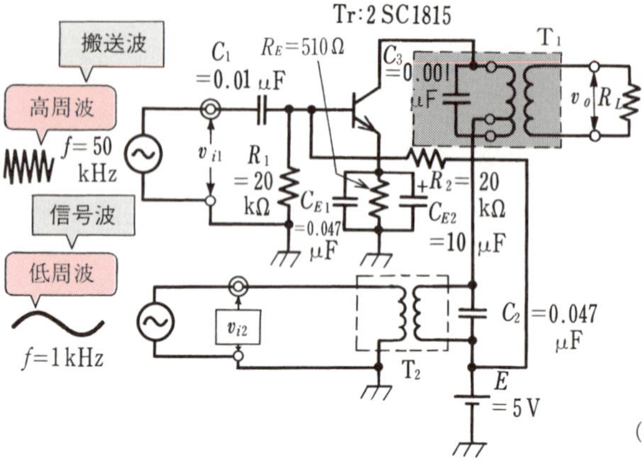

(*a*) 回路図

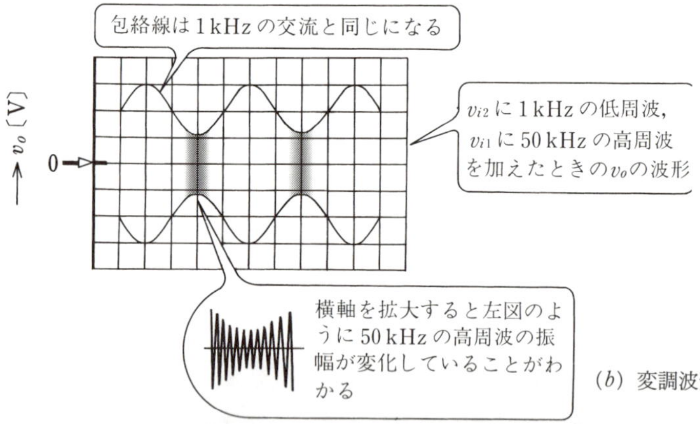

(*b*) 変調波形

(*c*) 製作例

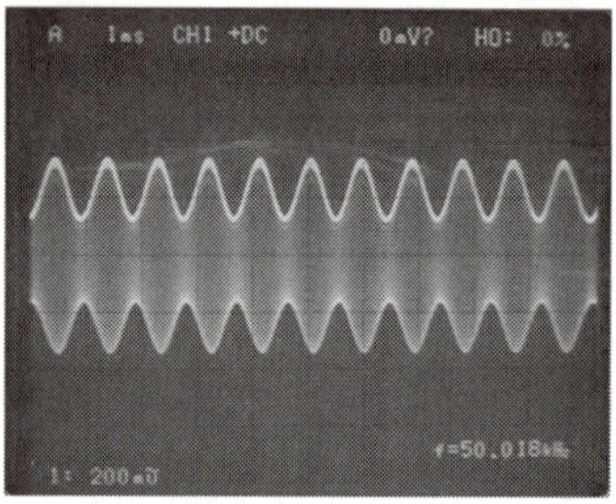

(*d*) 出力波形

図 9.8　振幅変調回路

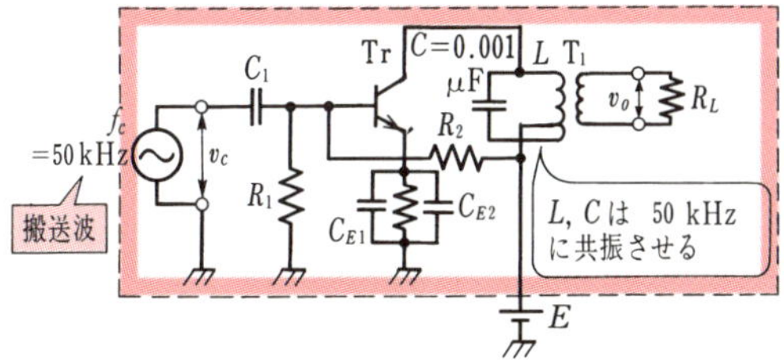

(a) 回　路　図

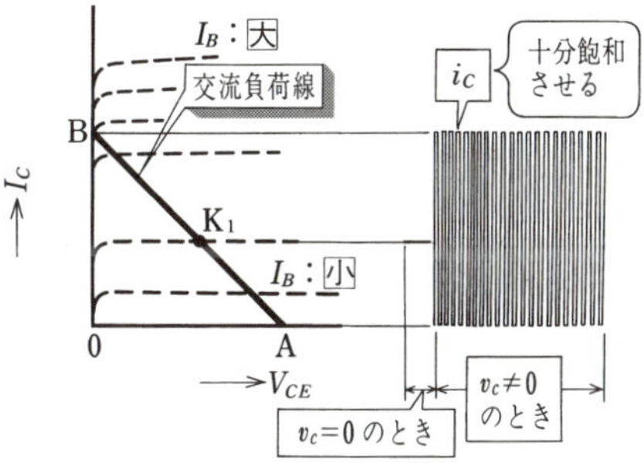

(b) i_C の波形

図 9.9　搬送波だけのときの動作

たのと同じになる。したがって，交流負荷線は図 (b) に示すように，信号波 v_s の大きさに応じて CD から EF の間で変わるようになるので，この回路での i_C はつねに一定ではなく，信号波の大きさに対応した波形となる。図 (b) のような i_C が LC 共振回路に流れれば，図 9.11 のような共振回路の性質から，出力 v_o の波形は，正負対称形の図 9.10 (c) の波形すなわち振幅変調波が得られる。

問 **5.** 図 9.9 の回路で，v_c が小さくて i_C を十分に飽和させることができないときの出力 v_o はどのようになるか。

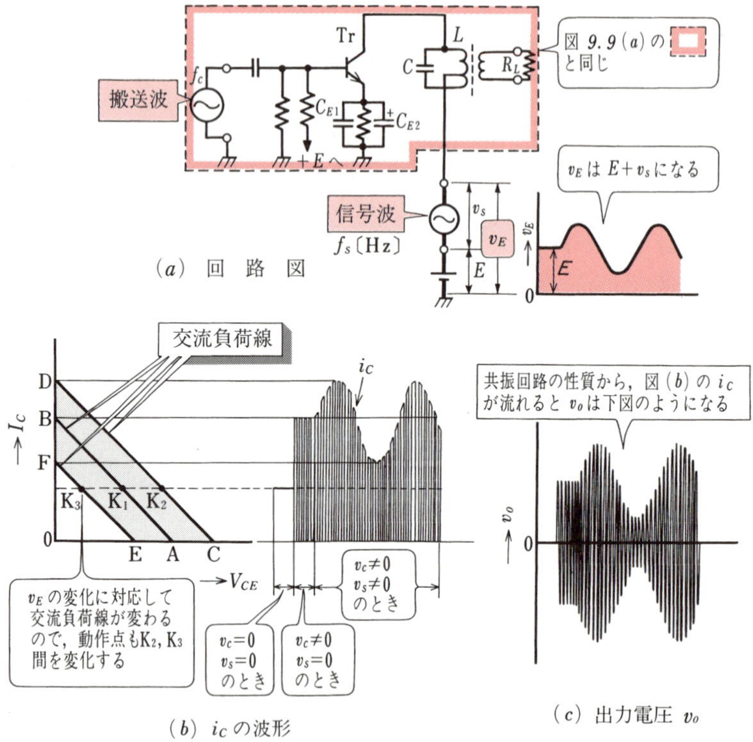

図 9.10　信号波 v_s が加わったときの動作

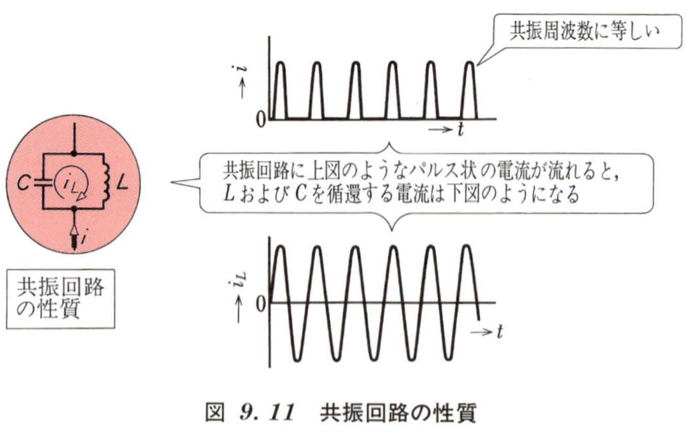

図 9.11　共振回路の性質

9.2.3　振幅復調回路

振幅変調波の包絡線は，信号波となっている。したがって，変調波の包絡線と同じ波形が得られれば，復調が行われたことになる。この復調によく用いられる回路は，図 9.12（*a*）に示す回路であり，**包絡線復調回路**と呼ばれている。

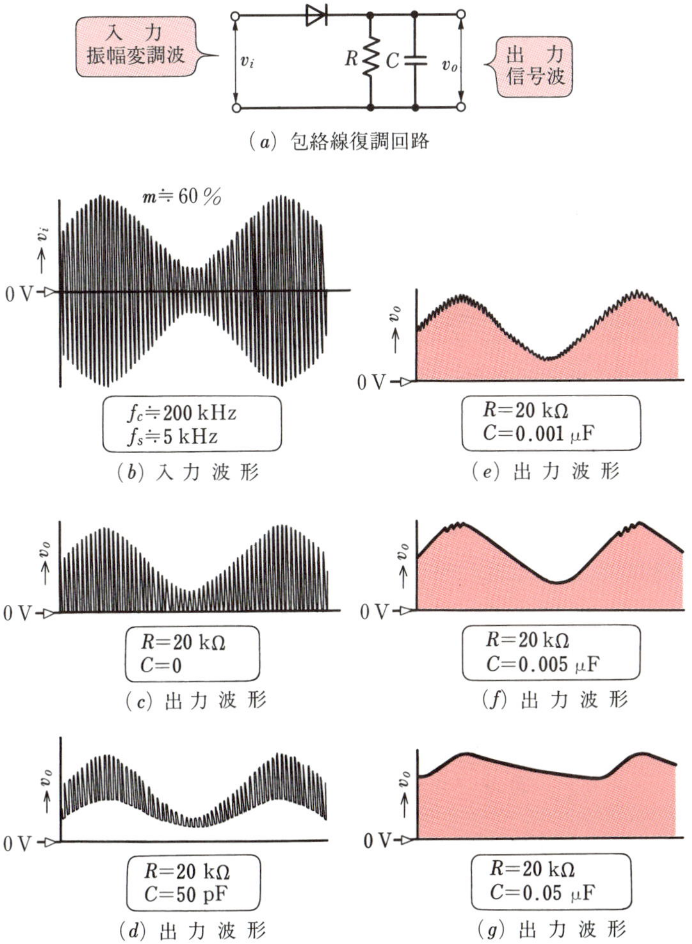

（*b*）入 力 波 形

（*c*）出 力 波 形

（*d*）出 力 波 形

（*e*）出 力 波 形

（*f*）出 力 波 形

（*g*）出 力 波 形

図 9.12　復 調 回 路

この回路の入力に，図（b）に示すような振幅変調波を加え，出力波形を観測すると，コンデンサ C の容量と抵抗 R の大きさの組み合わせの違いによって，図（c）〜（g）のようになる。この図からわかるように，この回路では適切な R と C を用いることによって，出力に信号波を得ることができる。

回路の動作　図 9.13（a）に示すように，まず入力に正弦波を加えたときの出力について調べてみよう。

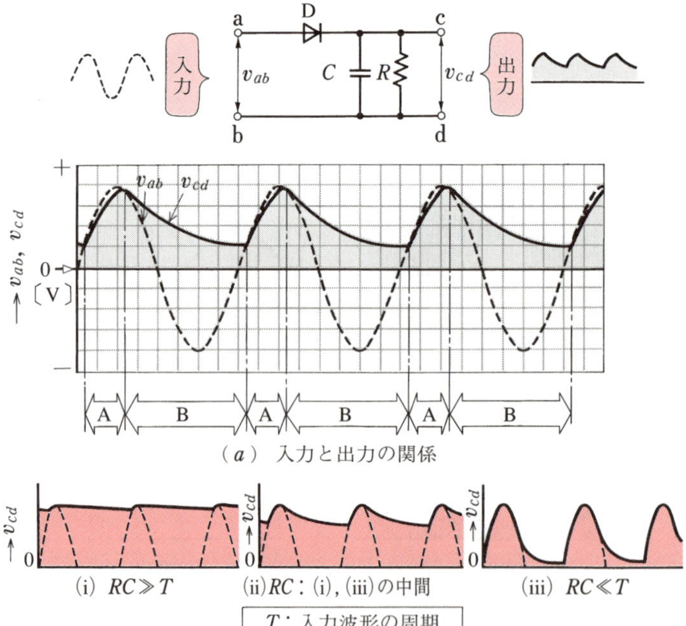

（a） 入力と出力の関係

（b） RC の大きさによる v_{cd} の違い

図 9.13　正弦波入力のときの動作

入力電圧を v_{ab}，出力電圧を v_{cd} とすると，図（a）のAの区間のように，$v_{ab} - v_{cd} > 0$ のときは，ダイオードDに順電圧が加わるのでダイオードに電流が流れる。その電流によりコンデンサ C が充電され，出力 v_{cd} は上昇する。しかし $v_{ab}-v_{cd}<0$ のとき，すなわち図 (b) の B の区間では，ダイオード D に逆電圧が加わり，コンデンサは充電されず，蓄えられた電荷は反対に抵抗 R を通して放電する。したがって出力 v_{cd} は下降する。このため出力 v_{cd} は図 (a) のグラフのようになるが，放電するときの v_{cd} の下降は，すでに RC 放電で学んだように，RC の大きさにより図 (b) のグラフのように変化する[†1]。すなわち，つぎのようになる。

[1] **$RC\gg$入力波の周期 のとき** 図 (b) (i) のように，v_{cd} は，ほぼ入力 v_{ab} のピーク値に等しい直流に近い波形になる。

[2] **$RC\ll$入力波の周期 のとき** 図 (b) (iii) のように，v_{cd} は，ほぼ v_{ab} に追随した波形になる。

このため，入力に振幅変調波を加えるとき，RC の値を搬送波の周期 T_c よりも十分大きくし，信号波の周期 T_s よりも十分小さくすれば，振幅変調波の包絡線に従った出力，すなわち信号波が得られる。

---

†1 充電も多少 RC に影響されるが，入力電源のインピーダンスを小さくしてあれば，図に示すように，ほぼ v_{ab} に沿って充電されると考えてよい。

9.3 周波数変調，復調回路

周波数変調は，振幅変調とともに変調の基本となるものであり，FMラジオ放送等幅広く利用されている。ここでは，周波数変調の特徴や代表的な変調，復調回路の動作について学ぶ。

9.3.1 周波数変調波の特徴

1 周波数成分　いま，搬送波 v_c を

$$v_c = V_{cm} \sin \omega_c t \tag{9.6}$$

信号波 v_s を

$$v_s = V_{sm} \cos \omega_s t \tag{9.7}$$

で表すとき，周波数変調波 v_{FM} の周波数成分がどのようになるかを調べてみよう。

周波数変調波 v_{FM} は，v_c の周波数を v_s の大きさに応じて変化させるのであるから，式（9.6）の ω_c の代わりに，$\omega_c + \varDelta\omega \cdot v_s$ とすればよい。ここで，$\varDelta\omega$ は信号波が最大のときの最大角周波数偏移とする。この関係を使って v_{FM} を求めると，次式となる。

$$v_{FM} = V_{cm} \sin\left(\omega_c t + \frac{\varDelta\omega}{\omega_s} \sin \omega_s t\right) \tag{9.8}$$

この式において

$$\frac{\Delta\omega}{\omega_s} = \frac{\Delta f}{f_s} = m \quad (\Delta f：最大周波数偏移，f_s：信号周波数)$$

としたとき，mを**変調指数**（modulation index）という。

さらに，式（9.8）を級数の形に展開すると，次式のようになる。

$$v_{FM} = V_{cm}\sum_{n=-\infty}^{\infty} K(m)\sin(\omega_c + n\omega_s)t \tag{9.9}$$

この式から，周波数変調波の周波数スペクトルは，図9.14のように，信号周波数f_sの間隔で無数に生じることになる。

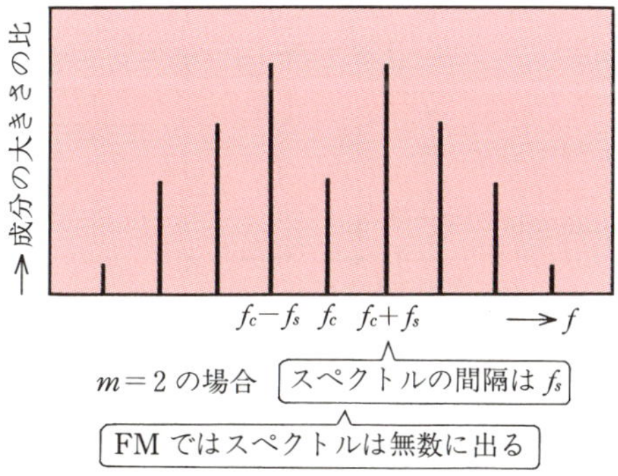

図9.14　周波数変調波の周波数スペクトル図

2　占有帯域幅　周波数スペクトル図からわかるように，周波数変調波の占有帯域幅はたいへん広くなる[†1]。しかし，中心周波数から十分に離れたところでは，その成分を無視しても復調に影響が出ない。このため，一般には

$$2\times(\Delta f + f_s の最大値),\ \Delta f = \frac{\Delta\omega}{2\pi}$$

を周波数変調波の占有帯域幅としている。

[†1] 理論上は無限に広くなる。

問　6.　最大周波数偏移 75 kHz で，信号波の最大周波数が 15 kHz のとき，周波数変調波の占有帯域幅はいくらか。

9.3.2　周波数変調回路

図 9.15 は周波数変調回路の例である。この回路では，搬送波は

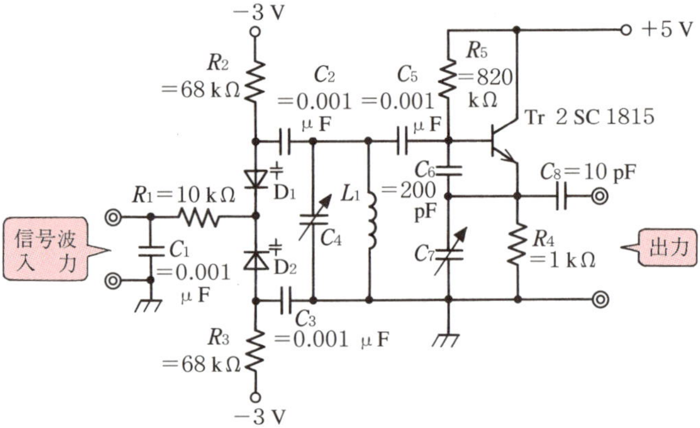

$L_1=10\mu$H
D_1，D_2：可変容量ダイオード 1SV 101（−3 V のとき約 30 pF）
C_4，C_7=10〜100 pF

(a)　回　路　図

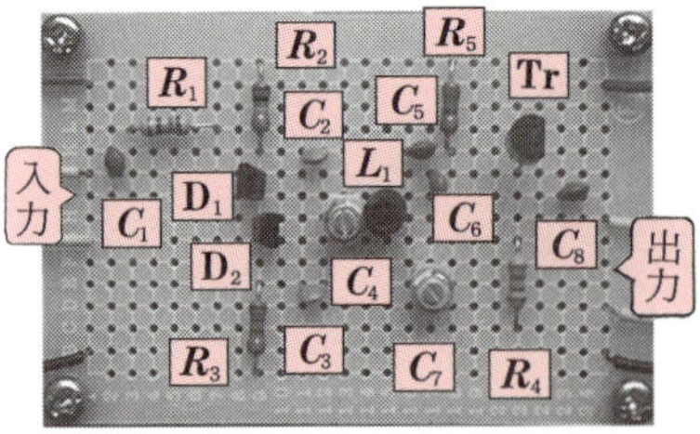

(b)　製　作　例

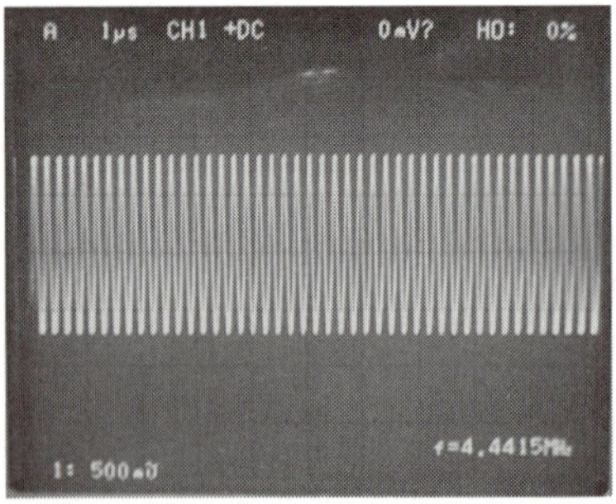

(c)　出力波形

図 9.15　周波数変調回路

約 4 MHz の高周波をコルピッツ発振回路で発振させ，その発振周波数を可変容量ダイオード D_1，D_2 に加わる信号波の電圧で変えるようにしている。

回路の動作　ダイオードの静電容量を C_D で表し，図 9.15 の交流回路を描くと図 9.16 となる。

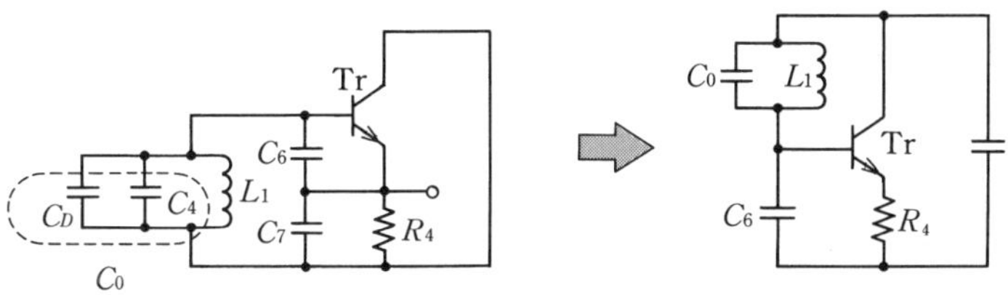

図 9.16　交流回路

回路はコルピッツ発振回路となり，発振周波数 f は次式となる。

$$f \fallingdotseq \frac{1}{2\pi\sqrt{L_1 C_0}}$$

（C_0：C_4，C_D，C_s の並列合成静電容量）

（C_s：C_6，C_7 の直列合成静電容量）

したがって，入力がないときの発振周波数 f_0 はつぎのようになる。

$$C_s = \frac{1}{\dfrac{1}{200}+\dfrac{1}{30}} = 26 \text{〔pF〕} \qquad (C_7 = 30\text{ pF で計算})$$

$$C_0 = 80+30+26 = 136 \text{〔pF〕} \qquad (C_4 = 80\text{ pF で計算})$$

$$f_0 = \frac{1}{2\pi\sqrt{10\times10^{-6}\times136\times10^{-12}}} = 4.32\times10^6 \text{〔Hz〕}$$

$$\therefore \quad f_0 \fallingdotseq 4.32\text{ MHz}$$

入力が加わり，C_0 が ± 8 pF 増減したとすれば，そのときの周波数 f_1，f_2 はつぎのようになる。

C_D が増加のとき

$$f_1 = \frac{1}{2\pi\sqrt{10\times10^{-6}\times144\times10^{-12}}} = 4.19\times10^6 \text{〔Hz〕}$$

$$\therefore \quad f_1 = 4.19\,\text{MHz}$$

C_D が減少のとき

$$f_2 = \frac{1}{2\pi\sqrt{10\times10^{-6}\times128\times10^{-12}}} = 4.45\times10^6 \text{〔Hz〕}$$

$$\therefore \quad f_2 = 4.45\,\text{MHz}$$

すなわち，最大周波数偏移が約 260 kHz の周波数変調波が得られる。

9.3.3 周波数復調回路

1 比検波器による復調　図 *9.17*（*a*）は，**比検波器**（ratio-detector）と呼ばれる周波数復調回路の例である。

この回路では，C_1 と L_1 そして C_2 と L_2 をそれぞれ周波数変調波の中心周波数 f_0 に共振させ，また C_0 を通して，一次側の共振電圧を二次側のコイルの中点に加えている。したがって，図において，一次側の共振電圧すなわち周波数変調波の入力電圧を V_1，二次側の共振電圧を V_2 とすると，等価回路は図（*b*）のようになる。

図（*b*）の回路において，ダイオード $\mathrm{D_1}$，$\mathrm{D_2}$ に加わる電圧 $\dot{V}_{D1}$，$\dot{V}_{D2}$ は，$\dot{V}_1$ と $\dot{V}_2$ の位相差が，周波数 f_0 のときは $\dfrac{\pi}{2}$ となり，周波数が f_0 より高いと $\dfrac{\pi}{2}$ より小さく，周波数が f_0 より低いと $\dfrac{\pi}{2}$ より大きくなるので，図 *9.18* のように周波数で変化する。

したがって，V_{D1} と V_{D2} を整流した電流が，R_3 にたがいに逆向きに流れるので，出力電圧 V_0 は，周波数変調波の周波数 f が $f=f_0$ のとき 0，$f>f_0$ のとき周波数の差 $|f-f_0|$ に比例した大きさで正の電圧，$f<f_0$ のとき周波数の差 $|f-f_0|$ に比例した大きさで負の

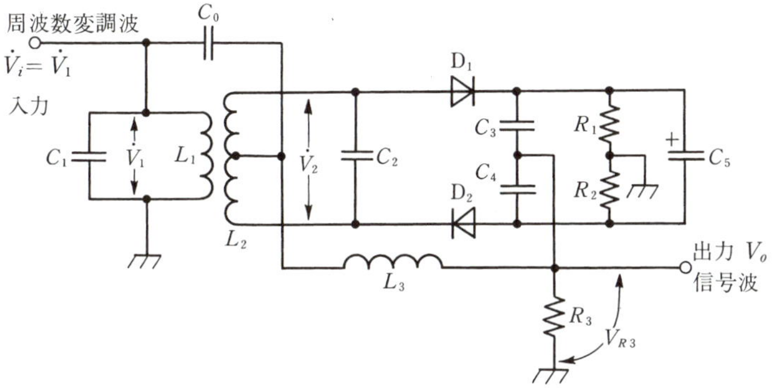

(a) 比検波器

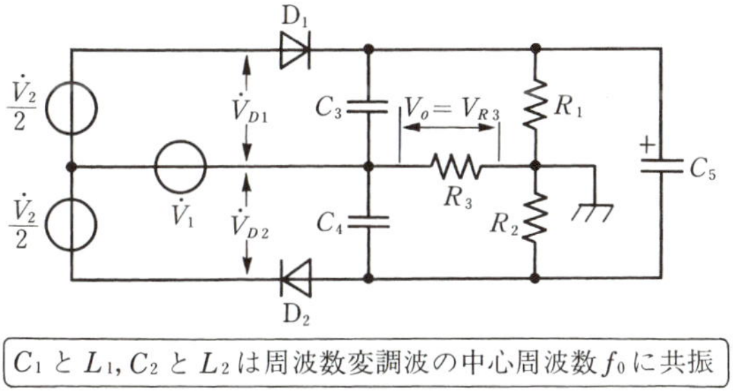

(b) 等価回路

図 9.17　周波数復調回路の例

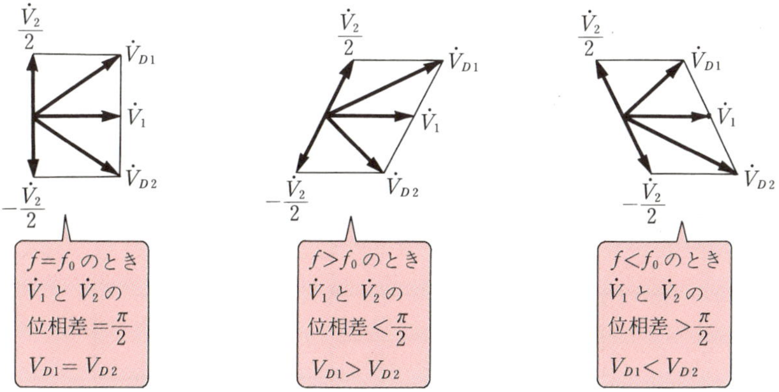

図 9.18　ダイオードに加わる電圧

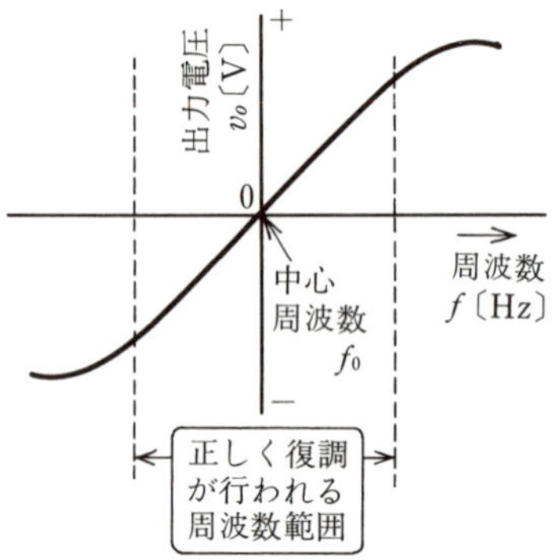

図 9.19　S 字特性図

電圧が得られる。この関係を，周波数 f を横軸にとり，出力電圧 v_0 を縦軸にとり図で表すと，図 9.19 のようになる。

この図に示したように，正しく復調が行われるのは，周波数 f と出力電圧 v_0 が比例する直線の範囲である。周波数が f_0 から大きく外れると，出力電圧は飽和し，さらに外れると減少し始める。このように，この特性図は周波数復調が行われる周波数の範囲を示しており，その形から周波数復調回路の **S 字特性**とも呼ばれる。

2　**位相同期ループによる復調**　　周波数変調波の周波数と基準となる周波数とを，位相差によってつねに比較し，その差を電圧に変えて周波数復調する方式である。図 9.20 は，その方式による周波数復調の原調の原理を示す図であり，**位相同期ループ**（phase locked

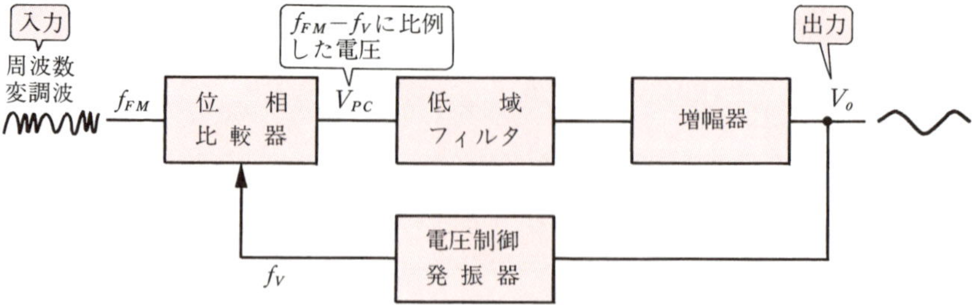

図 9.20　PLL を利用した周波数復調回路

loop，略して **PLL**）回路を利用したものである。この PLL を利用した周波数復調回路は，IC 化ができるので小形化でき，低価格で特性も安定し，また広い周波数の範囲で使えるなどの利点がある。

（*a*） 各部の働き

電圧制御発振器　発振周波数 f_V が，出力電圧 V_o によって制御され，周波数変調波の搬送周波数 f_0 を中心にして V_o が大きくなると周波数が高くなり，V_o が小さくなると周波数が低くなる発振回路である。多くの場合，方形波発振回路である。

位相比較器　図 9.21（*a*）は，位相比較回路の内部構成例である。電圧制御発振器からの周波数 f_V の方形波が，移相回路によって 90° 位相がずらされ，V_V' となって，スイッチング回路に加えられる。スイッチング回路では，周波数 f_{FM} の周波数変調波が，方形波 V_V' によって図（*b*)のようにスイッチングされ，出力 V_S を出す。その出力 V_S は，平均化回路によって平均値に直され，出力 V_{PC} が得られる。したがって，V_{PC} は，V_{FM} と V_V' の位相差すなわち周波数差によって，図（*b*）の①，②，③のように変化する。

以上の動作の結果，位相比較回路では，f_{FM} と f_V' が位相差で比較され，f_{FM} と f_V が等しいときには出力電圧 V_{PC} が 0，それ以外のときには，f_{FM} と f_V の周波数差に比例した電圧 V_{PC} を出力する。

低域フィルタ　V_{PC} の雑音を取り除く回路である。その出力 V_o は V_{PC} に比例する。

（*b*） 閉ループの働き　PLL を利用した回路では，以上の回路が閉ループを構成しているため，つねに $f_{FM}=f_V$ となるような制御電圧 V_{PC} が位相比較回路から発生される。そのため周波数変調波が入力されれば，電圧制御発振器の制御電圧 V_{PC} およびその雑音を除去した出力電圧 V_o は，周波数復調された電圧となる。

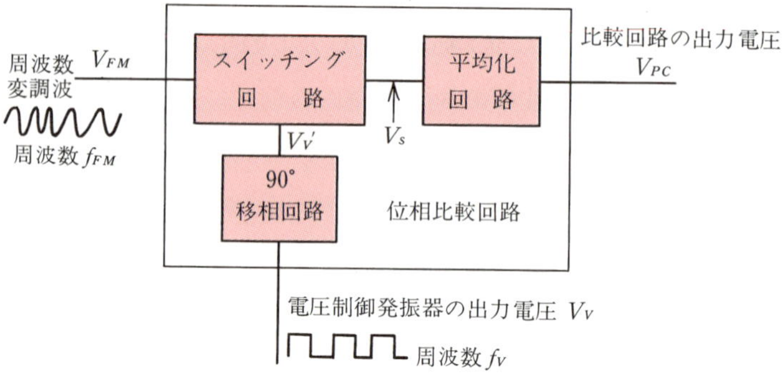

(a)　構　成　図

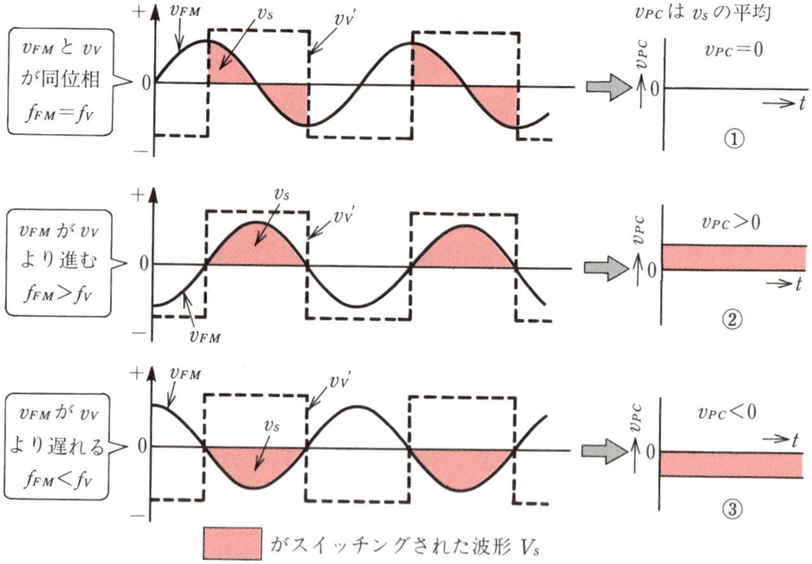

(b)　各部の動作図

図 9.21　位相比較回路

9 練習問題

❶ つぎの言葉を簡単に説明しなさい。

（*a*）振幅変調　（*b*）周波数変調　（*c*）占有帯域幅

❷ 振幅変調波をオシロスコープで観測したら図 *9.22* のように現れた。変調率 m はそれぞれ何 % か求めなさい。

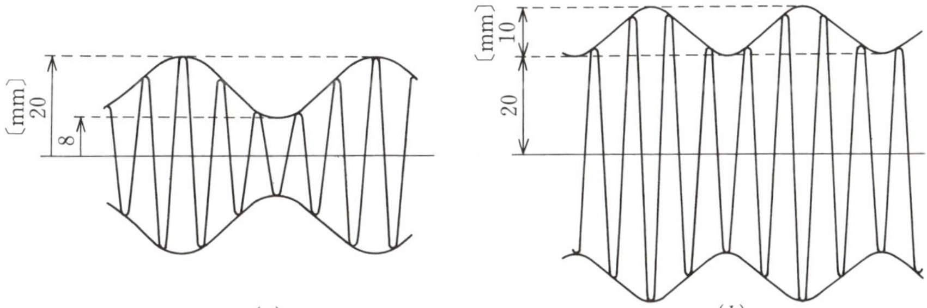

（*a*）　（*b*）

図 9.22

❸ 図 *9.23* のような振幅変調波の周波数分布がスペクトラムアナライザに現れた。

（*a*）信号波の最高周波数 f_{smax} は何 kHz か求めなさい。

（*b*）信号波の最低周波数 f_{smin} は何 kHz か求めなさい。

（*c*）占有周波数帯域 B は何 kHz か求めなさい。

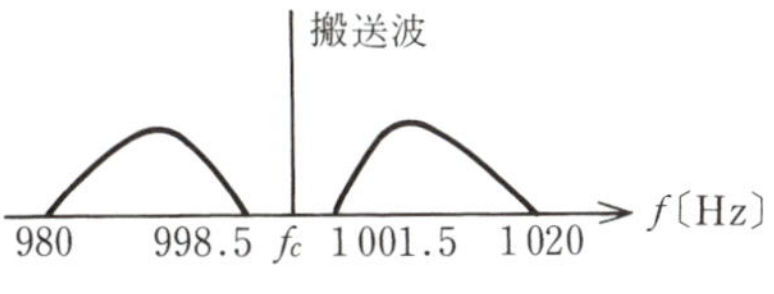

図 9.23

❹ 図 9.24 のような復調回路が三つある。入力 v_i に振幅変調波を加えたとき，出力 v_o に現れる波形を選びなさい。

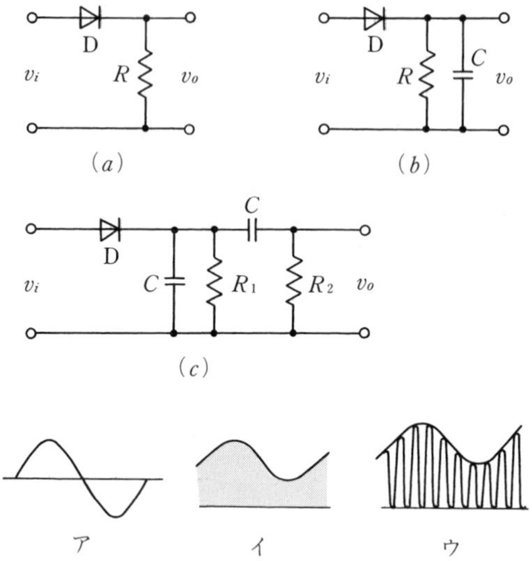

図 9.24

10

パルス回路

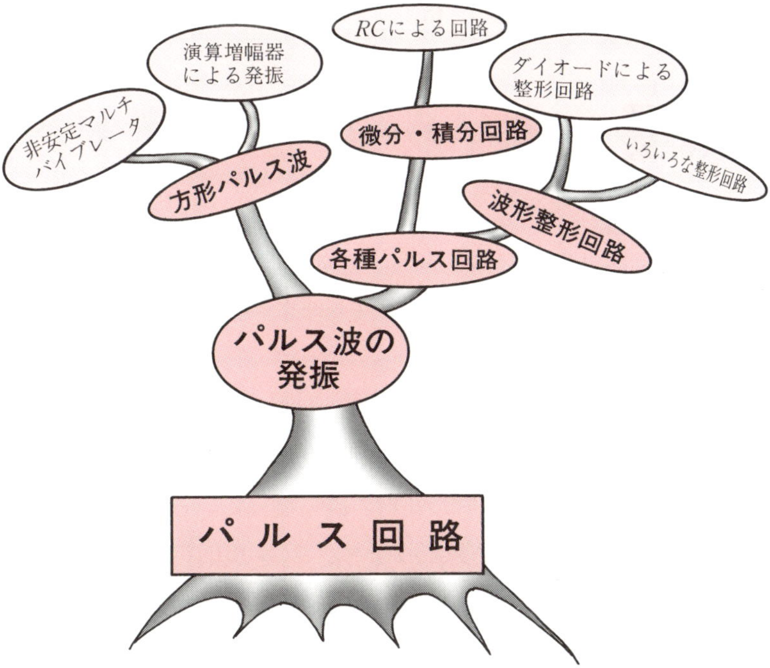

パルスとは，定常状態から急激に変化をして，また定常状態に戻るような波形の電圧や電流をいう。コンピュータをはじめとする電子機器の中で，数多く使われている。本章では，パルス波の基礎となる方形パルス波の発生回路と波形整形回路の動作について学ぶ。

10.1 方形パルスの発生

方形パルス波は，一定時間ごとにスイッチを開閉することで作ることができる。ここでは，トランジスタのスイッチ作用を利用する方法と，演算増幅器の帰還作用を利用した方法で方形パルスを発生させる方法について学ぶ。

10.1.1 非安定マルチバイブレータ

図 *10.1*（*a*）は**非安定マルチバイブレータ**（astable multivibrator）と呼ばれる回路であり，コレクタ-エミッタ間電圧 v_{CE} が図に示すように方形になるので，方形パルス発生によく用いられる。つぎに，この回路の動作を調べてみよう。

1　トランジスタのスイッチ作用　v_{CE} の波形を注意してみると，0V と電源電圧 9V を交互に規則正しく繰り返している。しかも，Tr_1 と Tr_2 とではたがいに反対の値になっている。これと同様な波形は，図 *10.2* の回路でスイッチ S_1，S_2 を規則正しく ON，OFF させたときに，スイッチの両端に得られる。

このことから，**非安定マルチバイブレータの Tr_1 と Tr_2 は，コレクタ-エミッタ間を端子としたスイッチと同じ役割をし，さらに自動的に ON，OFF を繰り返している**ということができる。

このように，トランジスタはスイッチ作用を持っているが，その

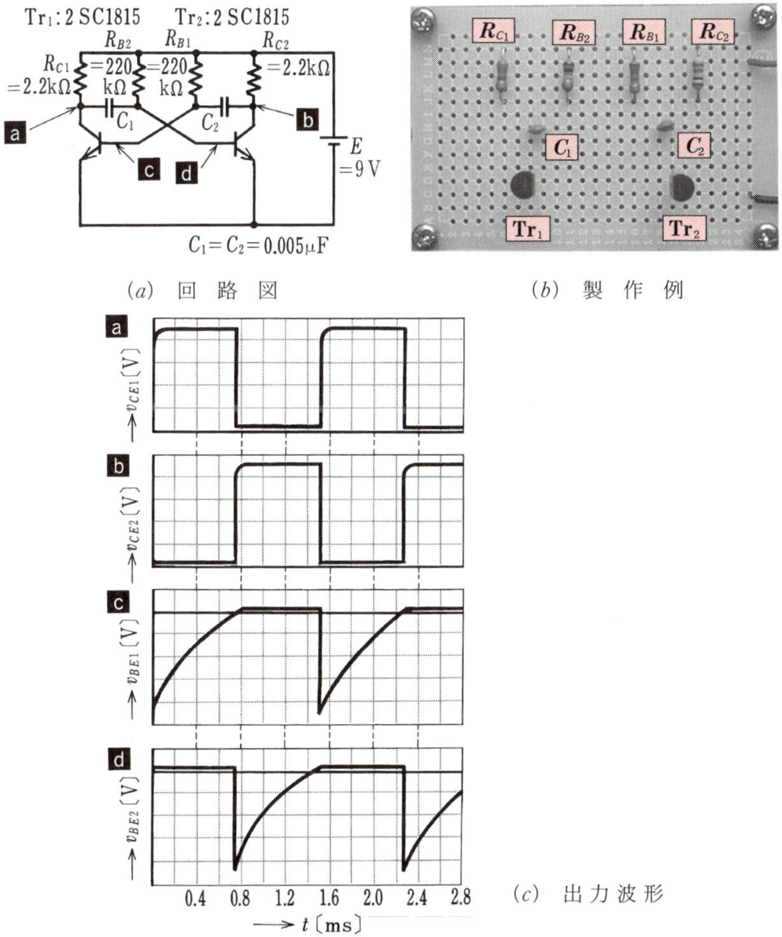

(a)　回　路　図　　(b)　製　作　例　　(c)　出力波形

図 10.1　非安定マルチバイブレータ

ON，OFF は，図 10.3 に示すように，ベース-エミッタ間電圧 V_{BE} によって決まり

V_{BE}：逆電圧または 0 V のとき　→ OFF

V_{BE}：順電圧で I_B を大きく流したとき　→ ON

となる。

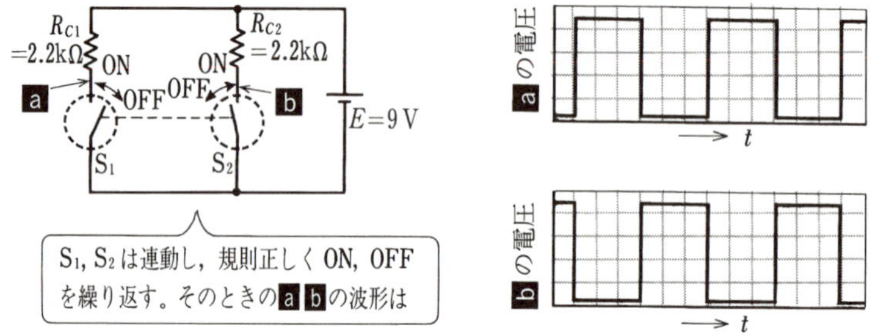

図 10.2　スイッチによる方形パルス

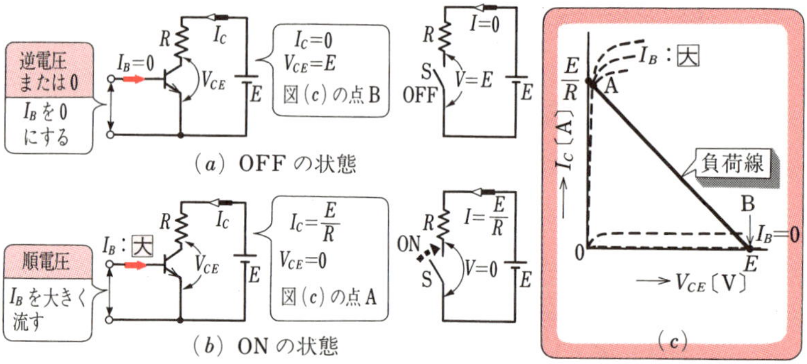

図 10.3　トランジスタのスイッチ作用

2　回路の動作　　つぎに，Tr_1，Tr_2 がどのようなしくみで自動的に ON，OFF を繰り返すのか，その動作を調べてみる。

1　はじめに Tr_1→ON，Tr_2→OFF であるとする　　Tr_1，Tr_2 は交互に ON，OFF を繰り返しているので，いま Tr_1 が ON，Tr_2 が OFF のときを考えてみよう。

Tr_1 が ON であるのは，図 10.4 (*a*) からわかるように，E，R_{B1} を通して v_{BE1} に順電圧が加わるからである。このとき，C_2 は図に示す方向に約 E〔V〕の電圧で充電される。

Tr_2 が OFF であるのは，ベース-エミッタ間回路が図 (*b*) のようになるから，C_1 の充電電圧によって v_{BE2} が逆電圧にされているため

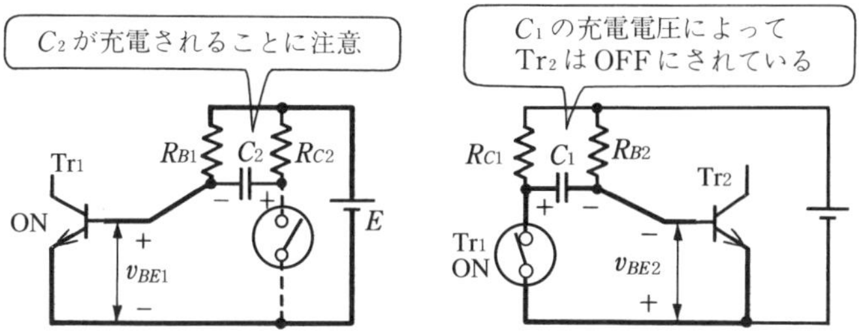

（*a*）　（*b*）

図 *10.4*　ON，OFF にする電圧

と考えられる。

2　Tr_2 はいつまでも OFF ではない　Tr_2 の OFF は C_1 の充電電圧と考えたが，この電圧は定常状態では図 *10.5* のように，v_{BE} を順電圧にするはずである。したがって，いつまでも $v_{BE2}<0$，すなわち Tr_2 が OFF の状態とはならず，いつかは $v_{BE2}>0$ となるはずである。いま，$t=t_1$ で $v_{BE2}>0$ になったとする。

3　Tr_1，Tr_2 の ON，OFF が反転する　$t=t_1$ で $v_{BE2}>0$ になると，Tr_2 が ON となる。そのために，OFF の間に C_2 に充電されて

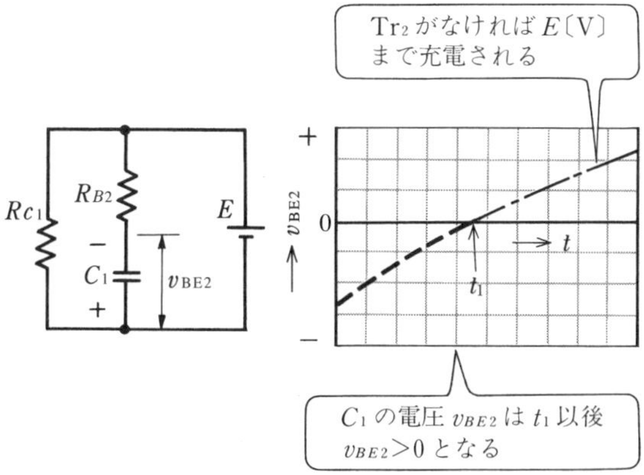

図 *10.5*　C_1 の 電 圧

いた電圧が，Tr_1 のベース-エミッタ間に加わり，$v_{BE1}<0$ となるので，Tr_1 は OFF となる[†1]。

[4] **Tr_1 はいつまでも OFF ではない**　　Tr_2 のときと同様に，Tr_1 の OFF は C_2 の充電電圧のためであるから，再びある時間がくると ON へ変化する。図 *10. 6* がその変化の様子を示す図であり，図 *10. 1* の **c**，**d** の波形はその実際の様子である。

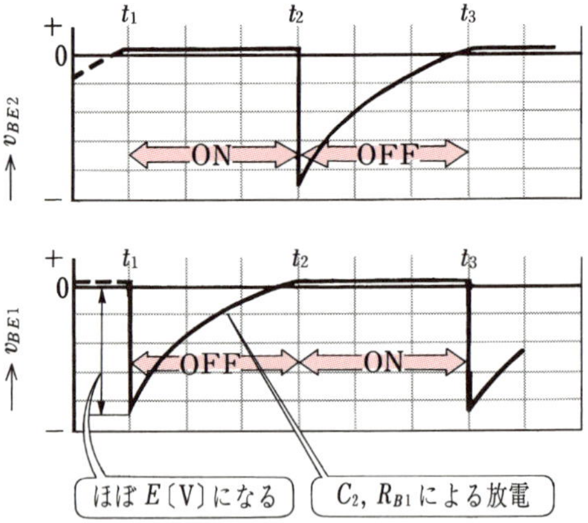

図 *10. 6*　ベース-エミッタ間電圧の変化

3　繰り返し周期

動作の説明からわかるように，Tr_1 の OFF 時間 T_1 は $R_{B1}C_2$ によって，また Tr_2 の OFF 時間 T_2 は $R_{B2}C_1$ によって決まり，近似的には次式で与えられる。

$$T_1 \fallingdotseq 0.69\,R_{B1}C_2\,〔\mathrm{s}〕,\qquad T_2 \fallingdotseq 0.69\,R_{B2}C_1\,〔\mathrm{s}〕$$

したがって，方形波の周期 T は

$$T = T_1 + T_2 \fallingdotseq 0.69\times(R_{B1}C_2 + R_{B2}C_1)\quad〔\mathrm{s}〕$$

となる。

---

†1　この反転は，Tr_1，Tr_2 の増幅作用が循環して起きるために，短時間で行われる。

問 *1.*　図 10.1 の回路で発生する方形波の周期を求めなさい。

問 *2.*　図 10.7 の波形の方形パルスを得るには，R_{B1}，R_{B2}，E をいくらにすればよいか。ただし C_1，C_2 は 0.005 μF とする。

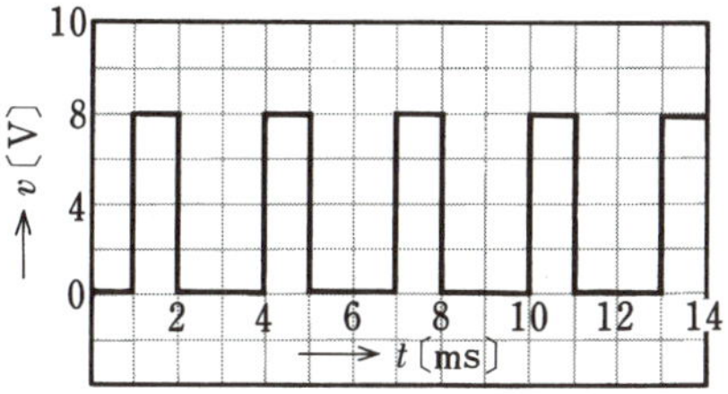

図 **10. 7**

10.1.2　演算増幅器による方形パルスの発生

演算増幅器を用いることによって方形パルスを発生させることができる。図 10.8（*a*）はその回路の一例であり，出力 v_0 の波形は図（*b*）のように正負対称の方形パルスになる。

回路の動作　つぎに，この回路の動作を調べてみよう。

1　**出力電圧 v_{cd} ははじめ $v_{cd}>0$ で大きさは V_s（飽和電圧）とする**　$v_{cd}>0$ ということから，図 10.9（*a*）のように同相入力を $v_{a'b'}$，逆相入力を v_{ab} とすれば，$v_{a'b'}>v_{ab}$ である。

2　**いつまでも $v_{cd}>0$ ではない**　v_{ab} は v_{cd} から R_1 を通じて C を充電している電圧であるから，いずれは図（*b*）に示すように V_s に近づく。一方 $v_{a'b'}$ は，v_{cd} を R_2 と R_3 で分割した電圧 $\dfrac{R_3}{R_2+R_3}V_s$ である。したがって，ある時間が経過すると，$v_{ab}>v_{a'b'}$ となる。いま，$t=t_1$ でこの状態になったとすれば，$t>t_1$ で出力 v_{cd} は $v_{cd}<0$ となり，大きさは $V_s=-E$〔V〕で飽和する。

3　**いつまでも $v_{cd}<0$ ではない**　$v_{cd}<0$ になった瞬間に $v_{a'b'}$ は図10.9（*c*）のような方向の電圧になり，大きさは R_2，R_3 で分割し

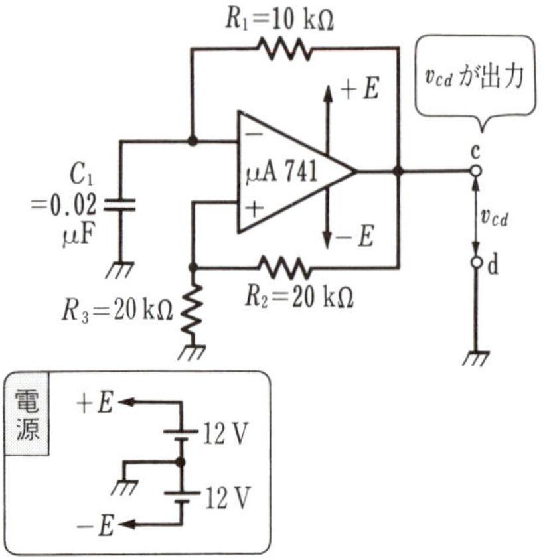

(a) 回　　路

(b) 製 作 例

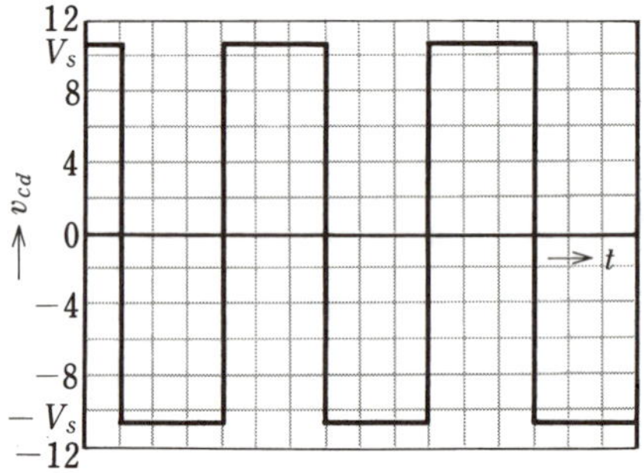

演算増幅器の出力飽和電圧 $V_s \fallingdotseq E$

(c) 出力波形

図 10.8 演算増幅器による方形パルスの発生

た電圧になる。一方 v_{ab} は，その直前まで図 (a) の方向で $\dfrac{R_3}{R_2+R_3}v_{cd} = \dfrac{R_3}{R_2+R_3}V_s$〔V〕の電圧であったが，今度は，しだいに $-V_s$〔V〕に近づくはずである。したがって，ある時間が経過すれば，再び $v_{a'b'} > v_{ab}$ となる。いま，$t=t_2$ においてそのようになったとすれば，$t>t_2$ で $v_{cd}>0$ に反転する。

以上の動作を繰り返すために，方形パルスが得られる。

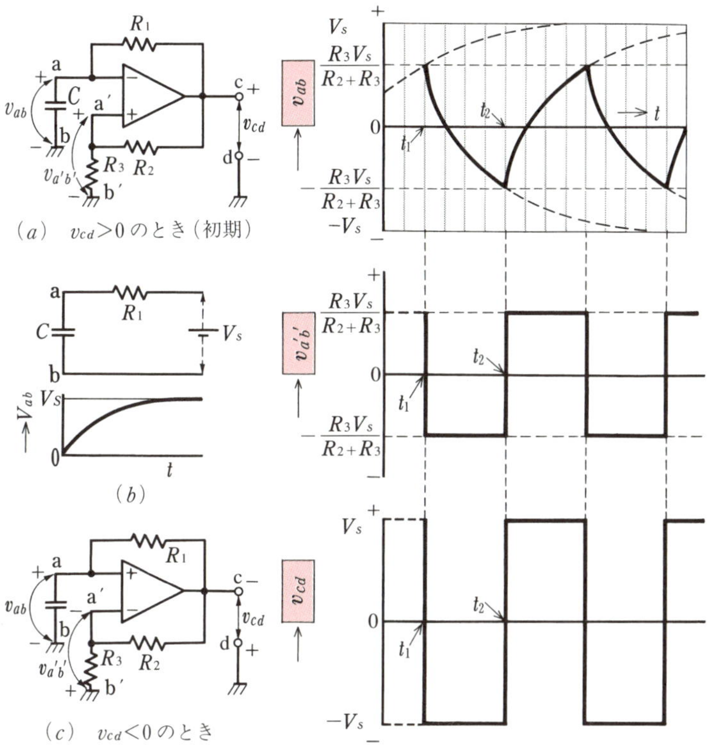

（a）　$v_{cd}>0$ のとき（初期）

（b）
（c）　$v_{cd}<0$ のとき

図 10.9　回路の動作

問 3.　図 10.10 の回路は，図 10.8 の回路を変形した回路である。どのような方形パルスが得られるか。

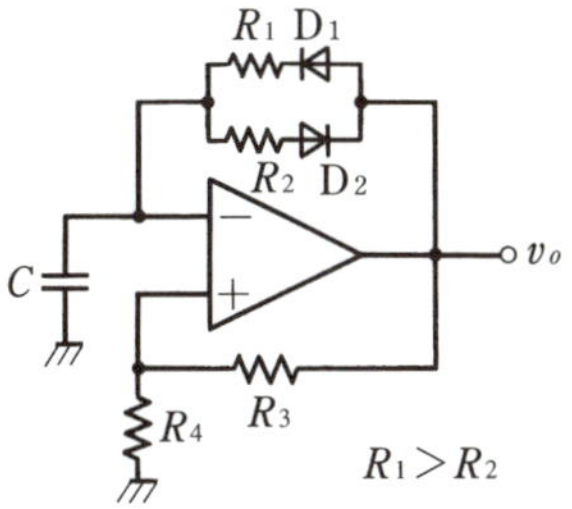

図 10.10

10.1.3　演算増幅器による単安定マルチバイブレータ

単安定マルチバイブレータ（monostable multivibrator）は，入力に加えられるパルスに同期して一定のパルス幅の方形パルスを発生する回路である。

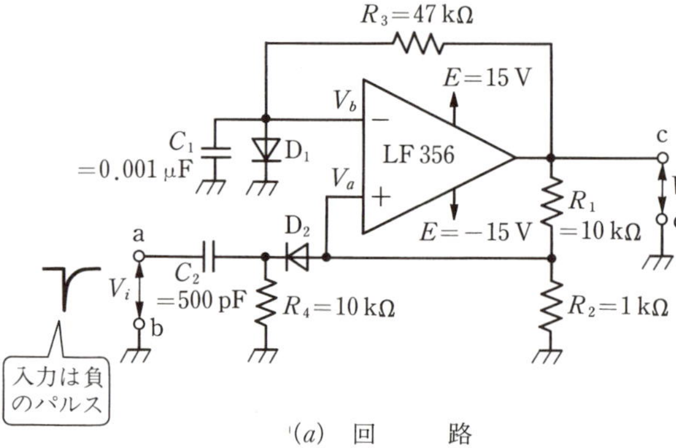

(a) 回　　路

(b) 製 作 例

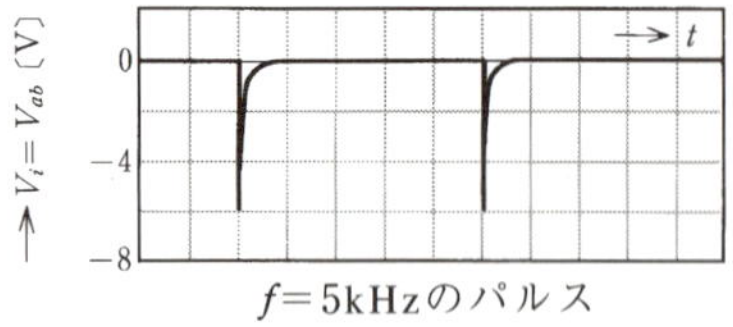

(c) 入 力 波 形

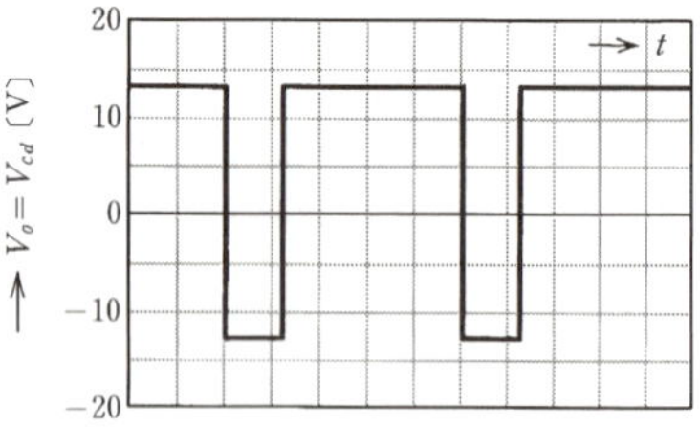

(d) 出 力 波 形

図 10.11　演算増幅器による単安定マルチバイブレータ

演算増幅器によって単安定マルチバイブレータを作ることができる。図 10. 11（*a*）はその回路例であり，図（*b*）は製作例である。端子 a，b に加わる入力の波形 V_i と，出力端子 c，d に現れる出力の波形 V_o を図（*c*）に示す。

回路の動作

[1] 入力 V_i が 0 のとき，出力は $V_o=+V_s$（V_s は出力飽和電圧）で安定を保つ　もし，$V_o=-V_s$ ならば，D_1 は OFF のため，いずれ $V_b=-V_s$ となり，V_a よりも大きな負電圧となるので，$V_o=+V_s$ となる。$V_o=+V_s$ ならば，D_1 は ON となり，したがって，$V_b=0$，$V_a=+V_s\dfrac{R_2}{R_1+R_2}$ である。

[2] 入力 V_i が加わると $V_o=-V_s$ になる　図 10. 12（*a*）のように，t_1 で V_i が負の大きな値となると，V_a は図（*b*）に示すように，$+V_s\dfrac{R_2}{R_1+R_2}$ から $-V_s\dfrac{R_2}{R_1+R_2}$ となり，図（*d*）のように $V_o=-V_s$ となる。

[3] $V_o=-V_s$ は変化する　$V_o=-V_s$ ならば，ダイオード D_1 には逆電圧が加わっているので，OFF である。したがって，V_b は，R_3，C_1 の時定数に従って，$-V_s$ の電圧に向かって大きくなる。V_b が大きくなり，$-V_s\dfrac{R_2}{R_1+R_2}$ になる t_2 で，V_a と V_b は等しくなり，図（*d*）に示すように，V_o は $-V_s$ から $+V_s$ に反転する。

このことから，この回路では，入力に負のパルス V_i が一つ入るごとに，決まったパルス幅のパルス V_o を出力する。

問 *4.* 非安定マルチバイブレータの回路と比べ，異なる点を示しなさい。

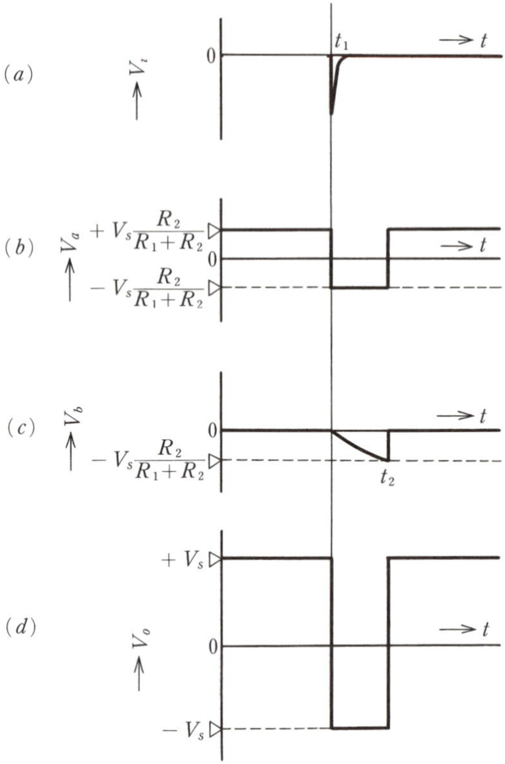

図 10.12　各部の波形

10.1.4　比較回路による方形パルスの発生

図 10.13（a）の回路において，入力端子に正弦波交流の電圧を加えると，出力端子から方形パルスが得られる。

回路の動作　入力電圧 V_i として，演算増幅器の負入力端子に図（b）の（1）の波形の電圧を加えると，つぎの動作をする。

V_i が正入力端子の電圧 V_{R2} を超えると，出力 $V_o = -V_s$ となり，超えなければ $V_o = V_s$ となる。このことから，この回路の出力電圧 V_o の波形は図（b）の（2）の波形となる。このようにして，交流電

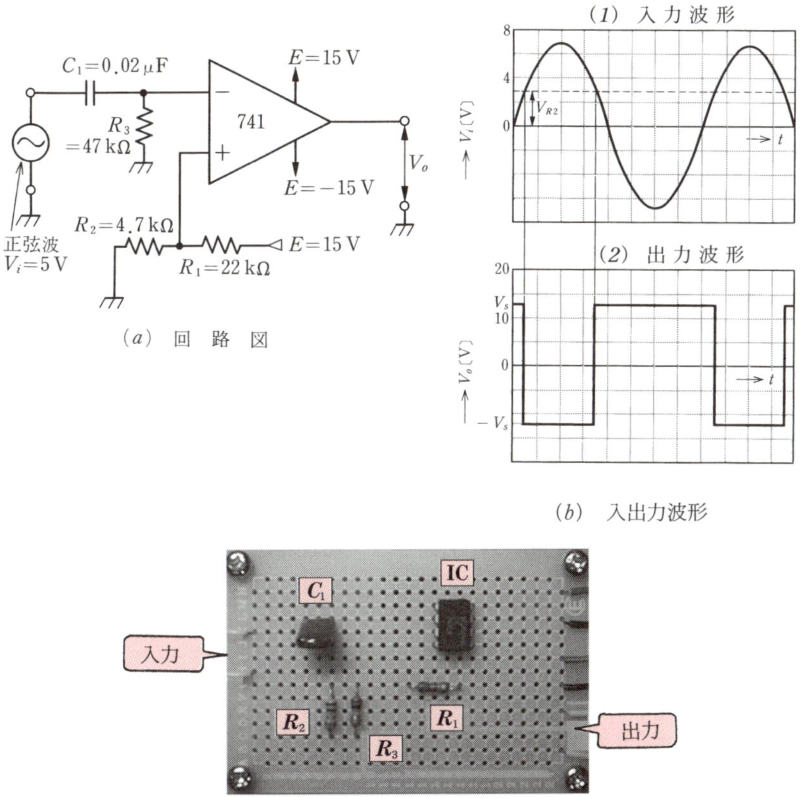

(a) 回　路　図

(b) 入出力波形

(c) 製　作　例

図 10.13　比較回路による方形パルスの発生

圧を入力することによって，それと周期の等しい方形パルスを得ることができる。

このように，ある一つの基準電圧を境に出力が変わる回路は**比較回路**または**コンパレータ**（comparator）といい，過電圧や過電流を検出して，電子回路や機器の保護などに使われる。

問 5. 図 10.13（a），（b）をもとにして，横軸に入力電圧，縦軸に出力電圧をとり，回路の入出力特性を表すグラフを描きなさい。

10.2 いろいろなパルス回路

パルス波は，振幅方向や時間方向の形をいろいろと変換して利用する。ここでは，代表的な波形の変換回路である微分回路・積分回路やダイオードを使用した変換回路の動作について学ぶ。

10.2.1 微分回路と積分回路

抵抗 R とコンデンサ C によって作られた図 10. 14（*a*），（*b*）に示す回路は，それぞれ**微分回路**（differentiating circuit），**積分回路**（integrating circuit）と呼ばれる回路であり[†1]，入力に方形パルスを加えると，図（*d*）のような波形の出力が得られる。この出力波からわかるように，これらの回路は方形波の波形を変えるのに用いられる。

1　微分回路の動作　　微分回路の動作を，図 10. 15 を用いて調べてみよう。

［1］　入力が加わった一瞬だけ電流が流れる　　入力が加わる前，C に充電されていないとすれば，入力 E〔V〕が加わった瞬間，R に E〔V〕が加わり，図 10. 15（*a*）と回路が等価になる。したがって，$i=\dfrac{E}{R}$〔A〕が流れ，$v_{cd}=E$〔V〕となる。しかし，RC が小さいので，C はすぐ E〔V〕に充電され，回路は図（*b*）と等価にな

†1　この回路は R と C からできているもので，***RC* 微分回路**，***RC* 積分回路**という。このほかに，R，L 構成するものや，演算増幅器で構成するものなどがある。

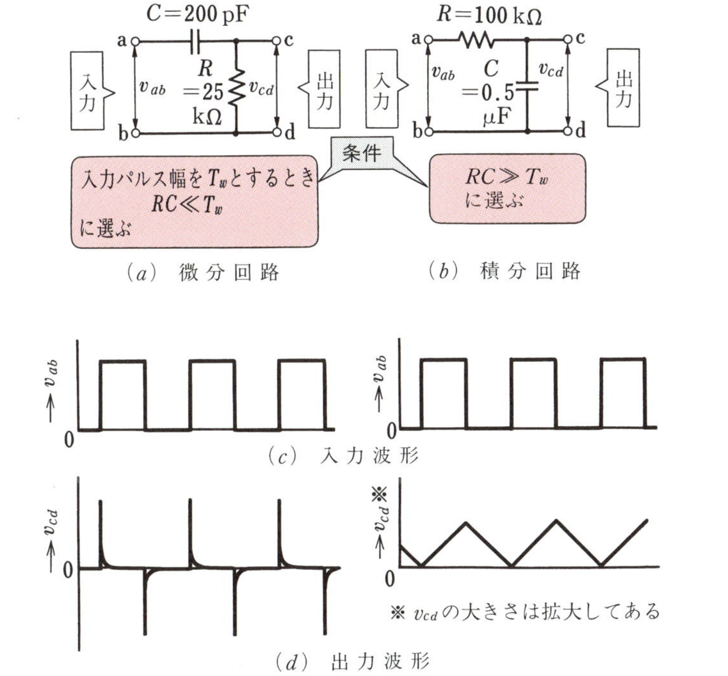

図 10.14 微分回路，積分回路

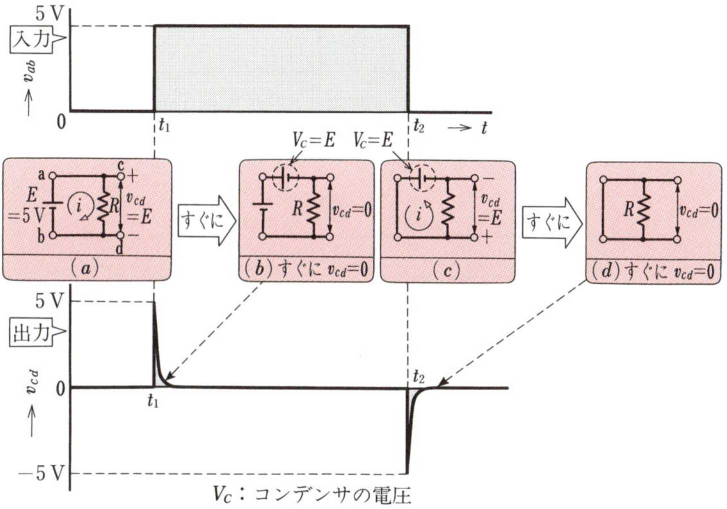

図 10.15 微分回路の動作

る。したがって，きわめて短い時間で $i=0$，$v_{cd}=0$ になる。

[2] 入力が0になると，加わったときとは逆方向に一瞬だけ電流が流れる　C が充電されている状態で入力が0になると，その瞬間回路は図（c）と等価になり，$i=\dfrac{E}{R}$〔A〕で前とは逆方向の電流となる。したがって，出力も逆方向で $v_{cd}=E$〔V〕となる。しかし，RC が小さいので，C の充電電圧はきわめて短い時間で0となり，回路は図（d）と等価になる。したがって，同じ時間に $i=0$，$v_{cd}=0$ になる。

このような動作によって，微分回路は入力方形パルスの変化のときだけ出力される回路になる[†1]。

2　積分回路の動作　図 10. 16（a）のように，方形パルスが一つ加わったときを考えてみる。

[1] 入力が加わると，加わっている間 C に充電が行われる　入

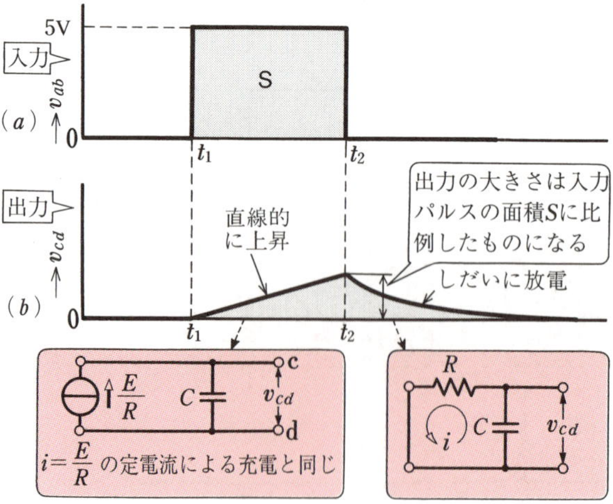

図 10. 16　積分回路の動作

---

†1　近似的にこの回路の入出力関係を求めると $v_{cd}=RC\dfrac{dv_{ab}}{dt}$ となり，入力を微分した出力が得られることになる。このために微分回路と呼ばれる。

力が加わると $i=\dfrac{E}{R}$〔A〕の電流が流れ，C に充電が行われる。そのときの充電電圧 v_{cd} は，RC が大きく，E に比べて v_{cd} が小さいため，ほぼ $i=\dfrac{E}{R}$〔A〕の定電流による充電電圧となる。したがって，v_{cd} は入力が加わっている間，直線的に上昇する。

[2]　入力が 0 になると，C からしだいに放電が行われる　入力が 0 になれば，RC が大きいので，v_{cd} はしだいに放電のため減少する。したがって，出力は図（*b*）のようになる。すなわち，積分回路は入力方形パルスの面積 S に比例した出力を出す回路になる[†1]。入力が図 *10. 17*（*a*）のように連続の方形パルスである場合には，放電が終わらないうちにつぎの充電が始まるので，図（*b*）のような波形が出力になる。

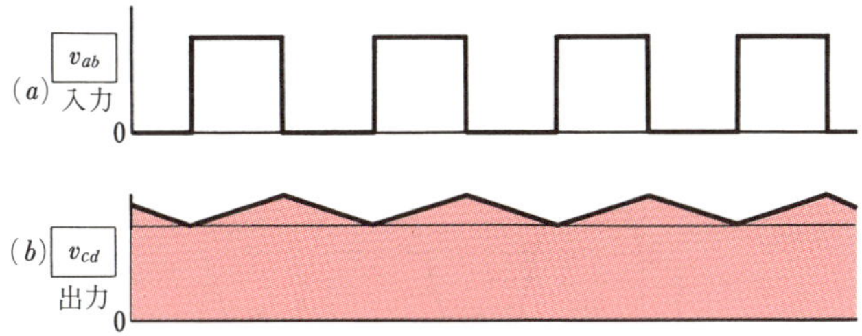

図 *10. 17*　連続方形波入力のときの出力

問 ***6.*** 微分回路で $RC \gg T_w$ の場合，出力波形はどのようになるか。また，積分回路で $RC \ll T_w$ の場合，出力波形はどのようになるか。ただし，T_w は入力パルスのパルス幅とする。

問 ***7.*** 図 *10. 18* の入力を微分回路，積分回路に加えると，出力はどのようになるか。

---

†1　近似的にこの回路の入出力関係を求めると $v_{cd}=\dfrac{1}{RC}\displaystyle\int v_{ab}dt$ となり，入力を積分した出力が得られることになる。このために積分回路と呼ばれる。

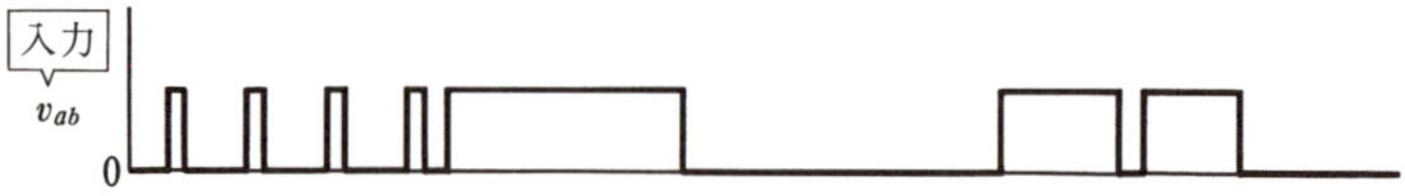

図 10.18

10.2.2 波形整形回路

図 10.19 (*a*) の波形があるとき，その波形から，図 (*b*)，(*c*) のような波形を作るような回路を**波形整形回路** (waveform shaping circuit) という。つぎに，いくつかの具体的な回路について調べてみる。

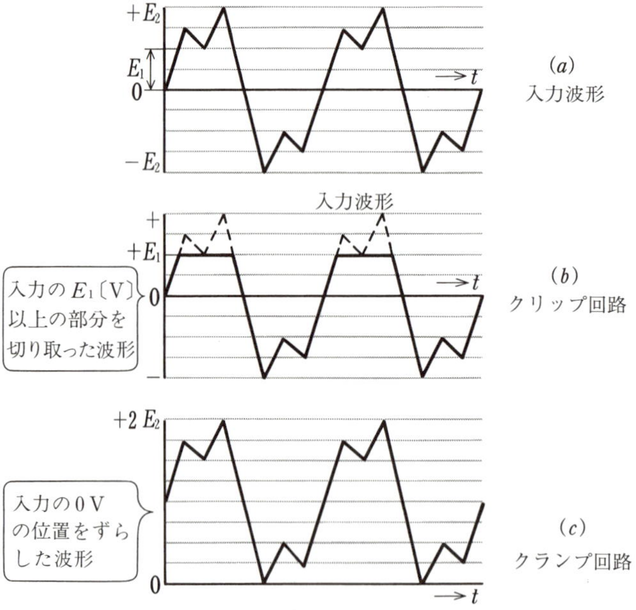

(*a*)
入力波形

(*b*)
クリップ回路

(*c*)
クランプ回路

図 10.19　波形整形回路

1 **クリップ回路**　入力波形のあるレベル以上の部分を切り取る回路を**クリップ回路** (clipping circuit) という。図 10.20 (*a*) の回路はその一例である。

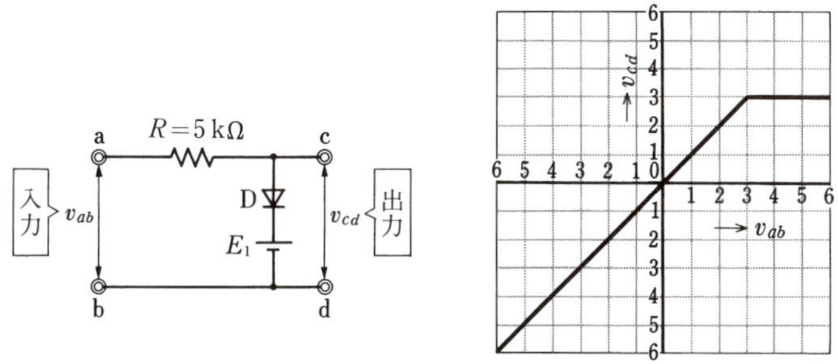

E_1＝3 V のとき

（a）回　　路　　（b）入出力特性

図 10.20　クリップ回路の一例

回路の動作　　ダイオード D を理想的なものと考えれば

入力 $v_{ab} < E_1$ のとき，D は OFF であるから，出力 $v_{cd} = v_{ab}$

入力 $v_{ab} \geqq E_1$ のとき，D は ON であるから，出力 $v_{cd} = E_1$

となる。この入出力の関係をグラフで表せば，図（b）のようになる。

問 8.　図 10.21（a），（b），（c）は，図 10.20（a）のクリップ回路を変形させた回路である。その動作を調べ，入出力特性を示しなさい。

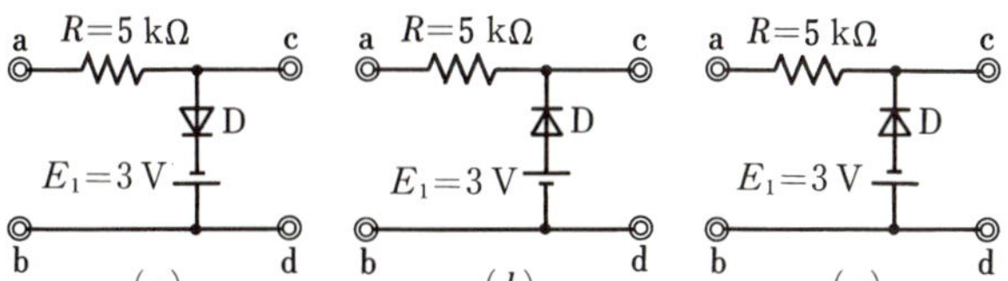

（a）　（b）　（c）

図 10.21

例 題 1.

図 10.22 の回路はどのような動作をするか調べなさい。

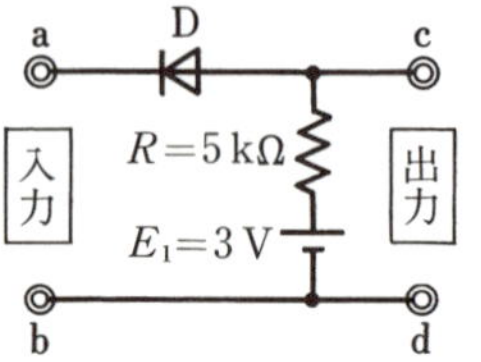

図 10.22

解 答　$v_{ab} > E_1$ のときDがOFFとなるので，$v_{cd}=E_1$

$v_{ab} \leqq E_1$ のときDがONとなるので，$v_{cd} = v_{ab}$

となる。したがって，図 10.20 のクリップ回路と同じ動作をする回路になる。

2　クランプ回路　入力波形の基準レベル（0 V の位置）を変える回路を**クランプ回路**（clamping circuit）という。図 10.23 はその一例であり，入力波形の負の最大値（V_p〔V〕）だけ，0 V の位置を下げる回路である。

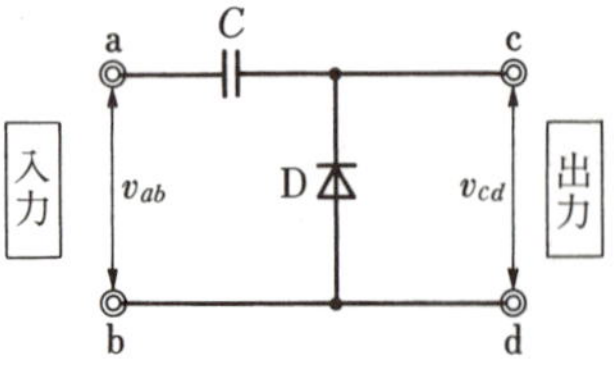

図 10.23　クランプ回路の一例

回路の動作　つぎに，この回路の動作を調べてみよう。

[1] **コンデンサ C は，入力 v_{ab} の負の最大値 V_p で図 10.24 の方向に充電される**　ダイオードDは $v_{ab}<0$ のときにONとなり，電流を流すので，入力が加わると $v_{ab}<0$ で，しかも $v_c < V_p$（v_c

は図に示す方向の電圧）のときにだけ，コンデンサ C は充電される。したがって，C には図の方向で大きさ V_p の電圧が充電される。

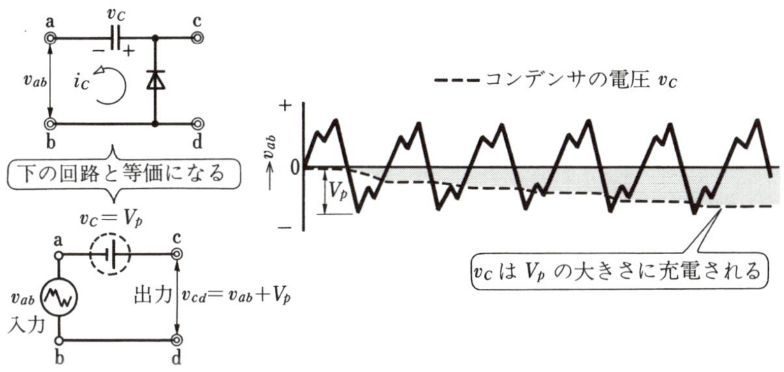

図 10.24　クランプ回路の動作

2　出力 v_{cd} は $v_{ab}+V_p$ の電圧となる　　v_{cd} は C の電圧 V_p と入力電圧 v_{ab} を加えた電圧となるので，入力 v_{ab} の 0 V の位置を V_p〔V〕だけ下げた波形になる。

問 9.　図 10.25（a），（b）の回路では，入力の 0 V の位置はどのように変化するか。

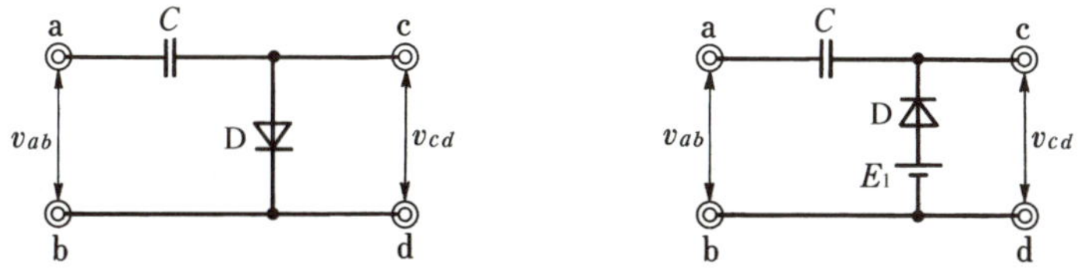

（a）　　（b）

図 10.25

10 練　習　問　題

❶　図 10.26 の回路の v_{CE1}，v_{CE2}，v_{BE1}，v_{BE2} の波形を示しなさい。

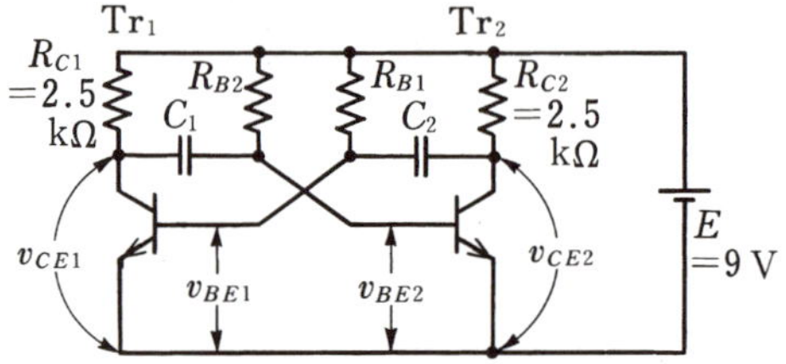

$R_{B1}=R_{B2}=300\ \mathrm{k\Omega}$,　$C_1=0.002\ \mu\mathrm{F}$,　$C_2=0.001\ \mu\mathrm{F}$

図 10.26

❷　図 10.27（*a*）～（*h*）の回路は，二つずつ同じ働きをする回路がある。その組み合わせはどれか。

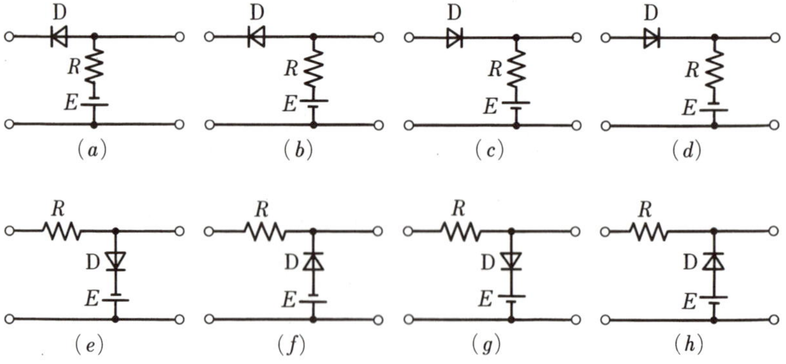

図 10.27

❸　つぎの回路の働きを簡単に説明しなさい。

（*a*）　微分回路　　（*b*）　積分回路　　（*c*）　クリップ回路

（*d*）　クランプ回路

❹ 図 10.28 の回路で，入力電圧 V_i が変化すると，出力電圧 V_o も変化する。出力電圧 V_o が－15 V から＋15 V に変化したときの入力電圧を V_1，V_o が＋15 V から－15 V に変化したときの入力電圧を V_2 として，それぞれの場合の入力電圧を求めなさい。

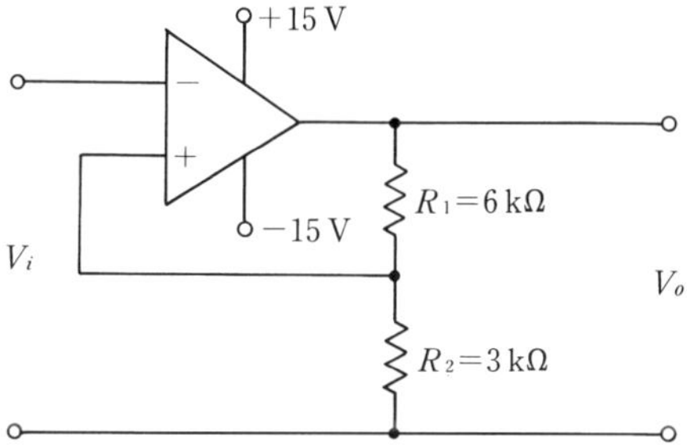

図 **10.28**

❺ 図 10.29 に示すパルス波形の振幅 A，パルス幅 T_w，繰返し周期 T，繰返し周波数 f を求めなさい。

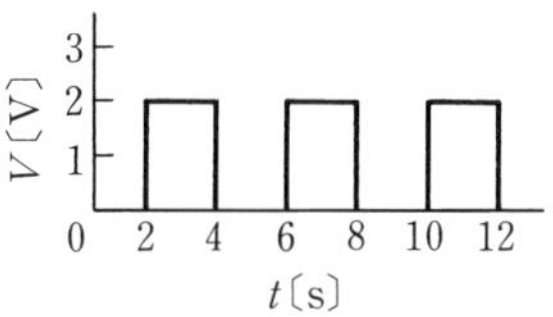

図 **10.29**

11

直流電源回路

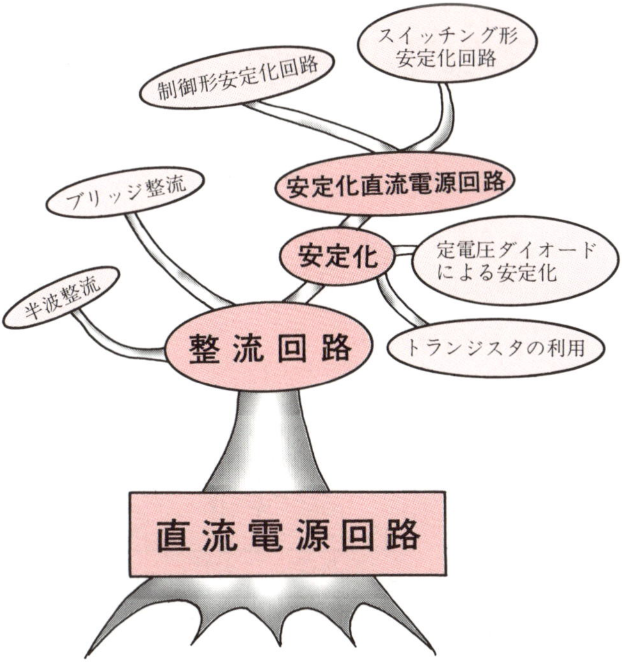

電子回路を動作させるには直流電源が必要となる。この直流電源は，ダイオード，トランジスタ，RC などの素子を使った整流回路を利用して，交流電源から作られている。本章では代表的な整流の方式や電源電圧の安定化回路の構成や動作について学ぶ。

11.1 整流回路

整流とは流れを整えることであるが，電子回路では交流を直流に変える意味に用いる。ここでは，代表的な整流回路である半波整流回路と全波整流回路の原理や動作の特徴について学ぶ。

11.1.1 いろいろな整流回路

交流から直流を得る回路を**整流回路**といい，よく用いられるのが図 *11. 1* に示した**半波整流回路**と**全波整流回路**である[†1]。

図（*a*），（*b*）いずれの整流回路も，無負荷状態すなわち R_L が無限大のときには，出力 V_{cd} に入力 V_{ab} の最大値，すなわち $\sqrt{2}\ V_{ab}$ に等しい直流が得られる回路である。

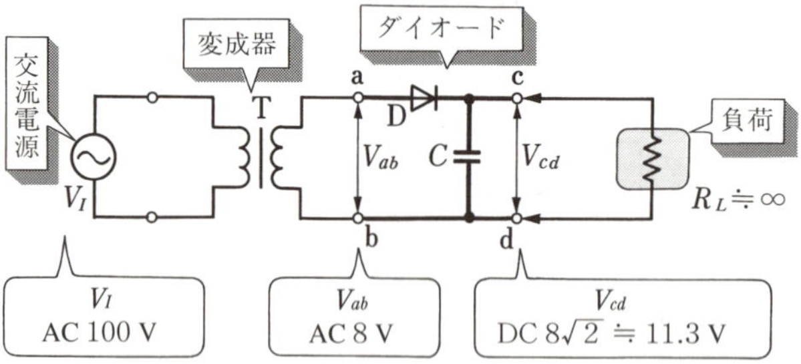

（*a*）　半波整流回路

図 *11. 1*　整 流 回 路

---

†1　一般的にはコンデンサ C を接続しない回路を整流回路と呼んでいる。ここでは C を接続した回路でその動作を考えることにする。

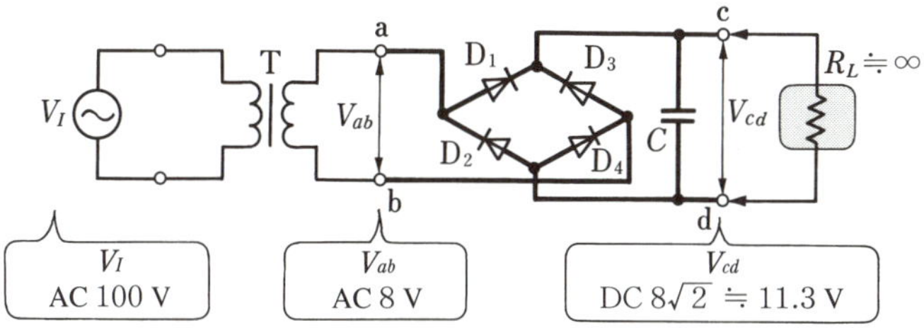

(b)　全波整流回路

変成器Tには，任意の電圧を得たり，負荷と交流電源とを絶縁したりする役割がある

図 11.1　整流回路（つづき）

11.1.2　半波整流回路

図 11.2（a）に示す回路において，電源の内部抵抗を R_g とし，コンデンサははじめ充電されていない状態でスイッチSを入れ，交流電圧 v_{ab} を加える。すると出力電圧 v_{cd} は，図（b）に示すようにつぎのような変化をする。

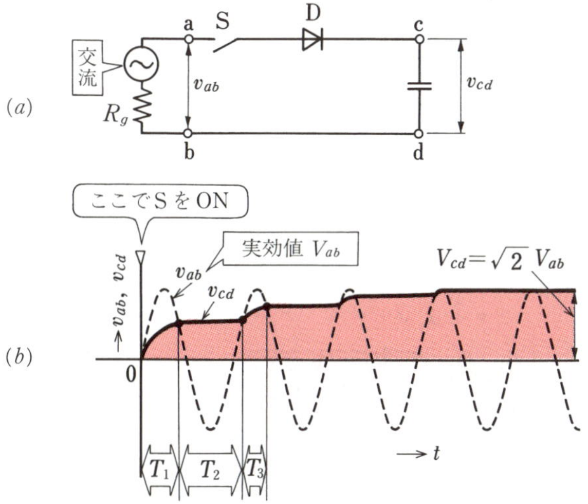

図 11.2　半波整流回路の動作

1　$v_{ab}>0$ のときに，ダイオードDを通して流れる電流のためにコンデンサ C が充電され，v_{cd} は上昇する（T_1 の区間）。

2　その充電は持続せずに，$v_{cd}>v_{ab}$ となる。T_2 の区間では，Dに逆電圧が加わるため，v_{cd} は一定値を保つ。

3　再び $v_{ab}>v_{cd}$ となる T_3 の区間では，Dを通して電流が流れるので v_{cd} は上昇する。

4　以上のような動作を繰り返すために，v_{cd} は最終的には v_{ab} の最大値，すなわち v_{ab} の実効値を V_{ab} とすれば $\sqrt{2}\ V_{ab}$ の直流電圧となる。

11.1.3　全波整流回路

ブリッジ回路を用いた全波整流回路をブリッジ整流回路という。ブリッジ整流回路の場合には，図 11.3（a）に示すように，$v_{ab}>0$ の

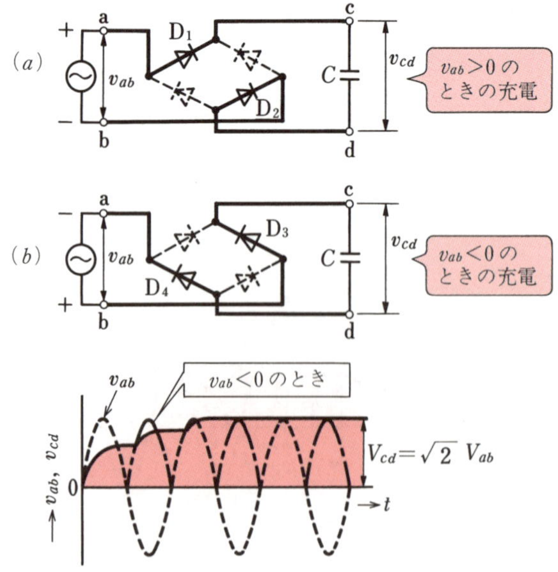

図 11.3　ブリッジ整流回路の動作

ときにはダイオード D_1，D_2 を通じて，また $v_{ab}<0$ のときには，図(b) のように D_3，D_4 を通じて，コンデンサ C を充電することができるので，半波整流の場合よりもはやく充電される。

問 1. 図 11.4 (a)，(b) の回路の出力 V_{cd} にはどのような直流電圧が得られるか。

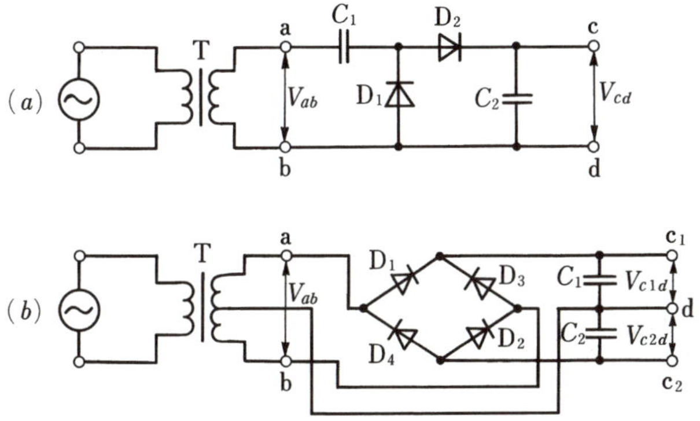

V_{ab} 実効値 8 V

図 11.4

11.2 安定化直流電源回路

電源として望ましいのは，負荷が変わっても電圧が一定であることであり，その工夫がされた電源を安定化電源という。ここでは，定電圧ダイオードを用いて電圧を一定に保つ方法を基本として，代表的な安定化の方法を学ぶ。

11.2.1 定電圧ダイオードによる電圧の安定化

直流電源としては，負荷電流の変化に対して電圧が一定で，交流成分が含まれていないことが望ましい。しかし，一般に図 11.5（a），（b）のような電源では，負荷電流 I_L が増えると図（c）の出力特性に示すように出力電圧 V_{cd} が降下し，出力波形は図（d）のように，出力に含まれている交流分（リプル）が増加して，直流電源としては安定に欠ける。

交流分を少なくするためには，回路のコンデンサの容量 C を大きくすることが最も簡単な方法であるが，さらに出力電圧をなるべく一定に保つようにするには，つぎに示すような安定化電源にする必要がある。

図 11.6（a）の回路は，前に示した半波整流回路に，定電圧ダイオード D_2 と抵抗 R_D を付加した回路である。この回路では，出力電圧は5 V であるが，図（b）に示すように，負荷電流 I_L がある範囲

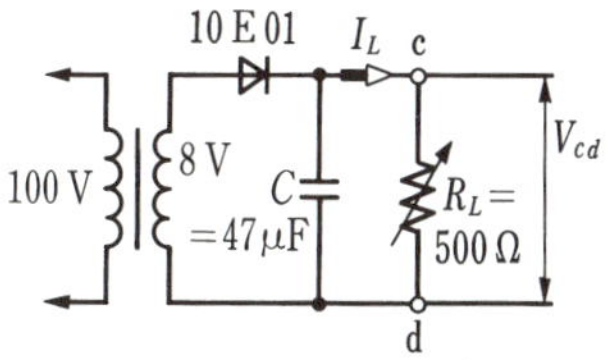

(a)　半波整流回路

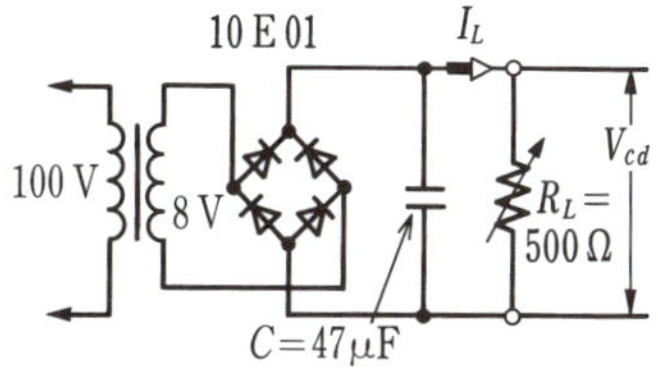

(b)　全波整流回路

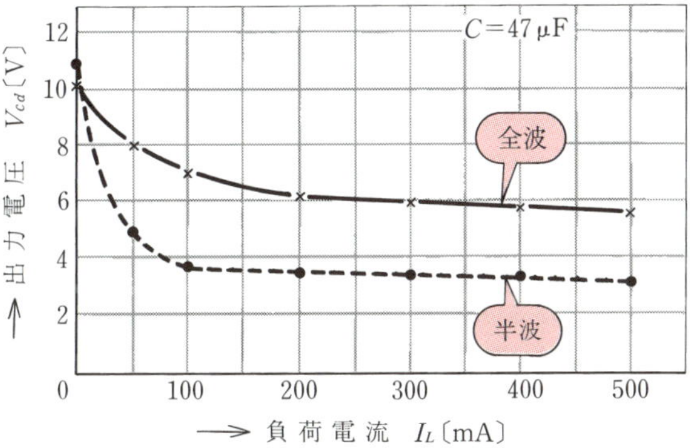

(c)　出力特性

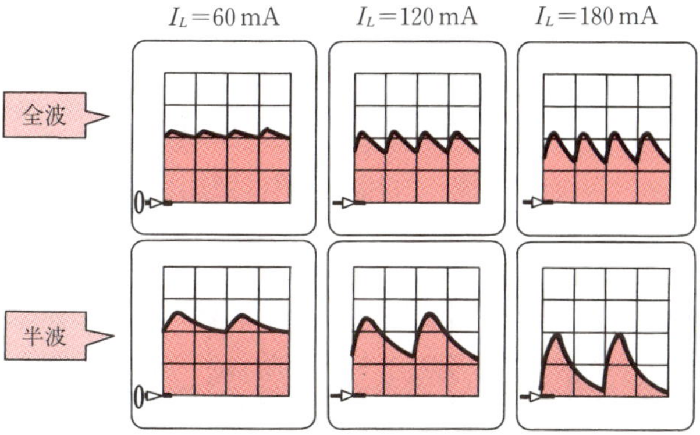

I_Lの増加に伴ってリプルも増加する

(d)　V_{cd}の出力波形

図 11.5　出力電圧の変動と含まれる交流分

以内（図では 100 mA 以内）であれば，ほぼ一定に保たれる。つぎに，図 11.6 の回路の動作を調べてみよう。

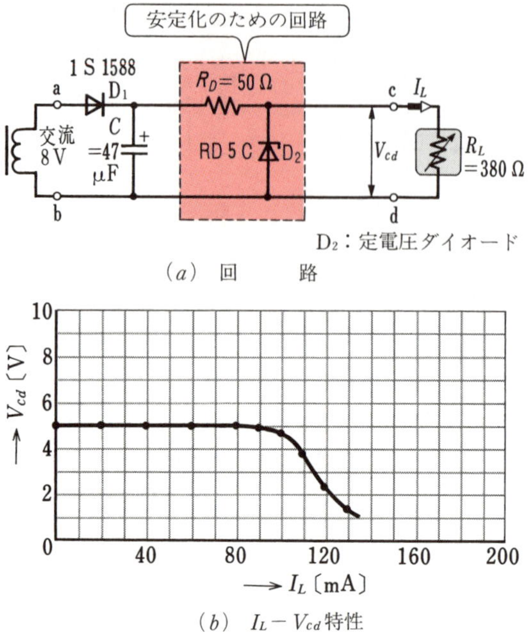

(a) 回　路

(b) I_L-V_{cd} 特性

図 11. 6　定電圧ダイオードによる安定化回路

1　定電圧ダイオード　　接合形ダイオードでは，逆方向電圧を加え，しだいに大きくしていくと，図 11. 7 に示すように，ある電圧までくると電流が急激に流れ，電流は増加しても電圧はほぼ一定に

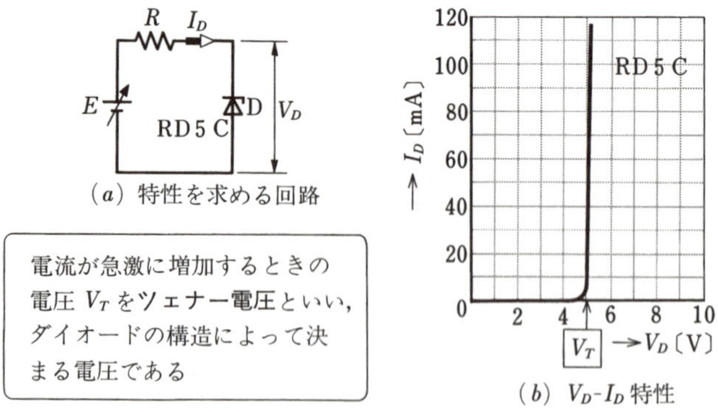

(a) 特性を求める回路

(b) V_D-I_D 特性

図 11. 7　定電圧ダイオード

保たれる性質がある。

一般の整流用に用いられるダイオード（図 *11.6* の D_1 のようなもの）は，このような状態では利用しないが，この特性を利用する目的で作られたダイオードを**定電圧ダイオード**（voltage regulation diode）という。

2　電圧の安定化　定電圧ダイオードは，図 *11.7* に示すように，ダイオードに電流が流れていれば，その端子電圧はほぼ一定に保たれる性質がある。したがって，図 *11.8* のような回路で，つねに定電圧ダイオードに電流が流れるようにすれば，負荷に加わる電圧，すなわち出力電圧は一定となる。

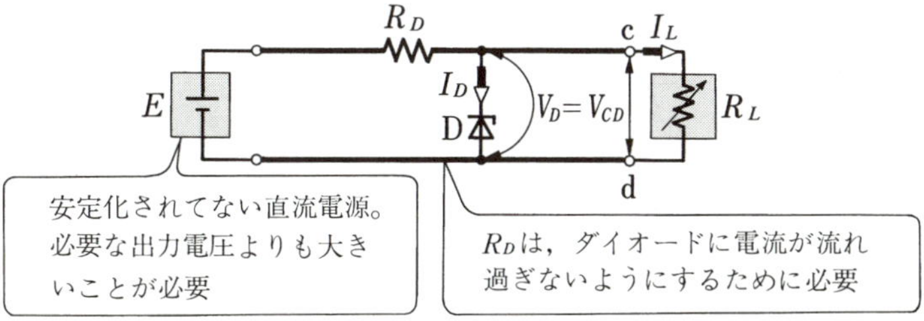

図 *11.8*　定電圧ダイオードによる安定化

いま，図 *11.8* の回路で，$E=12\,\mathrm{V}$，D として図 *11.7*（*b*）の特性の定電圧ダイオードを用い，負荷電流 I_L を 0 mA から 100 mA まで変えても安定化した電圧を得るには，R_D をいくらにし，また定電圧ダイオードで最大いくらの電力消費があるかを調べてみよう。

まず，図 *11.9* の回路で，定電圧ダイオードを接続しない場合，$I_L=100\,\mathrm{mA}$ のときに，V_{cd} が $V_T=5\,\mathrm{V}$ 以上あれば，c-d 間に定電圧ダイオードをつないだときには，必ずダイオードに電流が流れる。したがって，R_D の両端電圧は，$I_L=100\,\mathrm{mA}$ のときに，$E-V_T=7$〔V〕以下であればよい。したがって

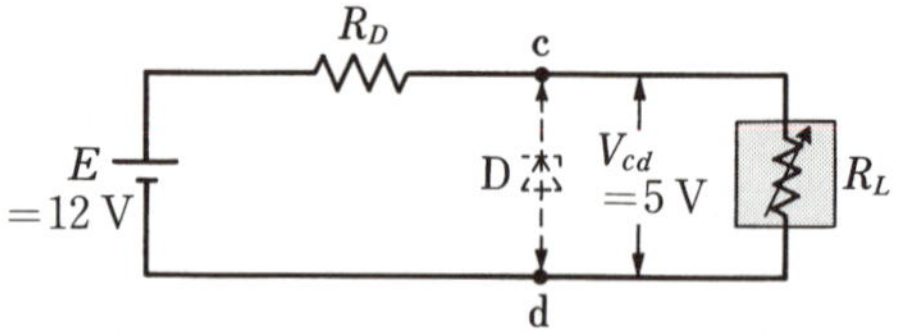

図 11. 9　定電圧ダイオードをはずしたときの電圧と電流

$$R_D < \frac{7}{0.1} = 70\ 〔\Omega〕$$

となるから

$$R_D = 50\ \Omega$$

とする。

$R_D = 50\ \Omega$ として定電圧ダイオード D を接続すれば，D に流れる最大電流 I_{Dm} は，$I_L = 0$ のときに

$$I_{Dm} = \frac{E-5}{R_D} = \frac{7}{50} \fallingdotseq 0.14\ 〔\mathrm{A}〕$$

となる。

したがって，ダイオードでの最大消費電力 P_{Dm} は

$$P_{Dm} = V_T I_{Dm} = 5 \times 0.14 = 0.7\ 〔\mathrm{W}〕$$

となる。

11.2.2　トランジスタと定電圧ダイオードによる回路

定電圧ダイオードを用いた定電圧回路は，簡単ではあるが，負荷電流が大きく変動する場合には，定電圧ダイオードに大きな電流を流す必要があるので，大きな電力に耐えられる定電圧ダイオードを必要とする。そこで，トランジスタの増幅作用を利用して，図 *11. 10* のような回路構成にすれば，小さな定格電力の定電圧ダイオードで，大きな負荷電流まで利用できる定電圧回路を作ることができる。

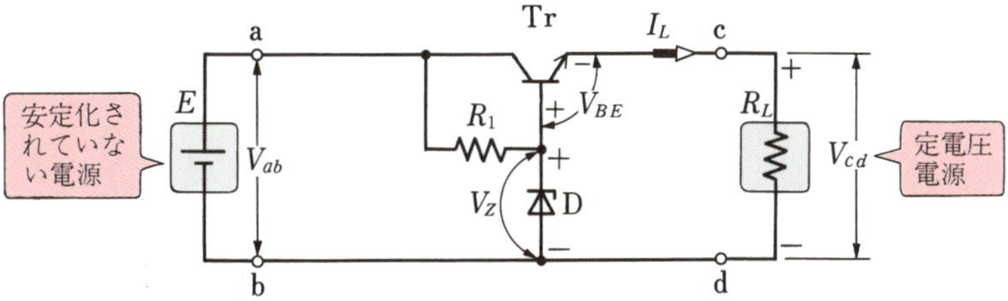

図 11.10 トランジスタを用いた定電圧回路

回路の動作　出力電圧 V_{cd} は

$$V_{cd} = V_Z - V_{BE}$$

であり，V_Z，V_{BE} は，それぞれダイオード，トランジスタに流れる電流にかかわらずほぼ一定であるから，定電圧が得られる。無負荷時にダイオードに流しておく電流は，負荷電流 I_L の最大値を I_{Lm} とすれば，$\dfrac{I_{Lm}}{h_{FE}}$ 以上あればよいので，小さな定格の定電圧ダイオードでよいことになる。

問 *2.* 図 *11.10* の回路で，$E = 12$ V，$I_{Lm} = 100$ mA とすると，R_1 はいくらにすればよいか。また，定電圧ダイオード D における最大消費電力はいくらか。ただし，トランジスタの $h_{FE} = 160$，$V_Z = 5$ V とし，D には無負荷時に Tr のベース電流 I_B の最大値 I_{Bm} の 10 倍の電流を流しておくものとする。

11.2.3 制御形安定化回路

図 *11.6* (*a*)，図 *11.10* で示した定電圧安定化回路は，ダイオードやトランジスタの端子電圧が一定であることを利用したものであった。これに対して，図 *11.11* に示す回路は，つねに出力電圧の変化を検出し，変動があった場合には，その変動を抑えるように出力電圧

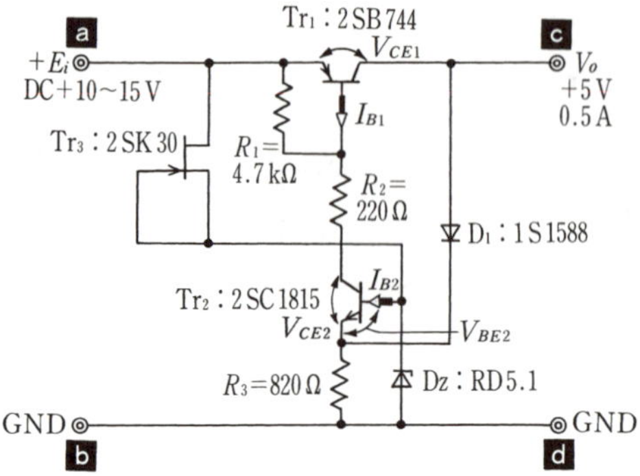

(*a*) 回 路 図

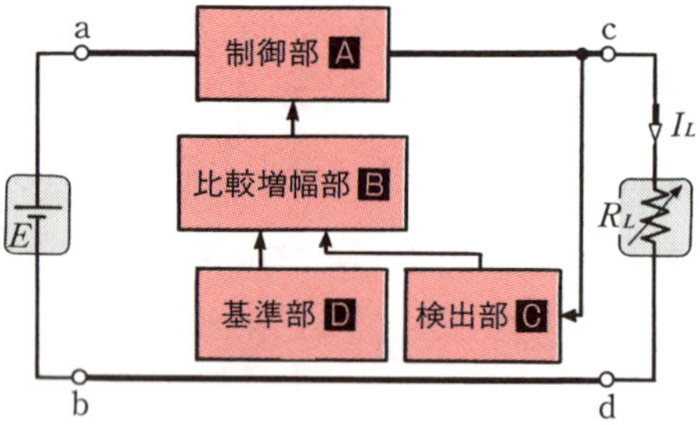

(*b*) ブロック図

図 11. 11 制御形定電圧安定化電源

V_{cd}=5 V を出力するよう制御する回路である。この回路は多少複雑になるが，5 V，0.5 A 出力を必要とする定電圧安定化電源によく用いられている。

図（*b*）のブロック図における回路の各部は，つぎのような回路部品によって構成されている。

制 御 部：Tr_1(2 SB 744)，R_1

基 準 部：Tr_3(2 SK 30)，D_Z(RD 5.1)

検 出 部：D_1(1 S 1588)

比較増幅部：Tr_2(2 SC 1815)，R_2，R_3

1　回路の動作　この回路において出力電圧 V_{cd} と，D_1 の端子間電圧 V_1，D_Z の端子電圧 V_Z（基準電圧），Tr_2 の B-E 間電圧 V_{BE2} の関係は次式のようになる。

$$V_{cd}-V_1=V_Z-V_{BE2}$$

$$V_{cd}=V_Z-(V_{BE2}-V_1)$$

したがって，$(V_{BE2}-V_1)\ll V_Z$ であれば

$$V_{cd}\fallingdotseq V_Z$$

となり，基準電圧 V_Z が安定電圧として得られることがわかる。

つぎに，負荷電流 I_L が変化したとき，出力電圧 V_{cd} の安定化はつぎの①から⑧の順で行われている。

① I_L が増加し V_{cd} が低下する

② Tr_2 の V_{BE2} が大きくなる（$V_{BE2}=V_Z-V_{R3}$）

③ Tr_2 の I_{B2} が大きくなる

④ Tr_2 の V_{CE2} が小さくなる

⑤ Tr_1 の $I_{B1}(I_{C2})$ が大きくなる

⑥ Tr_1 の V_{CE1} が小さくなる

⑦ Tr_1 の C-E 間のインピーダンスが小さくなる

⑧ 出力電圧 V_{cd} が上がる

その結果，電圧の安定化が行われる。

2　電圧制御用 IC　制御形定電圧安定化回路の各部分は，一つの IC に収められていることが多い。図 *11.12* は，モジュール形ブリッジダイオードと 3 端子電圧制御用 IC を使った 5 V，1 A 出力の制御形定電圧安定化回路図とその製作例である。

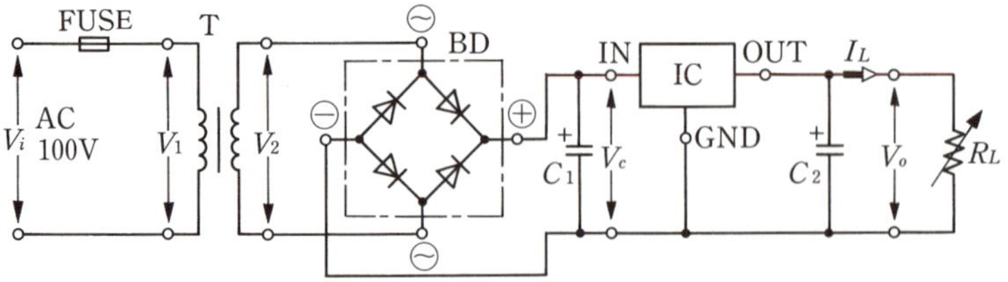

T：変成器 $\frac{V_1}{V_2}=\frac{100}{8}$ V，2 A，BD：ブリッジダイオード W 02 G＝17 V，1.5 A

IC：3 端子レギュレータ IC 7805＝5 V，1 A，$C_1=6\,800\,\mu\mathrm{F}$，$C_2=47\mu\mathrm{F}$

(*a*) 回 路 図

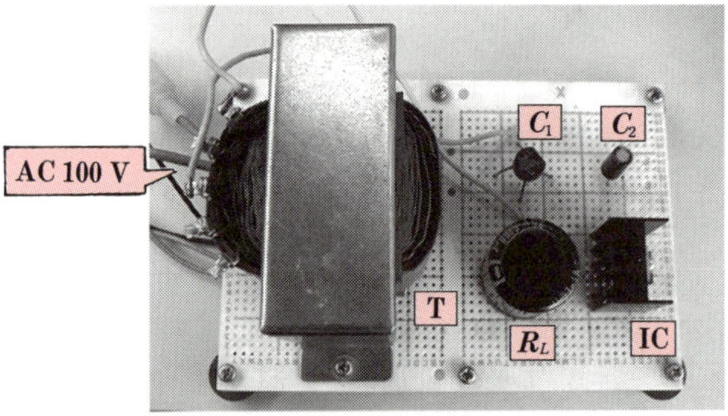

(*b*) 製 作 例

図 *11. 12*　IC による安定化電源

11.2.4　スイッチ形安定化電源回路

1　基 本 構 成　図 *11. 11* で示した制御形安定化電源回路では，負荷回路に直列に入っている制御部の電圧（トランジスタ Tr_1 の V_{cd}）が，出力電圧の変化に応じて基準電圧（ダイオード $\mathrm{D_Z}$ の V_Z）と比較され自動的に変化し，安定化を図っている。

ここでは，制御形安定化電源回路をさらに改良して，回路の損失を少なくしたスイッチ形安定化電源回路について学ぶ。これは，トランジスタ Tr_1 が入出力間の電圧の差に応じてスイッチ作用をすることで ON/OFF 時間を変化させ，定電圧制御を行う回路である。

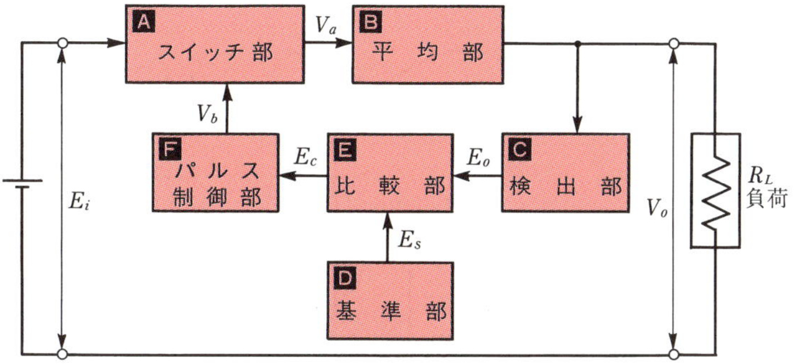

E_i：安定化されていない直流電圧
V_o：安定化された直流電圧

図 11.13　スイッチ形安定化電源回路のブロック図

図 11.13 がスイッチ形安定化電源回路のブロック図である。

2　回路の動作　図 11.13 のブロック図において基準部，検出部，比較部の動作については，図 11.11 の制御形安定化電源回路と同様である。図 11.13 のブロック図を回路構成部品に置き換えた等価回路が図 11.14 である。この回路をもとにパルス制御部，スイッチ部，平均部の回路の動作について学ぶ。

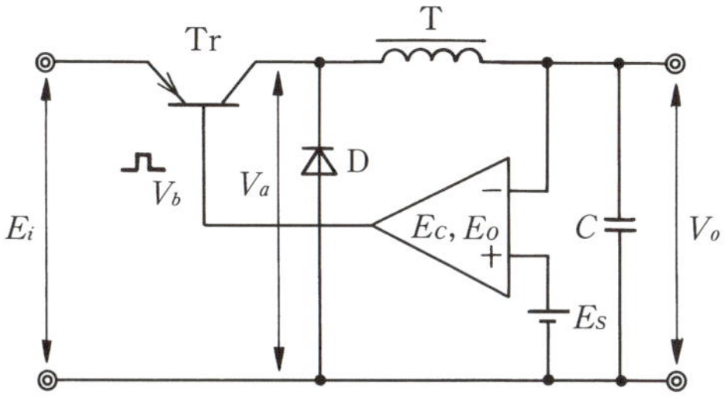

図 11.14　等価回路

1　**パルス制御部**　コンデンサ C，ダイオード D の動作抵抗で発振回路を構成している部分である。検出部で出力電圧 V_o の変化を検出すると，それを比較部で基準電圧 E_s と比較し，図 11.15 (*a*) に示すような変化分を増幅した E_c を出力する。この出力に応じて，

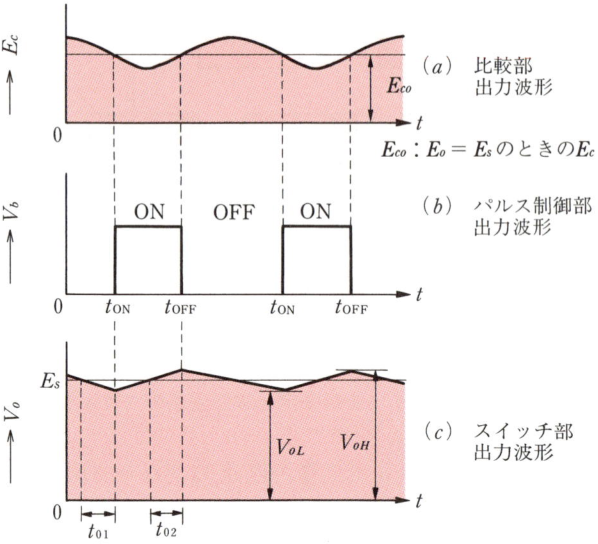

図 11.15　各部の出力波形

パルス制御部では図（b）のパルス波形 V_b を作る。

② スイッチ部　スイッチトランジスタ Tr で構成される。パルス制御部から加えられるパルス V_b の幅に従って，Tr のスイッチ作用により，出力電圧 V_o の調整をする部分である。

V_o が基準電圧 E_s よりわずかに下がると，パルス制御部から V_b が出力される。それに応じてスイッチ部では，図（b）の t_{ON} の時点から Tr のベース電流を増加させ，Tr を ON にして V_o を E_s まで上げる。しかし，Tr が ON なるまでに t_{01} 時間かかるので，図（c）に示すように，V_o は V_{oL} まで下がってから上昇し始める。

つぎに，V_o が E_s と等しくなり，比較部で $V_o = E_s$ が確認されると，図（b）の t_{OFF} の時点で Tr はベース電流を減少させ OFF 動作に入る。このときも OFF になるまでに t_{02} 時間かかるので，V_o は V_{oH} まで上がり，それから E_s まで下がる。その後この動作を繰り返し，V_o の安定化を行う。

3　**出力平均部**　　変成器 T，ダイオード D で構成されていて，スイッチトランジスタ Tr が ON のとき負荷に対して電力供給する。また，そのとき入力電圧 E_i，出力電圧 V_o の差に相当するエネルギーを T を通してコンデンサ C に蓄える。さらに，Tr が OFF のときは，T に蓄えられたエネルギーが D を通して負荷に供給されることにより，出力の安定化を行っている。

図 *11.16* は，図 *11.11* を改良したスイッチ形安定化電源回路の製作例である。また最近では，出力平均部の変成器以外の回路を一つに

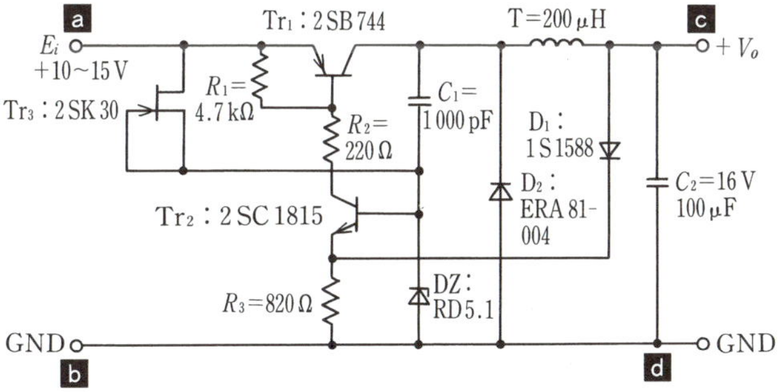

(*a*)　回　路　図

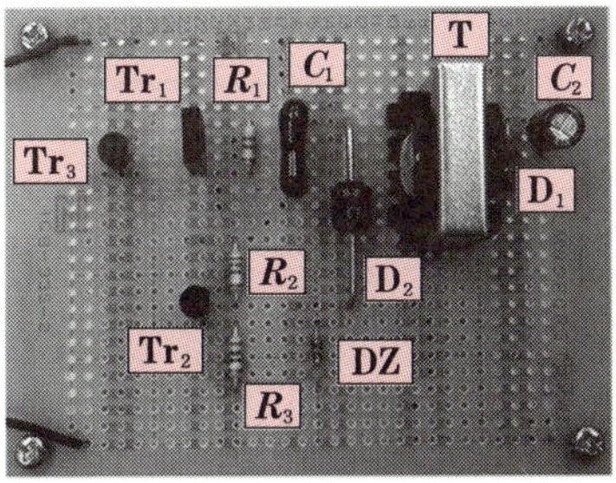

(*b*)　製　作　例

スイッチ部：Tr_1（2 SB 744），R_1
基準部：Tr_3（2 SK 30），DZ（RD 5.1）
検出部：D_1（1 S 1588）
比較部：Tr_2（2 SC 1815），R_2，R_3
パルス制御部：C_1，Dz（RD 5.1）
平均部：T，D_2（ERA 81-004）

図 *11.16*　改良したスイッチ形安定化電源回路

まとめたスイッチ電源用ICが一般には利用されている。

3　回路の種類　スイッチ形安定化電源回路には，これまで学んできた発振回路とトランジスタのスイッチ作用を利用したチョッパ形スイッチ安定化電源回路と，そのほかに図 *11.17* に示すような入出力間に変成器を配置し，変成器の巻数比を利用して出力電圧・電流の安定化を行う絶縁形スイッチ安定化電源回路に大別される。

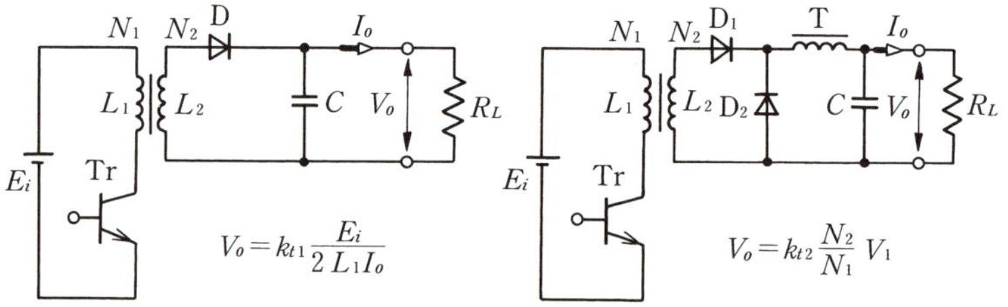

（*a*）　フライバック方式　　　（*b*）　フォワード方式

図 *11.17*　絶縁形スイッチ安定化電源回路

11　練　習　問　題

❶　定電圧ダイオードによる電圧安定化の方法を示し，説明しなさい。

❷　トランジスタと定電圧ダイオードによる定電圧回路の電圧安定化について説明しなさい。

❸　制御形安定化電源回路のブロック図を示し，動作を説明しなさい。

❹　スイッチ形安定化電源回路のブロック図を示し，各部の動作を説明しなさい。

付　　　　録

1. 進んだ研究

〔1〕 h_{oe}, h_{re} を考慮した場合の A_V, A_I, Z_i (p. 90)

h パラメータを用いたトランジスタの等価回路による回路設計は，通常 h_{ie}, h_{fe} のみを用いた簡易等価回路を用いる。しかし，詳細な設計を行うには，h_{ie}, h_{fe}, h_{oe}, h_{re} をすべて考慮する必要がある。p. 90 には，その際必要な増幅度などの式を表 *2.1* にのせてあるが，ここではそれらの式の証明を行う（付図 *1*）。

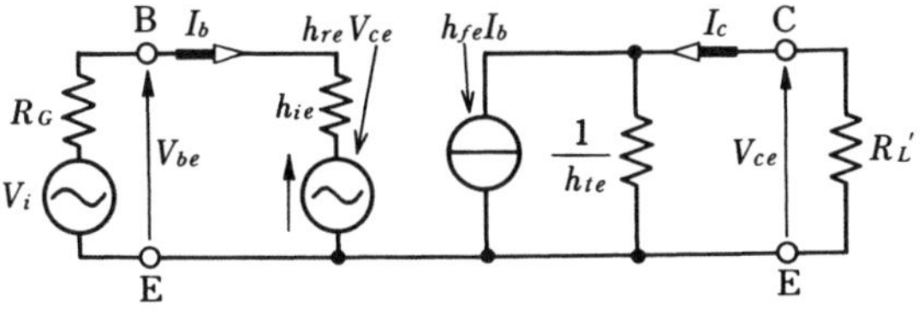

付図 *1*　h_{oe}, h_{re} を考慮した場合の増幅回路

（1）　$A_V=\dfrac{V_{ce}}{V_{be}}$,　$V_{ce}=-h_{fe}I_bR_L''$,　$V_{be}=h_{ie}I_b+h_{re}V_{ce}$

ここでは，ほかの電圧との和を求めなければならないので，位相を考慮し，$V_{ce}=-h_{fe}I_bR_L''$ とする。

$$\therefore\quad A_V=-\frac{h_{fe}I_bR_L''}{h_{ie}I_b-h_{re}h_{fe}I_bR_L''}=-h_{fe}\frac{R_L''}{h_{ie}}\cdot\frac{h_{ie}}{h_{ie}-h_{re}h_{fe}R_L''}$$

大きさだけを考えれば

$$A_V=h_{fe}\frac{R_L''}{h_{ie}}\cdot\frac{h_{ie}}{h_{ie}-h_{re}h_{fe}R_L''}$$

（2）　$A_I=\dfrac{I_c}{I_b}$,　$I_c=h_{fe}I_b\dfrac{\dfrac{1}{h_{oe}}}{\dfrac{1}{h_{oe}}+R_L'}=h_{fe}I_b\dfrac{1}{1+R_L'h_{oe}}$

$$\therefore \quad A_I = h_{fe}\frac{1}{1+h_{oe}R_L'}$$

（3）　$Z_i=\dfrac{V_{be}}{I_b}$，　$V_{be}=h_{ie}I_b+h_{re}V_{ce}$，　$V_{ce}=-h_{fe}I_bR_L''$

$$\therefore \quad Z_i = h_{ie}-h_{re}h_{fe}R_L''$$

〔2〕 負帰還による周波数特性の改善（p. 120）

負帰還は，増幅回路の特性を改善する。低域遮断周波数は低くなり，高域遮断周波数は高くなるため，周波数帯域幅は広くなる。

ここでは，低域での遮断周波数の変化を理論的に調べる。

負帰還をかけないときの遮断周波数を f_L〔Hz〕とすると，低域周波数 f〔Hz〕での電圧増幅度 A_f は次式で表される。

$$A_f=\frac{A_0}{1-j\dfrac{f_L}{f}}$$

したがって，負帰還をかけたときの低域周波数 f〔Hz〕での電圧増幅度 A_{nf} は次式で表される。

$$A_{nf}=\frac{A_f}{1+\beta A_f}=\frac{\dfrac{A_0}{1-j\dfrac{f_L}{f}}}{1+\beta\dfrac{A_0}{1-j\dfrac{f_L}{f}}}$$

$$=\frac{A_0}{1+\beta A_0}\cdot\frac{1}{1-j\dfrac{1}{1+\beta A_0}\cdot\dfrac{f_L}{f}}$$

$$=A_{n0}\frac{1}{1-j\dfrac{1}{1+\beta A_0}\cdot\dfrac{f_L}{f}}$$

よって，A_{nf} が A_{n0} の $\dfrac{1}{\sqrt{2}}$ となる周波数 f_{nL} は次式で表される。

$$f_{nL}=\frac{f_L}{1+\beta A_0}\ \text{〔Hz〕}$$

高域についても同様にして求められ，A_{n0} の $\dfrac{1}{\sqrt{2}}$ となる周波数 f_{nH} は次式で表される。

$$f_{nL}=f_H(1+\beta A_0)\quad〔\mathrm{Hz}〕$$

〔3〕 コルピッツ発振回路，ハートレー発振回路の発振条件（p. 214）

コルピッツ発振回路およびハートレー発振回路は，付図 *2*（*a*）に示すように，三つのインピーダンスの組み合わせからも発振条件を導くことができる。ここでは，インピーダンス条件から発振条件を求めてみる。

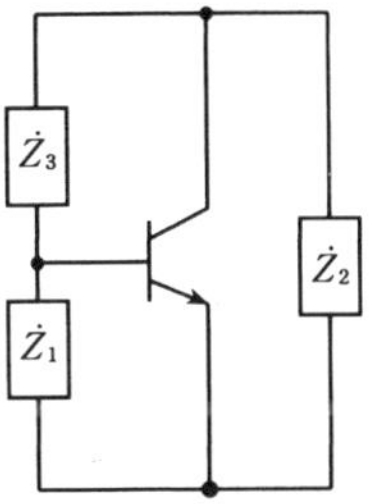

（*a*） 交 流 回 路

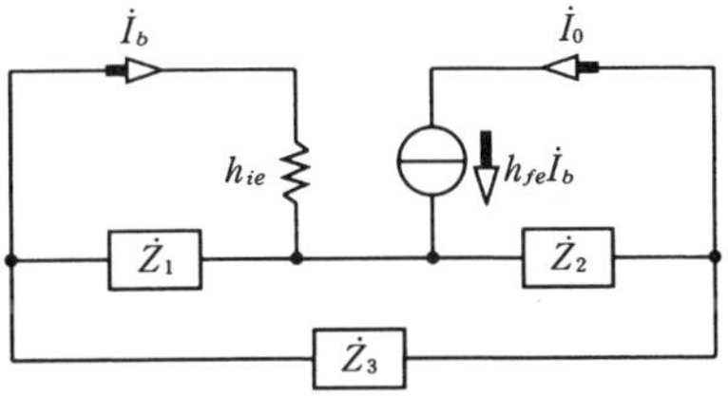

（*b*） トランジスタを *h* パラメータで表した回路

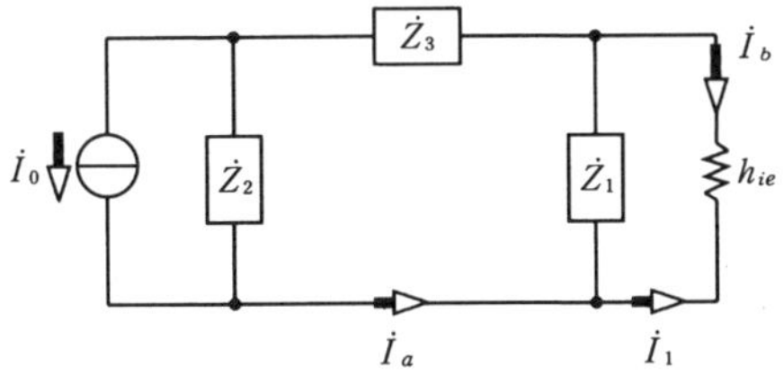

（*c*） 帰 還 回 路

付図 *2*　コルピッツ発振回路，ハートレー発振回路

また図（*b*）はトランジスタを *h* パラメータで表した回路である。図（*b*）から以下のように発振条件を求める。

図（*b*）の方向に電流 $\dot{I}_b$，$\dot{I}_0$ をとり，トランジスタを増幅回路と考えると電流増幅度 $\dot{A}$ は

$$\dot{A}=\frac{\dot{I}_0}{\dot{I}_b}=-h_{fe} \tag{1}$$

帰還回路は図（*c*）のように考えられ，帰還率 $\dot{\beta}$ は次式となる。

$$\dot{\beta}=\frac{\dot{I}_1}{\dot{I}_0}=-\frac{\dot{I}_b}{\dot{I}_0}=-\frac{1}{h_{fe}}$$

したがって，電流 $\dot{I}_a$，$\dot{I}_b$ は図（c）から式（2）のように表される。

$$\dot{I}_a=\dot{I}_0\frac{\dot{Z}_2}{\dot{Z}_a+\dot{Z}_2} \tag{2}$$

ただし

$$\dot{Z}_a=\dot{Z}_3+\frac{\dot{Z}_1 h_{ie}}{\dot{Z}_s+h_{ie}}$$

$$\dot{I}_1=-\dot{I}_b=-\dot{I}_a\frac{\dot{Z}_1}{\dot{Z}_1+h_{ie}} \tag{3}$$

$$\dot{I}_1=-\dot{I}_b \tag{4}$$

式（2）～（4）から帰還率 $\dot{\beta}$ は次式のように表される。

$$\dot{\beta}=\frac{\dot{I}_1}{\dot{I}_0}=-\frac{\dot{I}_b}{\dot{I}_0}=-\frac{\dot{Z}_1\dot{Z}_2}{\left(\dot{Z}_3+\frac{\dot{Z}_1 h_{ie}}{\dot{Z}_1+h_{ie}}+\dot{Z}_2\right)(\dot{Z}_1+h_{ie})}$$

$$=-\frac{\dot{Z}_1\dot{Z}_2}{\dot{Z}_1(\dot{Z}_2+\dot{Z}_3)+h_{ie}(\dot{Z}_1+\dot{Z}_2+\dot{Z}_3)} \tag{5}$$

式（1），（5）から

$$\dot{A}\dot{\beta}=\frac{-h_{fe}\dot{Z}_1\dot{Z}_2}{\dot{Z}_1(\dot{Z}_2+\dot{Z}_3)+h_{ie}(\dot{Z}_1+\dot{Z}_2+\dot{Z}_3)} \tag{6}$$

$\dot{Z}_1$，$\dot{Z}_2$，$\dot{Z}_3$ を純リアクタンスとして，それぞれを X_1，X_2，X_3 とすれば利得条件は

$$\dot{A}\dot{\beta}=\frac{-h_{fe}X_1X_2}{X_1(X_2+X_3)+h_{ie}(X_1+X_2+X_3)} \tag{7}$$

ただし，誘導リアクタンスのとき X は正で，容量リアクタンスのとき X は負である。式（7）から回路の位相条件，利得条件は

位相条件　$X_1+X_2+X_3=0$ 　（8）

利得条件　$h_{fe}\dfrac{X_2}{X_1}\geqq 1$ 　（9）

式（8），（9）からつぎの条件が出てくる。

①　X_1，X_2 は同符号でリアクタンスでなければならない。

② X_3 は X_1，X_2 と異符号でリアクタンスでなければならない。

X_1，$X_2>0$　で　$X_3<0$　のとき：ハートレー形

X_1，$X_2<0$　で　$X_3>0$　のとき：コルピッツ形

③ 発振周波数は X_1，X_2，X_3 の直列共振周波数に等しい。

〔4〕 *RC* 発振回路の発振条件 (p. 222)

RC 発振回路の発振条件については，本文において考え方と結果を示した。ここでは発振条件の証明を行う。

（1） 移相形 *RC* 発振回路の発振条件

移相形 *RC* 発振回路を付図 *3* に示す。

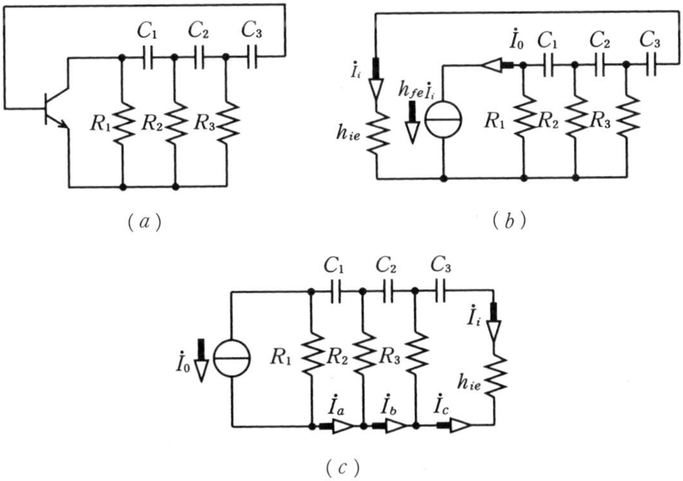

付図 *3*　移相形 *RC* 発振回路

$$\dot{I}_a=\dot{I}_0\frac{R_2}{\dot{Z}_1+\cfrac{R_2\left(-jX+\cfrac{R_3\dot{Z}_3}{R_3+\dot{Z}_3}\right)}{\dot{Z}_2+\cfrac{R_3\dot{Z}_3}{R_3+\dot{Z}_3}}} \tag{13}$$

ただし

$$\dot{Z}_1=R_1-jX_1,\quad X_1=\frac{1}{\omega C_1}$$

$$\dot{Z}_2 = R_2 - jX_2,\quad X_2 = \frac{1}{\omega C_2} \tag{14}$$

$$\dot{Z}_3 = h_{ie} - jX_3,\quad X_3 = \frac{1}{\omega C_3}$$

とする。

式(11)，(12)から

$$\dot{I}_c = \dot{I}_a \frac{R_2 R_3}{\dot{Z}_2(R_3 + \dot{Z}_3) + R_3 \dot{Z}_3} \tag{15}$$

となる。式(13)を式(15)に代入して整理すると

$$\dot{I}_c = \dot{I}_0 \frac{R_1 R_2 R_3}{\dot{Z}_1\dot{Z}_2 R_3 + \dot{Z}_1\dot{Z}_2\dot{Z}_3 + \dot{Z}_1\dot{Z}_3 R_3 + \dot{Z}_3 R_2 R_3 - j(X_2 R_2 R_3 + X_2 R_2 \dot{Z}_3)} \tag{16}$$

図(c)から $\dot{I}_c = -\dot{I}_i$ であるから，式(16)に代入し帰還率 β を求めれば

$$\dot{\beta} = \frac{\dot{I}_i}{\dot{I}_0}$$

$$\dot{\beta} = \frac{-R_1 R_2 R_3}{\dot{Z}_1\dot{Z}_2 R_3 + \dot{Z}_1\dot{Z}_2\dot{Z}_3 + \dot{Z}_1\dot{Z}_3 R_3 + \dot{Z}_3 R_2 R_3 - j(X_2 R_2 R_3 + X_2 R_2 \dot{Z}_3)} \tag{17}$$

したがって，利得条件は

$$\dot{A}\dot{\beta} = \frac{-h_{fe} R_1 R_2 R_3}{\dot{Z}_1\dot{Z}_2 R_3 + \dot{Z}_1\dot{Z}_2\dot{Z}_3 + \dot{Z}_1\dot{Z}_3 R_3 + \dot{Z}_3 R_2 R_3 - j(X_2 R_2 R_3 + X_2 R_2 \dot{Z}_3)} \tag{18}$$

式(18)の分母だけを展開して実部と虚部に分けるとつぎのようになる。

〔**実　部**〕

$$R_1R_2R_3 + X_1X_2R_3 + R_1R_2h_{ie} + X_2X_3R_1 + X_1X_3R_2 + R_1R_3h_{ie} + X_1X_3R_3 + R_2R_3h_{ie} + X_2X_3R_3 \tag{19}$$

〔**虚　部**〕

$$X_2R_1R_3 + X_1R_2R_3 + X_2R_1h_{ie} + X_1R_2h_{ie} + X_3R_1R_2 + X_1X_2X_3 + X_3R_1R_3 + X_1h_{ie}R_3 + X_3R_2R_3 + X_2R_2R_3 + X_2R_2h_{ie} \tag{20}$$

したがって，位相条件は“虚部=0”で求められ，また回路定数 R_1，

R_2，R_3，X_1，X_2，X_3 の関係が

$$R_1 = R_2 = R_3 = R$$

$$X_1 = X_2 = X_3 = X = \frac{1}{\omega C}$$

であれば

$$6XR^2 + 4XRh_{ie} - X^3 = 0 \tag{21}$$

$$6R_2 + 4Rh_{ie} = \frac{1}{(\omega C)^2} \tag{22}$$

h_{ie} が小さく $6R_2 \gg 4Rh_{ie}$ であれば式(22)から

$$6R^2\omega^2 C_2 = 1 \tag{23}$$

したがって，発振周波数 f は次式となる。

$$f = \frac{1}{2\pi\sqrt{6}\,RC}$$

利得条件 $A\beta$ は h_{ie} が十分小さいとすれば，式(18)〜(21)から

$$A\beta = \frac{-R^2 h_{fe}}{R_2 - 5X^2} = \frac{R^2 h_{fe}}{5X^2 - R^2}$$

$$h_{fe} \geqq 5 \times \frac{X^2}{R^2} - 1$$

また，式(22)の関係から

$$X^2 = 6R^2$$

したがって，電流増幅率 h_{fe} は次式で表される。

$$h_{fe} \geqq 29$$

（2）　ブリッジ形 RC 発振回路の発振条件

付図 4 はブリッジ形 RC 発振回路の交流回路で，図(a)のような RC 回路となる。したがって，増幅回路の入力と出力が同位相の増幅回路を使えば，位相条件は帰還回路の帰還率 β の虚部を“0”とすることによって求められるので，図(b)，(c)から

$$\dot{\beta} = \frac{\dot{\beta}_1}{\dot{\beta}_0} = \frac{\dot{Z}_2}{\dot{Z}_1 + \dot{Z}_2} \tag{24}$$

$$M = \omega C_1 R_1,\quad N = \omega C_2 R_2,\quad P = \omega C_1 R_2$$

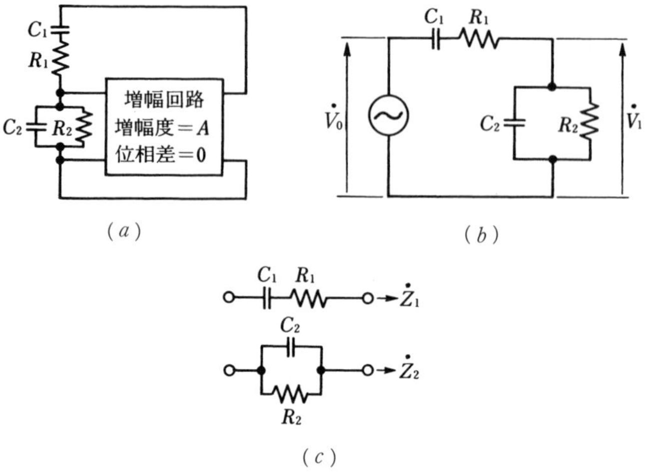

付図 4　ブリッジ形 RC 発振回路の交流回路

とすれば

$$\dot{\beta}=\frac{jP(1+jN)}{(1+jN)\{(1+jM)(1+jN)+jP\}} \tag{25}$$

式(25)の分母をつぎのように置き換える。

$$A=1-N^2-2MN-NP$$

$$jB=j(2N+M-MN^2+P)$$

式(25)の分子をつぎのように置き換える。

$$-C=-PN$$

$$jD=jP$$

上式を用いて式(25)を表せば

$$\dot{\beta}=\frac{DB-AC}{A^2+B^2}+j\frac{AD+BC}{A^2+B^2} \tag{26}$$

式(26)から位相条件は

$$AD+BC=0$$

であるから，式(25)，(26)から

$$MN^3-N^2+MN-1=0$$

$$(N^2+1)(MN-1)=0$$

$N^2+1\neq 1$ であるから

$$MN=1,\quad \omega C_1C_2R_1R_2=1$$

したがって

$$f=\frac{1}{2\pi\sqrt{C_1C_2R_1R_2}}$$

となる。

〔5〕 **OP アンプを用いた微分回路・積分回路（p. 268）**

微分回路および積分回路は OP アンプを用いることにより，RC 微積分回路よりも理想に近い特性の回路が得られる。ここでは，具体的回路と微積分特性の証明を行う（付図 5）。

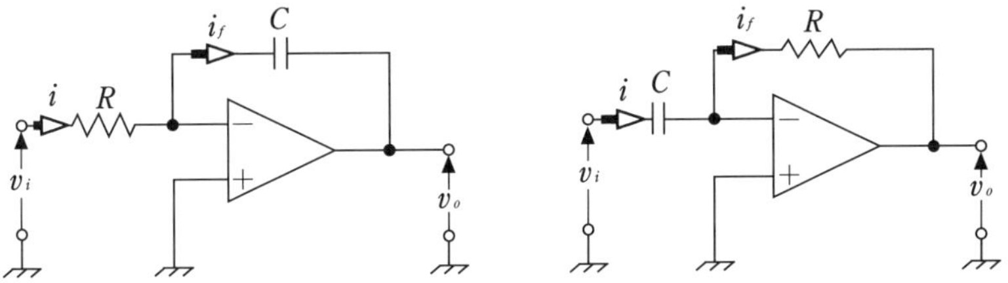

（a） 積分回路　　　　（b） 微分回路

付図 5　OP アンプを用いた微分回路・積分回路

積分回路

$$i=\frac{v_i}{R}\quad〔\mathrm{A}〕$$

$$i=i_f$$

$$v_o=\frac{1}{C}\int i dt$$

$$\therefore\quad v_o=\frac{1}{RC}\int v_i dt\quad〔\mathrm{V}〕$$

微分回路

$$C\frac{dv_i}{dt}$$

$$i_f=-\frac{v_o}{R}$$

$$i=i_f$$

$$\therefore\quad v_o=-RC\frac{dv_i}{dt}\quad〔\mathrm{V}〕$$

2.　抵抗器の表示記号　JIS C 5062：1997 から

▶ **適 用 範 囲**　固定抵抗器

▶ **抵抗値の有効数字が 2 けたの場合の色による表示**

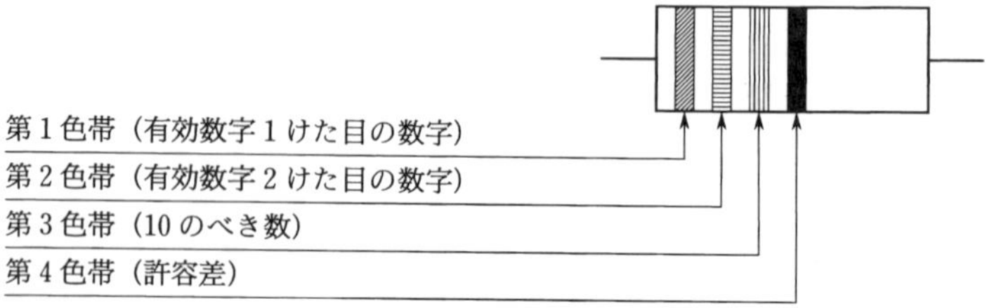

▶ **色に対応する数値** ◀

色	有効数字	10 のべき数	許容差〔%〕
銀色	—	10^{-2}	±10
金色	—	10^{-1}	±5
黒	0	1	—
茶色	1	10	±1
赤	2	10^{2}	±2
黄赤	3	10^{3}	±0.05
黄	4	10^{4}	—
緑	5	10^{5}	±0.5
青	6	10^{6}	±0.25
紫	7	10^{7}	±0.1
灰色	8	10^{8}	—
白	9	10^{9}	—
色を付けない	—	—	±20

3. 抵抗器の標準数列 JIS C 5063：1997 から

E 24	E 12	E 6	E 3	E 24	E 12	E 6	E 3
許容差 ±5 %	許容差 ±10 %	許容差 ±20 %	許容差 >±20 %	許容差 ±5 %	許容差 ±10 %	許容差 ±20 %	許容差 >±20 %
1.0	1.0	1.0	1.0	3.3	3.3	3.3	
1.1				3.6			
1.2	1.2			3.9	3.9		
1.3				4.3			
1.5	1.5	1.5		4.7	4.7	4.7	4.7
1.6				5.1			
1.8	1.8			5.6	5.6		
2.0				6.2			
2.2	2.2	2.2	2.2	6.8	6.8	6.8	
2.4				7.5			
2.7	2.7			8.2	8.2		
3.0				9.1			

4. 半導体デバイスの形名 JEITA ED-4001：1993 から

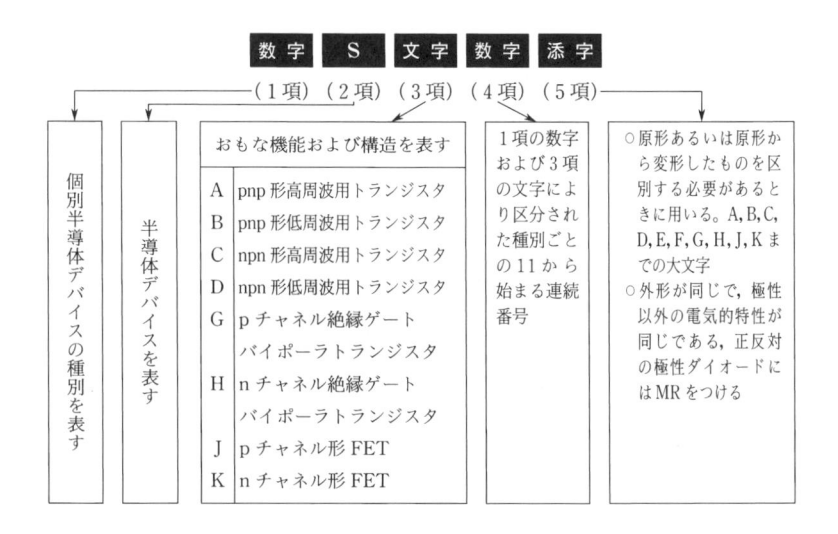

数字　S　文字　数字　添字

（1項）（2項）（3項）（4項）（5項）

（1項）個別半導体デバイスの種別を表す

（2項）半導体デバイスを表す

（3項）おもな機能および構造を表す

A	pnp 形高周波用トランジスタ
B	pnp 形低周波用トランジスタ
C	npn 形高周波用トランジスタ
D	npn 形低周波用トランジスタ
G	p チャネル絶縁ゲート バイポーラトランジスタ
H	n チャネル絶縁ゲート バイポーラトランジスタ
J	p チャネル形 FET
K	n チャネル形 FET

（4項）1項の数字および3項の文字により区分された種別ごとの11から始まる連続番号

（5項）
- ○原形あるいは原形から変形したものを区別する必要があるときに用いる。A, B, C, D, E, F, G, H, J, K までの大文字
- ○外形が同じで，極性以外の電気的特性が同じである，正反対の極性ダイオードには MR をつける

5. トランジスタ規格表

形 名	V_{CE}〔V〕	最大定格〔25℃〕		I_{CBO}〔μA〕	h_{FE} 最小～最大		コンプリメンタリ
		I_C〔A〕	P_C〔W〕				
2 SA 1015	50	0.15	0.4	0.1	70	400	
1048	50	0.15	0.2	0.1	70	400	
1175	50	0.1	0.25	0.1	110	600	
349	80	0.1	0.2	0.1	200	700	
2 SB 906*	60	3	1	100	60	200	2 SD 1221
2 SC 1162	35	2.5	0.75	20	60	320	
1815	50	0.15	0.4	0.1	70	700	
2120	30	0.8	0.6	0.1	100	320	
2240*	120	0.1	0.3	0.1	200	700	
2785	50	0.1	0.25	0.1	110	600	
2882	80	0.4	0.5	0.1	70	240	2 SA 1202
3324*	120	0.1	0.15	0.1	200	700	2 SA 1312
3422*	40	3	1.5	0.1	80	240	2 SA 1359

* 特性の補足図掲載

▶ 2 SC 2240 C の特性 ◀

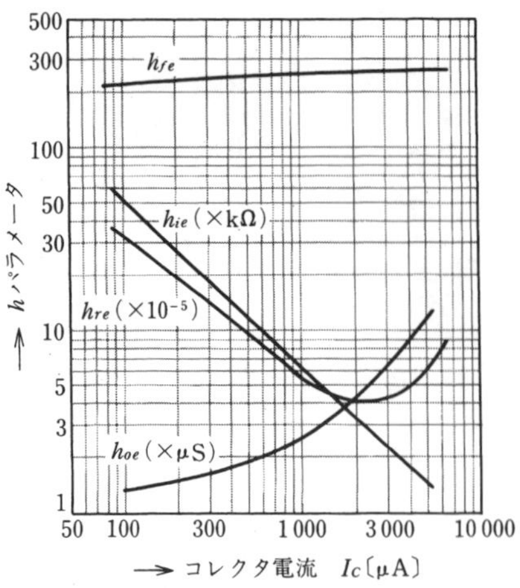

▶ 2 SC 3324 の特性 ◀

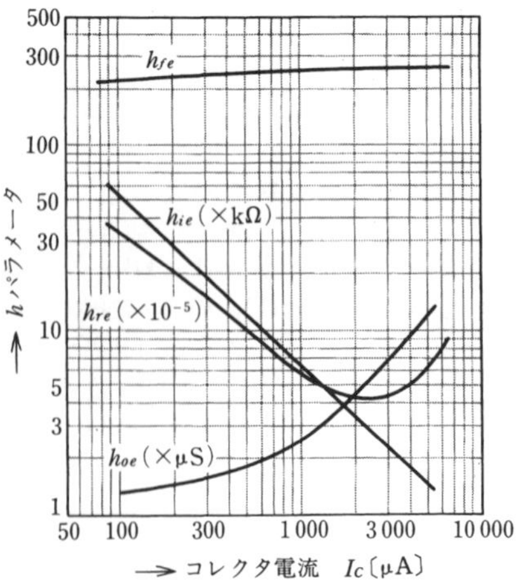

▶ 2 SC 3422 の特性 ◀

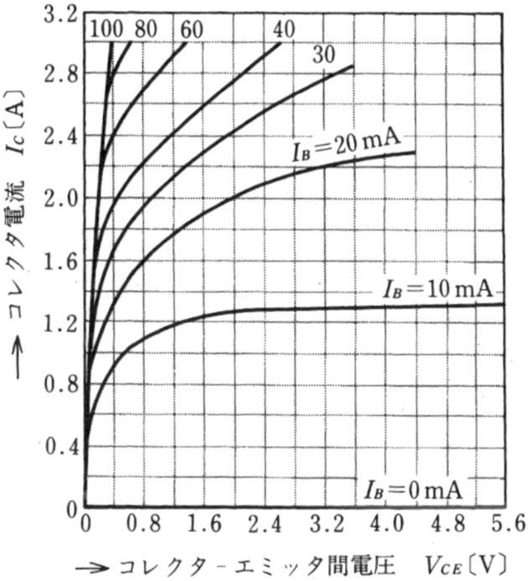

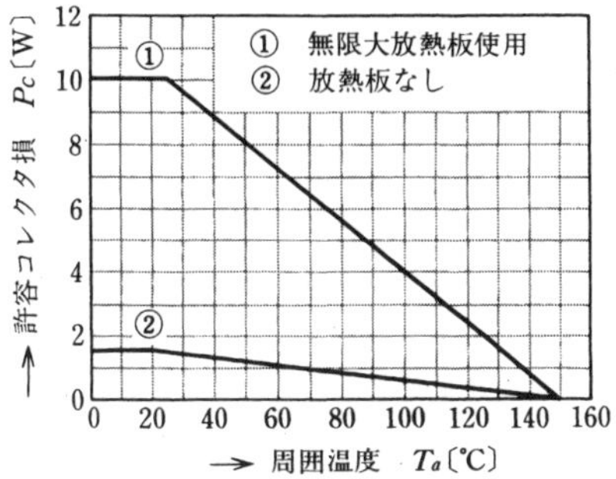

▶ 2 SB 906 の特性 ◀

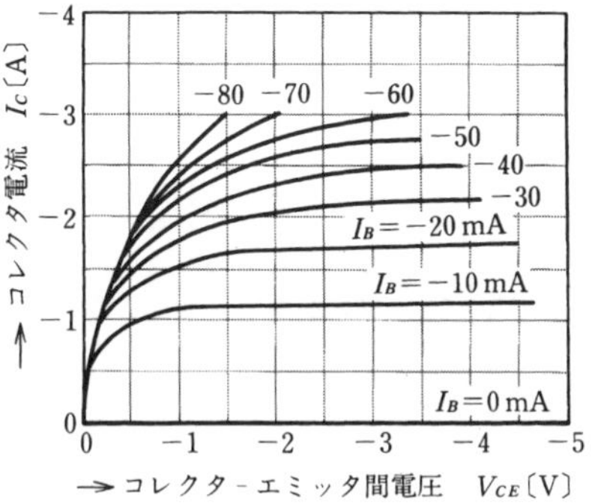

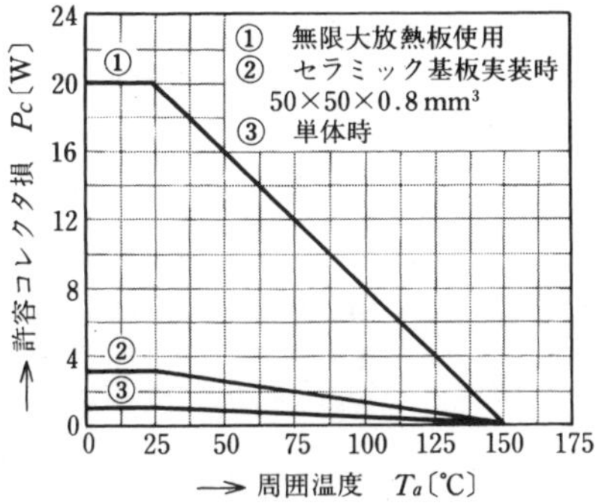

問 題 の 解 答

✢ 1. 電子回路素子 ✢

(問) *2.* ① 理想的なダイオードの場合

(*a*)(*b*)ともに $V_D=0\,\mathrm{V}$，$I_D=50\,\mathrm{mA}$

② 実際のダイオードの場合

(*a*) $V_D=0.79\,\mathrm{V}$，$I_D=17\,\mathrm{mA}$

(*b*) $V_D=0.86\,\mathrm{V}$，$I_D=48.5\,\mathrm{mA}$

③ $V_{D1}=0.8\,\mathrm{V}$ とすれば

(*a*) $I_D=\dfrac{1.2-0.8}{24}=0.017\,[\mathrm{A}]=17\,[\mathrm{mA}]$

(*b*) $I_D=\dfrac{30-0.8}{600}=0.049\,[\mathrm{A}]=49\,[\mathrm{mA}]$

(問) *5.* $I_B=28\,\mu\mathrm{A}$，$V_{BE}=0.71\,\mathrm{V}$，$I_C=5.7\,\mathrm{mA}$，$V_{CE}=4.2\,\mathrm{V}$

(問) *6.* $R_1=\dfrac{E_1-V_{BE}}{I_B}=\dfrac{3-0.72}{0.03}=76\,[\mathrm{k\Omega}]$

(問) *7.* $g_m=\dfrac{\Delta I_D}{\Delta V_{GS}}=\dfrac{0.25\,[\mathrm{mA}]}{0.2\,[\mathrm{V}]}=1.25\,[\mathrm{mS}]$

(問) *8.* $V_p=-1.4\,\mathrm{V}$

練 習 問 題

❸ 順方向電圧が加わっているもの　(*a*)と(*d*)

逆方向電圧が加わっているもの　(*b*)と(*c*)

❹ $I_D=43\,\mathrm{mA}$，$V_D=0.59\,\mathrm{V}$

❽ 図(*b*) $I_C=4\,\mathrm{mA}$，$I_B=20\,\mu\mathrm{A}$　図(*c*) $I_B=10\,\mu\mathrm{A}$，$V_{BE}=0.57\,\mathrm{V}$

図(*d*) $V_{BE}=0.62\,\mathrm{V}$，$I_C=6.1\,\mathrm{mA}$

❿ $I_B=10\,\mu\mathrm{A}$，$I_C=2\,\mathrm{mA}$，$V_{BE}=0.57\,\mathrm{V}$，$V_{CE}=3.6\,\mathrm{V}$

⓫ $I_C=\dfrac{V_1}{R_1}=8\,[\mathrm{mA}]$，$V_{CE}=E-V_1=6\,[\mathrm{V}]$，

$I_B=\dfrac{I_C}{h_{FE}}=32\,[\mu\mathrm{A}]$，$R_1=\dfrac{E-V_{BE}}{I_B}=294\,[\mathrm{k\Omega}]$

⓯ $I_D=-\dfrac{1}{5}V_{DS}+2\,[\mathrm{mA}]$

式を特性図に書き込み，$V_{GS}=-0.6\,\mathrm{V}$ の特性曲線との交点をＰとする。

$I_D=0.8\,\mathrm{mA}$，$V_{DS}=6\,\mathrm{V}$

✣ 2. 増幅回路の基礎 ✣

問 1. $I_B=12\,\mu\mathrm{A}$ にすればよい。そのときの V_{BE} は特性図から $V_{BE}\fallingdotseq 0.57\,\mathrm{V}$ であるから

$$R_1=\frac{E-V_{BE}}{I_B}=\frac{8-0.57}{0.012}=619\,〔\mathrm{k}\Omega〕,\quad V_{CE}=1.6\,\mathrm{V}$$

問 2. バイアスは $I_B=15\,\mu\mathrm{A}$，$V_{BE}=0.588\,\mathrm{V}$，$V_{CE}=3\,\mathrm{V}$，$I_C=2.5\,\mathrm{mA}$ となる。入力に最大値 15 mV が加わると，I_B は 15 μA を中心に ±6 μA の変化をする。出力電圧 v_{ce} の最大値は約 1 V となる。したがって，電圧増幅度は 1 000÷15＝67 である。

問 4.
$$A_{I0}=\frac{\dfrac{R_2}{R_2+R_L}I_C}{\left(1+\dfrac{h_{ie}}{R_1}\right)I_b}=\frac{R_1\,R_2}{(R_1+h_{ie})\,(R_2+R_L)}\;A_I=4.57$$

$$A_{P0}=A_V\,A_{I0}=717$$

問 5.
$$h_{ie}=25\times0.1=2.5\,\mathrm{k}\Omega,\quad h_{fe}=85\times2=170$$

$$A_V=h_{fe}\frac{R_L'}{h_{ie}}=68,\quad A_I=h_{fe}=170$$

$$A_P=A_V\,A_I=11\,560$$

問 6.
$$Z_{i0}=\frac{R_1\,h_{ie}}{R_1+h_{ie}}=1.48\,〔\mathrm{k}\Omega〕,\quad Z_{o0}=R_2=1\,\mathrm{k}\Omega$$

問 7.
$$Z_i=h_{ie}=2.5\,\mathrm{k}\Omega,\quad Z_o=\infty,$$

$$Z_{i0}=\frac{R_1\,h_{ie}}{R_1+h_{ie}}=2.49\,〔\mathrm{k}\Omega〕,\quad Z_{o0}=R_2=2\,\mathrm{k}\Omega$$

問 8. $R_1=\dfrac{V_{CE}-V_{BE}}{I_B}$，$I_B=\dfrac{I_C}{h_{FE}}$，$V_{CE}=E-R_2I_C$ から

$$R_1=\frac{4.5-0.6}{\dfrac{0.5}{180}}=1\,400\,〔\mathrm{k}\Omega〕=1.4\,〔\mathrm{M}\Omega〕$$

問 9.
$$I_B=\frac{E-V_{BE}}{R_1+h_{FE}\,R_E}=\frac{12-0.6}{300+180\times0.2}=0.033\,9\,〔\mathrm{mA}〕=33.9\,〔\mu\mathrm{A}〕$$

$$I_C=h_{FE}\,I_B=180\times0.033\,9=6.10\,〔\mathrm{mA}〕$$

$$V_{CE}=E-I_C(R_2+R_E)=12-6.10(1+0.2)=4.68\,〔\mathrm{V}〕$$

問 10. $V_{R2}=\dfrac{R_2}{R_1+R_2}E=1.66\,〔\mathrm{V}〕$，$V_{RE}\fallingdotseq R_EI_C$，$V_{R2}=V_{BE}+V_{RE}$ から

$$I_C=\frac{V_{R2}-V_{BE}}{R_E}=0.530\,〔\mathrm{mA}〕,\quad I_B=\frac{I_C}{h_{FE}}=2.94\,〔\mu\mathrm{A}〕$$

問 12. 1 倍⇒0 dB，2 倍⇒6 dB，4 倍⇒12 dB，10 倍⇒20 dB，20 倍⇒26 dB，40 倍⇒32 dB，100 倍⇒40 dB

問 13. 18 dB⇒8 倍，24 dB⇒16 倍，26 dB⇒20 倍，34 dB⇒50 倍，

52 dB ⇒ 400 倍

(問) 14. $\frac{1}{\sqrt{2}}$ 倍

(問) 16. C_1 によって 3 dB 低下する周波数 $f_{L1}=\frac{1}{2\pi C_1 h_{ie}} \fallingdotseq 107$〔Hz〕

C_2 によって 3 dB 低下する周波数 $f_{L2}=\frac{1}{2\pi C_2(R_2+R_L)} \fallingdotseq 6.24$〔Hz〕

したがって，電圧増幅度が 3 dB 低下する周波数は，ほぼ C_1 の影響によって決まり，$f_L \fallingdotseq 107$ Hz となる。

(問) 17. $f=\frac{f_T}{h_{fe}}=\frac{230\times10^6}{234/\sqrt{2}}=1.39\times10^6$〔Hz〕$=1.39$〔MHz〕

(問) 18. C_1 による周波数の低下は無視すると，C_E と f_L の間には次式の関係がある。

$$f_L=\frac{1}{2\pi C_E R_E}\left(1+\frac{h_{fe} R_E}{h_{ie}}\right)$$

したがって

$$C_E=\frac{1}{2\pi R_E f_L}\left(1+\frac{h_{fe} R_E}{h_{ie}}\right)$$
$$=\frac{1}{2\pi\times820\times80}\left(1+\frac{220\times820}{7\,200}\right)$$
$$=63.2\times10^{-6}\,〔\mathrm{F}〕=63.2\,〔\mu\mathrm{F}〕$$

(問) 20. $V_i=\frac{3}{4}\times25=18.8$〔mV〕，$V_o=\frac{3}{\sqrt{2}}$〔V〕

$$A_V=\frac{V_o}{V_i}=\frac{3}{\sqrt{2}\times0.018\,8}=113$$

練　習　問　題

❷ (*a*) $I_B=40\ \mu$A である。したがって，$R_2=500\ \Omega$ の直流負荷線と，$I_B=40\ \mu$A で求めた V_{CE}-I_C 特性曲線との交点で，V_{CE}，I_C は求められる。$I_C=8$ mA，$V_{CE}=4$ V　(*c*) 200 倍

❹ $h_{ie}=\frac{\Delta V_{BE}}{\Delta I_B}=\frac{10\,〔\mathrm{mA}〕}{20\,〔\mu\mathrm{A}〕}=500\,〔\Omega〕$，$h_{fe}=\frac{\Delta I_C}{\Delta I_B}=\frac{2\,〔\mathrm{mA}〕}{10\,〔\mu\mathrm{A}〕}=200$

$$\therefore\quad A_V=h_{fe}\frac{R_L'}{h_{ie}}=200$$

❺ $R_L'=\frac{R_3 R_L}{R_3+R_L}=2.5$〔kΩ〕，$h_{fe}=85\times2=170$，$h_{ie}=20\times0.2=4$〔kΩ〕

$$\therefore\quad A_V=h_{fe}\frac{R_L'}{h_{ie}}=106,\quad G_V=20\log_{10}A_V=40.5\,〔\mathrm{dB}〕$$

$Z_i=h_{ie}=4$ kΩ，$R'=\frac{R_1 R_2}{R_1+R_2}$ とすると

$Z_{i0}=\dfrac{h_{ie}R'}{h_{ie}+R'}=2.73$〔kΩ〕，$Z_o=\infty$，$Z_{o0}=R_3=5\,\text{k}\Omega$

❻ C_1だけによって3dB低下する周波数 $f_{L1}=\dfrac{1}{2\pi\,C_1\,Z_{i0}}=5.83$〔Hz〕

C_2だけによって3dB低下する周波数 $f_{L2}=\dfrac{1}{2\pi\,C_2(R_3+R_L)}=3.18$〔Hz〕

C_Eだけによって3dB低下する周波数 $f_{LE}=\dfrac{h_{fe}}{2\pi\,C_E\,h_{ie}}=135$〔Hz〕

したがって，$f_{L1}\ll f_{LE}$，$f_{L2}\ll f_{LE}$ であるから，回路全体で3dB低下する周波数は $f_L=f_{LE}=135\,\text{Hz}$

❼ (a) $I_B=\dfrac{E-V_{BE}}{R_1}=11.2$〔μA〕から

$I_C=h_{FE}I_B=1.68$〔mA〕，$V_{CE}=E-R_2I_C=1.94$〔V〕

(b) $I_C=\dfrac{(E-R_2\,I_C-V_{BE})\,h_{FE}}{R_1}$ から

$I_C=\dfrac{h_{FE}(E-V_{BE})}{R_1+h_{FE}\,R_2}=1.33$〔mA〕，$V_{CE}=E-R_2\,I_C=5.01$〔V〕

(c) $V_{R2}=\dfrac{R_2}{R_1+R_2}E=1.27$〔V〕，$V_{RE}=V_{R2}-V_{BE}=0.67$〔V〕から

$I_C\fallingdotseq\dfrac{V_{RE}}{R_E}=1.12$〔mA〕，$V_{CE}=E-(R_3+R_E)I_C=2.73$〔V〕

3. いろいろな増幅回路

問 1. $Z_i=(1+h_{fe})R_E+h_{ie}=(1+140)\times0.5+15=85.5$〔kΩ〕

問 2. $R_L{}'=\dfrac{R_3\,R_L}{R_3+R_L}$ とすると $A_V=h_{fe}\,\dfrac{R_L{}'}{(1+h_{fe})R_{E1}+h_{ie}}=21.3$

$R'=\dfrac{R_1\,R_2}{R_1+R_2}$ とすると，$Z_i=(1+h_{fe})R_{E1}+h_{ie}$ であるから

$Z_{i0}=\dfrac{R'Z_i}{R'+Z_i}=20.7$〔kΩ〕

問 3. (a) $R_{L1}{}'=\dfrac{1}{\dfrac{1}{R_2}+\dfrac{1}{R_3}+\dfrac{1}{R_4}+\dfrac{1}{(1+h_{fe2})R_{E3}+h_{ie2}}}$ とすると

$A_{V1}=h_{fe1}\,\dfrac{R_{L1}{}'}{(1+h_{fe1})R_{E2}+h_{ie1}}=7.36$

$R_{L2}{}'=\dfrac{R_5\,R_L}{R_5+R_L}$ とすると

$A_{V2}=h_{fe2}\,\dfrac{R_{L2}{}'}{(1+h_{fe2})R_{E3}+h_{ie2}}=53.8$

$\therefore\ A_0=A_{V1}\,A_{V2}=396$

（b）　$\beta = \dfrac{R_{E2}}{R_F + R_{E2}} = 0.0123$ から　$A = \dfrac{A_0}{1+\beta A_0} = 67.5$

（c）　R_F による Z_i の低下は少ないものとして

$Z_i \fallingdotseq (1+h_{fe1})R_{E2} + h_{ie1} = 79.5$〔kΩ〕から

$$Z_{i0} = \frac{Z_i R_1}{Z_i + R_1} = 78.8 \text{〔kΩ〕}$$

問 4.　$A_I \fallingdotseq h_{fe}$，$A_P = A_V A_I \fallingdotseq h_{fe}$

問 5.　$R_L{}' = \dfrac{R_E R_L}{R_E + R_L} = 1$〔kΩ〕から

$$Z_i = (1+h_{fe})R_L{}' + h_{ie} = 193 \text{〔kΩ〕},\quad Z_{i0} = \frac{R_1 Z_i}{R_1 + Z_i} = 171 \text{〔kΩ〕}$$

問 6.　$Z_o = \dfrac{h_{ie} + R_C}{1 + h_{fe}} = 72$〔Ω〕，$Z_{o0} = \dfrac{Z_o R_E}{Z_o + R_E} = 69$〔Ω〕

練 習 問 題

❷（a）$R_L{}' = \dfrac{R_2 R_L}{R_2 + R_L} = 6.67$〔kΩ〕から

$$A_V = h_{fe}\,\frac{R_L{}'}{(1+h_{fe})R_{E2} + h_{ie}} = 24.9$$

$Z_i = (1+h_{fe})R_{E2} + h_{ie} = 32.2$〔kΩ〕から

$$Z_{i0} = \frac{R_1 Z_i}{R_1 + Z_i} = 31.6 \text{〔kΩ〕}$$

（b）$Z_i > 100\,\text{k}\Omega$ から　$R_{E2} > 0.76\,\text{k}\Omega$

したがって，$R_{E2} = 760\,\Omega$ とすれば，$R_{E1} = 1\,200 - 760 = 440$〔Ω〕

$$A_V = h_{fe}\,\frac{\dfrac{R_2 R_L}{R_2 + R_L}}{(1+h_{fe})R_{E2} + h_{ie}} = 8.01$$

❸（a）$R_{E1} \fallingdotseq \dfrac{E - V_{R2} - V_{CE1}}{I_{C1}} = 1$〔kΩ〕

$$R_1 = \frac{E - V_{BE} - V_{RE1}}{\dfrac{I_{C1}}{h_{FE}}} = 2.5 \text{〔MΩ〕}$$

（b）$R_L{}' = \dfrac{1}{\dfrac{1}{R_2} + \dfrac{1}{R_3} + \dfrac{1}{R_4} + \dfrac{1}{h_{ie2}}} = 3.13$〔kΩ〕から

$$A_{V1} = h_{fe1}\,\frac{R_{L1}{}'}{(1+h_{fe1})R_{E1} + h_{ie1}} = 2.73$$

$R_{L2}{}' = \dfrac{R_5 R_L}{R_5 + R_L} = 3.83$〔kΩ〕から　$A_{V2} = h_{fe2}\dfrac{R_{L2}{}'}{h_{ie2}} = 62.2$

$$\therefore\quad A_0 = A_{V1} A_{V2} = 170$$

（c）$\beta = \dfrac{A_0 - A_V}{A_0 A_V} = \dfrac{170 - 30}{170 \times 30} = 0.0275$ から

$$R_F = \frac{R_{E1} - \beta R_{E1}}{\beta} = 35.4\,〔\mathrm{k\Omega}〕$$

✣ 4. 差動増幅回路 ✣

(問) *1.*　$R_1 = 20\,\mathrm{k\Omega}$ のとき，*4.1.2* 項[1]の式 I_B，I_C より

$$I_B = \frac{E - V_{BE}}{R_1 + 2h_{FE}R_E} = \frac{10-0.6}{20+2\times150\times6.8} = 4.56\times10^{-3}\,〔\mathrm{mA}〕$$

$$I_C = h_{FE}I_B = 150\times4.56\times10^{-3} = 0.684\,〔\mathrm{mA}〕$$

$R_1 = 100\,\mathrm{k\Omega}$ のとき

$$I_B = \frac{10-0.6}{100+2\times150\times6.8} = 4.39\times10^{-3}\,〔\mathrm{mA}〕$$

$$I_C = 150\times4.39\times10^{-3} = 0.659\,〔\mathrm{mA}〕$$

すなわち，I_C は R_1 によってあまり変化しない。

(問) *2.*　R_F による負帰還がかかるので，次式となる。

$$A_S = \frac{1}{2}h_{fe}\frac{R_3}{(1+h_{fe})R_F + h_{ie}}$$

(問) *3.*　理想 OP アンプを考えると，$V_a = 0$

$$\therefore\quad V_b = V_i$$

$$\therefore\quad A = \frac{V_o}{V_i} = \frac{V_o}{V_b},\quad V_b = V_o\frac{R_1}{R_1+R_2}$$

$$\therefore\quad A = \frac{V_0}{V_0\dfrac{R_1}{R_1+R_2}} = \frac{R_1+R_2}{R_1} = 1+\frac{R_2}{R_1}$$

(問) *4.*　R_1，R_2 に流れる共通電流を I とすると，$V_a = 0$ であるから

$V_i = IR_1$，$V_o = IR_2$

$$\therefore\quad A = \frac{V_o}{V_i} = \frac{IR_2}{IR_1} = \frac{R_2}{R_1}$$

(問) *5.*　(*a*)　$A = 1+\dfrac{R_2}{R_1} = 21$　(*b*)　$A = \dfrac{R_2}{R_1} = 20$

練　習　問　題

❷　$A_S = \dfrac{V_{o1}}{V_i} = \dfrac{1}{2}h_{fe}\dfrac{R_3}{h_{ie}} = \dfrac{1}{2}\times160\times\dfrac{1\times10^3}{2.2\times10^3} = 36$

❹　$A = \dfrac{1}{\beta} = \dfrac{V_b}{V_o} = 1+\dfrac{R_2}{R_1} = 1+\dfrac{250\times10^3}{10\times10^3} = 26$

✣ 5. 電力増幅回路 ✣

(問) *1.*　$a = \dfrac{N_1}{N_2} = \sqrt{\dfrac{R_1}{R_2}} = 5$

(問) *2.*　$R' = a^2R = 5^2\times4 = 100\,〔\Omega〕$

問 4.　50Ω：4Ωのもの

問 6.　$P_{Cm}=2P_{om}=\dfrac{E^2}{R_L'}=2$〔W〕，$I_{Cm}=\dfrac{2E}{R_L'}=0.2$〔A〕，

$V_{CEm}=2E=40$〔V〕

問 8.　$P_C=P_o\ \dfrac{4-\pi}{2\pi}\fallingdotseq 0.137\times\dfrac{E_1{}^2}{2R_L}$

問 9.　$E_1=\sqrt{2R_L\,P_{om}}=6.32$〔V〕，$I_{Cm}>\dfrac{E_1}{R_L}=1.58$〔A〕，

$V_{CEm}>2E_1=12.6$〔V〕，$P_{Cm}>0.203P_{om}=1.02$〔W〕

練 習 問 題

❶ (a)　$I_C=300\,\mathrm{mA}$，$I_B=\dfrac{I_C}{h_{FE}}=2.73$〔mA〕

$R_1+R_2=\dfrac{E}{20I_B}=110$〔Ω〕

$R_2=\dfrac{V_{BE}+V_{RE}}{20I_B}=22$〔Ω〕，$R_1=110-22=88$〔Ω〕

(b)　20Ω：8Ω

(c)　0.9 W

❷ $E=\sqrt{2R_L\,P_{om}}=21.9$〔V〕，$I_{Cm}=\dfrac{E}{R_L}=2.74$〔A〕，

$V_{CEm}=2E=43.8$〔V〕，$P_{Cm}=0.203P_{om}=6.09$〔W〕

❸ $P_m=\dfrac{I_{cp}\,V_{cp}}{2}=\dfrac{200\times10^{-3}\times6}{2}=0.6$〔W〕

$P_D=I_{cp}\,V_{cp}=200\times10^{-3}\times6=1.2$〔W〕

$\eta=\dfrac{P_m}{P_o}\times100=\dfrac{0.6}{1.2}\times100=50$〔%〕

❹ $P_m=\dfrac{I_{cp}}{\sqrt{2}}\cdot\dfrac{V_{cp}}{\sqrt{2}}=\dfrac{500\times10^{-3}\times6}{2}=1.5$〔W〕

$P_D=\dfrac{2}{\pi}I_{cp}\,V_{co}=500\times10^{-3}\times6=1.91$〔W〕

$\eta=\dfrac{P_m}{P_o}\times100=\dfrac{1.5}{1.91}\times100=78$〔%〕

7. 高周波増幅回路

練 習 問 題

❷ $Q_r=\dfrac{R_0}{\omega_0 L}=\dfrac{R_0}{2\pi f_0L}=\dfrac{100\times10^3}{2\pi\times458\times10^3\times0.5\times10^{-3}}=69.5$

❸ $B=\dfrac{f_0}{Q_r}=\dfrac{455\times10^3}{54.5}=8.35$〔kHz〕

❹ $f_0 = \dfrac{1}{2\pi\sqrt{LC}} = \dfrac{1}{2\pi\sqrt{0.44\times10^{-3}\times280\times10^{-12}}} = 453$〔kHz〕

$V_0 = R_0 I = 100\times10^3\times0.5\times10^{-3} = 50$〔V〕

$Q_r = \dfrac{R_0}{\omega L} = \dfrac{R_0}{2\pi f_0 L} = \dfrac{100\times10^3}{2\pi\times453\times10^3\times0.44\times10^{-3}} = 79.8$

$B = \dfrac{f_0}{Q} = \dfrac{453\times10^3}{79.8} = 5.68$〔kHz〕

8. 発　振　回　路

(問) *3.*　0.0018 μF

練　習　問　題

❷ (*a*)(*b*)ともにハートレー発振回路，(*a*) 688 kHz，(*b*) 7.12 MHz

9. 変調，復調回路

(問) *1.*　40 kHz

(問) *2*　7.5 kHz

(問) *6.*　$B = 2\times(\Delta F + f_{smax}) = 2\times(75+15) = 180$〔kHz〕

練　習　問　題

❷ (*a*)　$\dfrac{A-B}{A+B}\times100 = \dfrac{40-16}{40+16}\times100 = 42.9$〔%〕

(*b*)　$\dfrac{A-B}{A+B}\times100 = \dfrac{60-40}{60+40}\times100 = 20$〔%〕

❸ 搬送波の周波数を f_c として

(*a*)　$f_{smax} = f_c - 980 = 1\,000 - 980 = 20$〔kHz〕

(*b*)　$f_{smin} = f_c - 998.5 = 1\,000 - 998.5 = 1.5$〔kHz〕

(*c*)　$B = 1\,020 - 980 = 40$〔kHz〕

❹ (*a*) ウ　(*b*) イ　(*c*) ア

10. パ　ル　ス　回　路

(問) *1.*　1.52 ms

(問) *2.*　$R_{B1} = 290$ kΩ，$R_{B2} = 580$ kΩ，$E = 8$ V

練　習　問　題

❷ *a* と *e*，*b* と *g*，*c* と *h*，*d* と *f*

❹ $V_1 = \dfrac{R_2}{R_1+R_2}(-V_{CC}) = \dfrac{3}{6+3}\times(-15) = -5$〔V〕

$V_2 = \dfrac{R_2}{R_1+R_2}V_{CC} = \dfrac{3}{6+3}\times15 = 5$〔V〕

❺ $A=2$〔V〕，$T_w=4-2=2$〔s〕，$T=6-2=4$〔s〕，

$f=\dfrac{1}{T}=\dfrac{1}{4}=0.25$〔Hz〕

✢ 11. 直流電源回路 ✢

(問) *1.*　（*a*）22.6 V　（*b*）$V_{c1d}=5.66$ V，$V_{c2d}=5.66$ V

(問) *2.*　$R_1=1.12$ kΩ，$P_m=31.3$ mW

索　　引

わかりやすい電子回路

2005年12月28日 初版第1刷発行
2022年 2 月10日 初版第17刷発行

検印省略

著作者	篠田庄司	
	和泉勲	
	宇田川弘	
	田丸雅夫	
発行者	株式会社	コロナ社
	代表者	牛来真也
印刷所	新日本印刷株式会社	
製本所	有限会社	愛千製本所

112-0011 東京都文京区千石 4-46-10
発行所 株式会社 **コロナ社**
CORONA PUBLISHING CO., LTD.
Tokyo Japan
振替 00140-8-14844・電話(03)3941-3131(代)
ホームページ https://www.coronasha.co.jp

ISBN 978-4-339-00781-7 C3055 Printed in Japan (楠本)

電気・電子系教科書シリーズ

（各巻A5判）

■編集委員長　高橋　寛
■幹　　　事　湯田幸八
■編 集 委 員　江間　敏・竹下鉄夫・多田泰芳
　　　　　　　中澤達夫・西山明彦

配本順		書名	著者	頁	本体
1.	(16回)	電気基礎	柴田尚志・皆藤新一 共著	252	3000円
2.	(14回)	電磁気学	多田泰芳・柴田尚志 共著	304	3600円
3.	(21回)	電気回路Ⅰ	柴田尚志 著	248	3000円
4.	(3回)	電気回路Ⅱ	遠藤勲・鈴木靖 共著	208	2600円
5.	(29回)	電気・電子計測工学(改訂版) —新SI対応—	吉澤昌純 編著 降矢典雄・福田恵子・吉村拓巳・高﨑和之・西山明彦 共著	222	2800円
6.	(8回)	制御工学	下西二郎・奥平鎮正 共著	216	2600円
7.	(18回)	ディジタル制御	青木立・西堀俊幸 共著	202	2500円
8.	(25回)	ロボット工学	白水俊次 著	240	3000円
9.	(1回)	電子工学基礎	中澤達夫・藤原勝幸 共著	174	2200円
10.	(6回)	半導体工学	渡辺英夫 著	160	2000円
11.	(15回)	電気・電子材料	中澤・藤原・押田・服部・森山 共著	208	2500円
12.	(13回)	電子回路	須田健二・土田英一 共著	238	2800円
13.	(2回)	ディジタル回路	伊原充博・若海弘夫・吉澤昌純 共著	240	2800円
14.	(11回)	情報リテラシー入門	室賀進也・山下巌 共著	176	2200円
15.	(19回)	C++プログラミング入門	湯田幸八 著	256	2800円
16.	(22回)	マイクロコンピュータ制御プログラミング入門	柚賀正光・千代谷慶 共著	244	3000円
17.	(17回)	計算機システム(改訂版)	春日健・舘泉雄治 共著	240	2800円
18.	(10回)	アルゴリズムとデータ構造	湯田幸八・伊原充博 共著	252	3000円
19.	(7回)	電気機器工学	前田勉・新谷邦弘 共著	222	2700円
20.	(31回)	パワーエレクトロニクス(改訂版)	江間敏・高橋勲 共著	232	2600円
21.	(28回)	電力工学(改訂版)	江間敏・甲斐隆章 共著	296	3000円
22.	(30回)	情報理論(改訂版)	三木成彦・吉川英機 共著	214	2600円
23.	(26回)	通信工学	竹下鉄夫・吉川英機 共著	198	2500円
24.	(24回)	電波工学	松田豊稔・宮田克正・南部幸久 共著	238	2800円
25.	(23回)	情報通信システム(改訂版)	岡田正・桑原裕史 共著	206	2500円
26.	(20回)	高電圧工学	植月唯夫・松原孝史・箕田充志 共著	216	2800円

定価は本体価格+税です。
定価は変更されることがありますのでご了承下さい。

図書目録進呈◆